最受养殖户欢迎的精品图书

目标养猪新法

第三版

季海峰 主编

中国农业出版社

内容提要

为了提高我国养猪业的竞争力，走规模化、标准化和生态可持续发展的健康养猪道路，实现优质、高产、环保的养猪新目标，我们以“分阶段、按目标、高效益”为主题模式编写了本书。

本书根据规模猪场的生产工艺流程，针对种公猪、种母猪、哺乳仔猪、保育猪和生长育肥猪的生理特征，分别从饲养目标、圈舍要求、饲养要点、疾病防治、综合评价和注意事项等多方面予以详细阐述，并附有各阶段的常备药物、各种数据和相关标准等。

本书适用于养猪专业户、养猪场员工及科技推广人员阅读，也可供大中专院校师生参考。

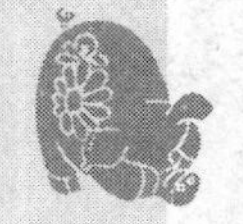

主　　编　季海峰

参编人员　（按姓氏笔画排序）

王四新　刘　彦　张董燕

季海峰　单达聪

第三版前言

近几年，我国生猪存栏在4.6亿头左右，年出栏6.6亿头左右，猪肉消费量占据肉类消费总量的第一位，在65%以上。养猪是增加农民收入的重要途径，也是影响人民生活水平的重要产业。我国养猪业的饲养方式大概分为散养户和规模猪场2种方式。在大多数地区，散养户所占比重较大；在经济发达地区，规模猪场比重较大。近几年，随着社会的发展、经济的增强和科技的进步，我国养殖方式也在发生转变，年出栏生猪500头以下的散养户逐年减少，年出栏生猪500头以上的规模猪场逐年增加，带来的效果是反映生产效率的年出栏率逐年提高，如2007年，全国生猪出栏率为114.29%，2011年达到了142.42%，提高了28.13个百分点。这些数据充分说明，我国养猪业取得了显著的进步。

尽管成绩可喜，但由于经济、土地条件及养殖习惯方面的限制，我国的养猪水平与世界发达国家相比仍有较大差距。我们要学习先进的养殖技术，转变落后的生产方式，结合国情，向科技要质量、向科技要效率、向科技要效益。散养大户要向标准化、规模化猪场方向转变，在猪场布局、猪舍建设、设施条件、生产工艺、场内外环境控制、猪群管理、饲料营养、疫病防控和粪污无害化处理等方面不断完善，通过推广和应用先进、成熟的技术成果，改善猪场内外的环境条件，调配合理的饲料营养水平，降低猪群发病率和死亡率，提高养猪的生产水平、生产效率和经济效益。

在新时期，“健康、高产、环保、高效”已成为我国养猪业的发展目标。我们根据新的生产需求，在第二版《目标养猪新法》的基础上，对若干技术内容进行了补充、删减和完善，补充了养猪技术的最新进展，删除了不适应养猪新形势的相关内容，通过进一步完善，形成了第三版《目标养猪新法》。旨在帮助农民适应新形势，采取新措施，实现养猪生产的新目标，促使我国养猪业转变落后的生产方式，调整好产业结构，逐步走向规模化、标准化和可持续发展的生态、健康养殖之路，让农民稳步提高养猪收入，提供更加安全质优的猪肉产品，促进全社会的和谐发展。

第三版的《目标养猪新法》，按照规模猪场的先进工艺流程，分别介绍了种公猪、种母猪、哺乳仔猪、保育猪和生长育肥的生产目标、饲养管理新知识和新技术成果，并对猪群季节性管理中的注意事项、猪场建设和经营管理等内容进行了详细介绍。

在每一章的叙述过程中，我们首先确定不同类型猪的饲养目标，使养猪者心中明白应该达到一个什么水平；然后介绍达到这些饲养目标需要的养猪知识和技术措施，如不同生产阶段猪的生理特点、圈舍建筑、饲养管理以及疫病防治等方面的实用新知识和新技术。重点介绍如何使公猪保持高的配种受胎率，如何使母猪有多的窝产仔数和年产窝数，如何使仔猪健壮、保持高的成活率，如何使生长育肥猪长得快、肉质好、饲料利用率高。另外，我国养猪业的市场还不够成熟，受市场、季节、政策和粮食增减产等因素的影响较大，市场价格忽高忽低，养猪生产时而获取暴利，时而又亏大钱。本书介绍了这方面的市场规律和猪场管理策略，希望能帮助读者及时做出准确判断，避免猪场亏损，力争获取更好的养猪效益。在附录中，我们整理列出了科学养猪的最新技术标准、技术参数和常用专业知识，以供读者参考使用。

在本书的编撰过程中，季海峰负责全书的内容布局、统稿把关以及第一章、第二章和第六章的编撰工作；刘彦负责第三章的编撰工作；王四新负责第四章、第七章和附录部分的编撰工作；张董燕负责第五章的编撰工作；单达聪负责第八章的编撰工作。我们力求做到布局合理、内容先进、技术实用、文字简明、叙述易懂，但疏漏之处在所难免，恳请同行专家和广大读者批评指正。

季海峰

2013 年 7 月 15 日于北京

第一版前言

养猪业受耕地、气候和地理环境的制约较小。它既可以转化粮食，又可以利用糟渣、饼粕等农副产品，是农民增加收入的重要手段。在有些地方，养猪业提供的现金收入已占农业收入的“半壁江山”。目前，我国猪肉价格只有国际市场价格的50%。如果能达到出口安全标准，我国养猪业很有国际竞争力，必将成为农村经济的支柱产业。此外，我国猪肉的风味好、营养丰富，是人们膳食中重要的蛋白质、能量、维生素和矿物质来源。改革开放20多年来，我国养猪业有了长足的发展，生猪年存栏和猪肉年产量已跃居世界首位。但从养猪生产水平上看，我国与世界先进水平尚有较大差距，母猪单产水平、仔猪成活率、饲料利用率和出栏率均较低，疫病防治体系还不够完善，这些因素制约着我国养猪业的健康发展。要解决这些问题，必须依靠科学技术，提高养猪科技成果的转化率。据报道，目前我国农业科技进步贡献率仅为40%左右，科技成果转化率仅为30%～40%，而发达国家比我们高出一倍。可见，推广、普及科学养猪新知识、新技术和新成果，具有重要现实意义。我国的养猪业要向科技要效率，向科技要产量，向科技要效益。

我们编写本书的目的是，向广大读者介绍国内外养猪生产的实用新知识、新技术和新成果，希望能提高我国养猪生产的科技含量，促使养猪业向高产、优质、高效的方向发展，增强其在国内、外市场上的竞争力，稳步提高农民的养猪收入。在编写过程中，我们按照规模猪场的工艺流程，分别介绍了种公猪、后备母猪、空怀母猪、妊娠母猪、哺乳母猪、仔猪、育成猪、育肥猪和猪场经营管理等方面的新知识、新技术和新成果。在叙述过程中，我们首先确定不同类型猪的饲养目标，使养猪者心中明白：应该达到一个什么水平；然后介绍达到这些饲养目标需要的养猪知识与技术措施，如不同类型猪的生理特点、圈舍建筑、饲养管理以及疫病防治等实用新知识、新技术；重点介绍如何使公猪保持高的配种受胎率，如何使母猪有多的窝产仔数和年产仔窝数，如何使仔猪健壮、保持高的成活率，如何使肥猪长得快、瘦肉率高、饲料利用率高。另外，我国养猪业的市场还不够成熟，受政策变化和粮食增、减产的影响较大，市场价格大起大落，养猪时而获取暴利，时而又亏大钱。本书介绍了这方面的市场规律和猪场管理策略，希望能帮助读者及时做出准确判断，避免猪场亏损，力争获取最好的养猪利润。

在本书编撰过程中，我们力求做到内容合理，文字简明，叙述通俗易懂。但由于时间仓促和水平有限，书中疏漏之处在所难免，恳请同行专家和广大读者批评指正。

编　者

2003 年 6 月于北京

第二版前言

中国几乎所有地区都可以发展养猪业。养猪业既可以转化粮食，又可以利用糟渣、饼粕等农副产品，是农民增加收入的重要手段，有些地方养猪业提供的现金收入已占农业收入的“半壁江山”。目前，我国猪肉价格只有国际市场价格的50%，如果能达到出口安全标准，我国养猪业有很强的国际竞争力，将成为农村经济的支柱产业。此外，猪肉的风味好，营养丰富，是人们膳食中重要的蛋白质、能量、维生素和矿物质来源。

改革开放30年来，我国养猪业有了长足的发展，生猪存栏量、猪肉年产量已跃居世界首位，猪肉供应已由供不应求转到基本能满足13亿人民的生活需要。但从养猪生产水平和生产效率上看，我国与世界先进水平尚有较大差距，母猪年提供商品猪数、仔猪成活率、饲料利用率和年出栏率等指标都偏低；疫病防治体系尚不完善，猪群健康常常受到威胁。

从当前的发展形势来看，我国的猪肉产品供求基本平衡，下一步的主要目标应该是：提高猪肉产品质量及其市场竞争力，改善养猪生态环境，实现养猪业健康、高效、可持续发展的目标。要解决这些问题，必须依靠科学技术，提高养猪新技术和新成果的转化率。据报道，我国目前的农业科技进步贡献率仅为40%左右，而发达国家比我们高出一倍。我国养猪业要向科技要产量，向科技要效率，向科技要效益。

根据当前我国养猪业的新需求，我们在《目标养猪新法》第一版的基础上，对若干内容进行了补充、删减和完善，形成了第二版的《目标养猪新法》。我们旨在向广大读者介绍国内外养猪生产的实用新技术和新成果，帮助农民适应新形势，采取新措施，实现养猪新目标，促使我国养猪业逐步走向规模化、标准化和生态可持续发展的健康养殖道路，让农民稳步提高养猪收入，促进社会和谐发展。

第二版的《目标养猪新法》保持了第一版的编写模式。按照规模猪场的工艺流程，分别介绍种公猪、种母猪、哺乳仔猪、保育猪、生长育肥猪的相关新知识、新技术和新成果，对季节性管理中的注意事项、猪场的经营管理等知识也进行了介绍。在每一章的叙述过程中，我们首先确定不同类型猪的饲养目标，使养猪者心中明白：应该达到一个什么水平；然后，介绍达到这些饲养目标需要的养猪知识和技术措施，如不同类型猪的生理特点、圈舍建筑、饲养管理以及疫病防治等方面的实用新知识和新技术；重点介绍如何使公猪保持高的配种受胎率，如何使母猪有多的窝产仔数和年产窝数，如何使仔猪健壮、保持高的成活率，如何使生长育肥猪长得快、肉质好、饲料利用率高。另外，我国养猪业的市场还不够成熟，受政策变化和粮食增减产的影响较大，市场价格大起大落，养猪时而获取暴利，时而又亏大钱。本书介绍了这方面的市场规律和猪场管理策略，希望能帮助读者及时做出准确判断，避免猪场亏损，力争获取最好的养猪效益。

根据读者的需求，我们对书中各章节内容进行了增补、删减和完善，补充了养猪技术的最新进展，删除了不适应当前养猪形势的相关内容；增加了“第七章　季节性管理”；在附录中，增加了新版国家标准《规模猪场建设》（GB/T 17824．1—2008）、《规模猪场生产技术规程》（GB/T 17824．2—2008）、《规模猪场环境参数及环境管理》（CB/T 17824．3—2008）、《规模猪场兽医防疫规程》（GB/T 17823—2008）和农业行业标准《猪饲养标准》（NY/T 65—2004）的相关内容。

在本书编撰过程中，我们力求做到内容先进，布局合理，文字简明，叙述易懂。书中疏漏在所难免，恳请同行专家和广大读者批评指正。

编著者

2008 年 12 月于北京

目录

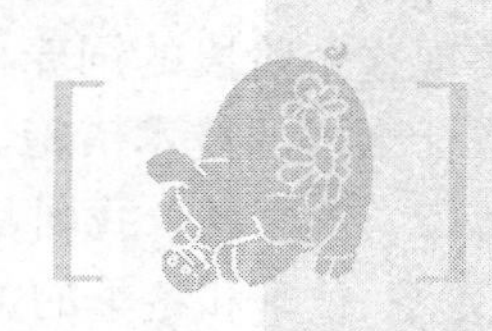

第一章 绪 论

一、目标养猪新法的概念

目标养猪新法就是：首先，明确养猪目标，包括每个饲养阶段的生产目标；然后，养猪者认真学习相关技术，分析市场规律，了解各个生产环节的技术措施，力求使养猪成本降到最低，收益达到最高，实现科学养猪的高效率和高效益。这种方法避免了养猪的盲目性，可以使你清楚：什么样的养猪模式更适合自己，什么样的技术和市场条件下养猪能赚钱，在什么样的形势下养猪会亏本，什么条件下你可以扩大养猪头数，什么条件下你必须压缩养猪规模。总之，要使养猪取得高效益，必须研究养猪目标、生产技术和经营之道。

二、本书的特点

本书与一般的养猪类书籍相比，有5个突出特点：

（1）本书按照猪饲养类型或生理阶段编写各章。我国地域辽阔，自然和经济条件不一，猪的饲养类型也不尽相同，我们按照国情特点、猪的饲养类型或生理阶段编写各章内容，使每章内容具有相对独立性、实用性和综合性。读者看完一章后，便可对这一饲养类型或生理阶段的猪有个全面的了解，包括其生产目标、生理特点、圈舍建筑、饲养管理、疫病防治及自我评价等，知道要实现这个阶段的饲养目标须从哪儿入手，需要掌握哪些知识和采取什么样的技术措施。

（2）本书结合我国若干地区季节分明的特点，提出了猪群在春季、夏季、秋季和冬季的饲养管理注意事项，旨在提醒养猪者，要根据各地不同的气候特点，对猪群适时进行主动性的饲养管理调整，这样可以减少不必要的损失，取得理想的饲养效果和经济效益。

（3）本书的主体技术紧紧依托养猪标准，如《规模猪场建设》（GB/T 17824.1—2008）、《规模猪场生产技术规程》（GB/T 17824.2—2008）、《规模猪场环境参数及环境管理》（GB/T 17824.3—2008）、《规模猪场兽医防疫规程》和《猪饲养标准》（NY/T 65—2004）等，这些养猪关键技术是试验反复证明有效的，具有不偏不倚的特性，有利于我国整体养猪生产的健康发展。

（4）本书除了先进的饲养技术以外，还介绍了我国的养猪市场及经营管理规律。我国猪业市场不稳定，价格呈周期性变化，养猪时而获取暴利，时而又亏损严重。造成这一现象的主要原因是：养猪者没有认真地研究市场规律。一般的养猪类书籍，偏重于饲养管理技术而缺乏市场分析和经营管理方面的知识介绍，本书则结合生产实际，优化、总结出市场波动规律、猪粮价格平衡点以及养猪生产效率方面的评价指标和评价方法等。

（5）本书从养猪生产实际出发，从养殖者的角度考虑问题，注重技术内容的先进性、实用性和可操作性，文字叙述简明易懂，旨在最大可能地帮助一线生产者学习、吸收和利用养猪新技术和新成果，尽快提高养猪生产水平和产品质量，提高养猪的经济效益、社会效益和生态效益。

三、本书的内容梗概

本书从横向上分，包括生产技术和经营管理两大部分；从纵向上分，包括种公猪、种母猪、哺乳仔猪、保育猪和生长育肥猪的科学饲养，猪场的季节性管理，以及规模猪场的建设与经营等。

生产技术主要包括增产技术和节约技术。增产技术以产仔数和出栏肥猪数量的增加、质量的提高为目标。本书将重点介绍如何使公猪保持强的性欲和高的配种受胎率；如何使母猪获得更多的窝产仔数和高的年产仔窝数；如何使仔猪健壮、保持高的成活率；如何使生长育肥猪长得快、肉质好。节约技术是以尽可能少的投入，生产出同样数量和质量的产品，包括基本建设节约、饲料节约、人力和其他成本的节约等。

增产技术和节约技术提高了，在同样的市场条件下，生产者就有更强的竞争力，能获得较好的养猪效益。当然，养猪技术还受其他因素的制约，尤其是市场变化影响更大，我们必须在饲养模式、饲养规模、资金情况和市场形势的相互促进或制约中得到发展。这个问题就是经营之道，反映在经济效益上，就是赢利、持平或者亏损。本书将介绍如何科学地管理和分析一个猪场，如何使养猪获得最大的利润。

四、常见的饲养类型

我国地域广阔，自然条件和经济条件差异较大，养猪者可以根据自己的条件，灵活选择饲养类型，如种公猪饲养、母猪与仔猪饲养、生长育肥猪的饲养、全程饲养、种猪饲养和兼营饲养等。这些饲养类型各有自己的优点和缺点，可以根据实际情况，选择其中的一种类型，也可以选择其中的几种类型。现分别介绍如下：

1. 种公猪饲养　这种类型是专门饲养成年种公猪，负责对外配种，包括本交（自然交配）和人工授精。这种饲养类型的优点是饲养管理简单，如果种公猪的品种好，周边地区的与配母猪多，可以获得较好的经济收入。缺点是业务量不均衡，个体饲养者容易使种公猪的利用率过低，生产成本提高，生产收入没有保证。所以，种公猪一般饲养在专门的种公猪站、人工授精站或常年均衡生产的规模猪场中。

2. 母猪与仔猪的饲养　这种类型是饲养母猪、繁殖仔猪。当仔猪体重达到20千克以上时，卖给生长育肥猪饲养者。这种饲养类型的优点是比全程饲养节省固定资本，比饲养生长育肥猪节省流动资金；八九周龄的保育猪就能出售，资金周转快；比饲养生长育肥猪节省劳动力，节约饲料使用量；饲养母猪和仔猪，付出的努力和专业技术能获得较高的报酬；猪群能保持封闭，保证良好的健康状态。缺点是饲养仔猪的经济收益较少；收益不稳定，容易受市场行情变化的冲击；虽然资金周转速度加快了，但每头猪的利润较小，因此现金流量较少。这种类型的养猪场，其周边地区应有较多的生长育肥猪饲养户，有稳定的销售渠道，否则难以持续发展。

3. 生长育肥猪的饲养　饲养生长育肥猪是指购买20千克以上的保育猪，一直喂养到能够上市出售为止。饲养生长育肥猪的优点是经营方式简单，易于起步；需要较少量的资金投入；周转快，一般100天左右为一个周期。如果能保证获得优良的保育猪，生长育肥猪饲养可能是养猪业中最有利可图的。饲养生长育肥猪的缺点是保育猪的供应不稳定，良种保育猪不容易买到；如果保育猪是从多家购买，有引发疫病的风险。饲养这种类型的猪，应特别注意消毒、防疫和猪只的健康状况。

4. 全程饲养　全程饲养是配种、分娩、保育、生长、育肥几个过程的联合。这种生产方式的优点是可获得仔猪和生长育肥猪饲养两部分的收益。因此，每头猪的收益较高，并且受市场波动的影响较小。由于是自繁自养，不从场外进猪，所以健康水平有保证。这种生产方式的缺点是需要更多的固定资金投入；需要更多的流动资金；需要较长的生产周期，开始15～17个月都没有销售收入；需要投入更多的时间和劳动；需要更严格的科学管理。饲养者对猪种和猪群健康有较好的控制。全程饲养的收益相对较高。

5. *种猪饲养*　这是一种全程饲养类型，其目的是生产种猪，并出售给其他养猪者。饲养的种猪可以是纯种的，也可以是杂交的，比如杂交一代。这是一种非常专业化的饲养类型，它需要专业化的经营管理，尤其需要严格的种猪系谱管理和性能测定记录，饲养者还应有市场意识。这种生产方式的优点是优良种猪出栏体重较小，还能卖出高价钱，产生高利润。缺点是由于缺乏杂种优势，纯种种猪不如杂种种猪生产的仔猪多、长得快，因此年出售猪数可能较小；需要投入时间和精力来进行性能测定、记录分析以及系谱整理和保存等；还会有众多的买猪者来场察看猪群，这将会带来疾病风险。因此，种猪场应有更严格的消毒、防疫和管理制度，应谢绝外人入场区参观。场内可设立封闭的、有利于防疫的参观区。参观者通过玻璃窗户或监控器等，考察种猪群的总体状况。

6. *兼营饲养*　主要指农牧结合式的养猪专业户。例如，养猪与养鸡、养鸭、养鱼、养貂、种桑养蚕、种食用菌中的一种或几种结合经营。这种经营模式在我国占有很大的比重，饲养肉猪由几十头到几百头不等。其主要特点有：

（1）投资少，见效快。专业户养猪开始不搞大的基本建设，因陋就简先把猪养起来，当年就可盈利；然后，靠自己资本的积累和国家、集体的扶持，逐步发展为具有一定规模的养猪场。

（2）自学养猪技术。这样的养猪经营者为了尽快学习养猪技术，自己买书订报，参加短期养猪技术培训班，聘请技术顾问指导养猪，自学成才掌握科学养猪技术。

（3）自配饲料。专业养猪户多利用自制或购买的预混料，与当地的玉米、麸皮、豆粕、青绿多汁饲料、糟渣饲料、泔水等科学搭配喂养。这就广开了饲料资源，大大降低了生猪饲养成本。

（4）管理周到。个体养猪者对猪群的管理细致耐心，观察周到，仔猪成活率高，肉猪生长速度快。

（5）经济效益高。专业户的饲养精心周到，其仔猪成活率高，肉猪生长速度快，饲料成本低，不计算人工费用，没有折旧及管理费用，所以经济收入较高。

（6）时间机动。能兼营其他经济效益好的项目，使主营与兼营互为补充，获得较理想的经济效益。

（7）近几年，各地相继组织了养猪服务公司，他们采用“公司＋农户”的方式，统一组织仔猪源、饲料调剂、科技咨询、疫病防治、产品回收等，大大提高了农民养猪的科技水平，减轻了养猪户的非生产性负担。虽然付出点必要的服务费，但由于有稳定的市场价格和标准化的生产管理模式，农民可以集中精力把猪养好，每年有稳定的收入。

五、我国生猪生产的市场波动规律和几点启示

（一）市场波动规律

农村的饲料资源充足，养猪可以将饲料转化为动物产品而升值。况且随着农民素质的提高，养猪技术容易掌握。所以，发展养猪业是农村发家致富的重要途径之一。但我国养猪业的市场还不够成熟，受季节，市场，政策变化和粮食增、减产等的影响较大，养猪时而赚钱，时而亏钱。表现在养猪数量和价格上，有高潮，也有低谷，呈现周期性变化。一般5年左右为一个周期。在一个周期中，有1～2年的时间，养猪赚钱；另1～2年，养猪不盈也不亏，收支平衡；还有1～2年，养猪是亏本的。所以，在决定养不养猪，或者扩大不扩大养猪规模时，要认真考察当前的养猪形势和市场规律，预测好未来几年的发展趋势。如果现在养猪很赚钱，处在养猪高峰阶段，你不要眼馋，不要盲目再发展养猪。因为接下来的几年，很可能会养猪过剩，价格下跌，出现亏

损。这个时候，没有养过猪的，就不要再养猪；养猪赚了钱的，要有清醒的认识，开始适当压缩猪群，尤其要淘汰老、弱、残等性能偏低的母猪，减少各种消耗。在养猪亏损阶段，人人都不愿意养猪时，你可以购进种猪或猪苗，发展生产。因为接下来的1～2年，市场上肯定缺猪、缺肉，价格会逐渐回升，出现养猪的高利润。一些规模小、品种差的猪场，此时应该抓住机遇，趁市场上种猪便宜，下决心更换品种，扩大优良种猪规模，等待养猪高利润时期的到来。所以，养猪何时扩大规模，何时压缩规模，养猪生产管理者要认真判断市场规律而定。时机掌握好了，该赚钱的时候，能赚大钱，不该赚钱的时候，不亏或者少亏钱；相反，如果跟在人家屁股后面跑，把握不好时机，该赚钱的时候，你没有猪，赚不了钱，不该赚钱的时候，你的猪上市了，必亏无疑。这真是“吃不穷，喝不穷，打算不到就受穷”。

在正常经营情况下，我国目前猪场的盈亏平衡点为猪粮比价6∶1。也就是说，如果市场上的饲料价格为2.5元/千克，那么，要使养猪不亏钱，生猪的价格必须在2.5元/千克×6＝15元/千克以上。假设生猪的出售体重平均为100千克，那么一头的成本价应该在100千克×15元/千克＝1 500元左右，如果每头卖出比1 500元高的价钱，你就赚了；相反，如果你卖出比1 500元低的价钱，你就亏了。所以，在日常生产经营情况下，猪场（户）管理者除考虑养猪生产效率外，还要关注饲料价格和生猪价格。这样精打细算，才能获得较好的养猪效益。

（二）几点启示

1. 尊重经济和自然规律，确定适宜的发展目标　在市场经济条件下，生猪市场的正常波动是一种市场机制配置养猪资源的客观表现，但波动幅度过大则会严重影响到生猪产业的健康发展和社会稳定。历史经验表明，大起和大落往往互为因果，大起不好，大落也不好。应坚持平稳发展、均衡供给的目标，增强生产的协调性和稳定性，防止大起大落。

2. 生猪饲养的规模化程度对市场波动起着重要作用　在我国生猪生产和市场的历次波动中，众多散养农户都随生猪生产和价格的波动而“随波逐流”，由于散养户缺乏及时准确的市场信息和预测能力，具有很强的从众心理，看到养猪挣钱了，一哄而上，扩大生产；看到养猪亏本了，则一哄而下，减少生产，甚至干脆退出养猪行业。这种现象必然会加剧生猪价格的波动。而规模猪场面对波动，一般都能及时采取各种应对措施，保持稳定的养猪生产。

3. 抓好基础母猪，控制疫情发生　能繁母猪的波动直接影响生猪生产的波动，稳定母猪和种猪生产是保护生产能力的主要抓手。不断提高良种化水平，使能繁母猪保持一定的存栏规模，上下变幅不超过5%，即可稳定养猪生产。要尽量避免疫情对生猪生产和价格的影响，强化对高致病性蓝耳病、猪瘟和口蹄疫等主要生猪疫病的免疫工作，提高疫苗质量和免疫覆盖率。

4. 促进养殖饲养方式转变，提高规模化和标准化程度　要加快养殖生产方式转变，推动规模猪场和养殖小区的标准化改造，扩大规模猪场的生产能力，减少散户饲养，避免散户一哄而起和一哄而散的被动局面。通过发展专业合作组织，提高散户的组织化程度，逐渐走上规模化、标准化和生态可持续的健康养猪之路。

5. 建立健全预警机制，提高风险防范能力　根据生猪生产和市场波动的周期性规律以及国内外应对生猪波动的经验，要想使生猪波动控制在一定的范围内，就必须建立生猪生产预警机制，在生猪价格处于低谷时，采取增加收购、补贴母猪等措施保护生产积极性；在生猪价格处于高位时，适度抛出库存平抑市场价格。政府在进行调控时，应根据市场供求和生产成本的变化，兼顾生产者和消费者利益，综合运用调控政策。2012年5月11日，国家发展和改革委员会、财政部、农业部、商务部、国家工商行政管理总局、国家质量监督检验检疫总局联合发布了《缓解

生猪市场价格周期性波动调控预案》，将猪粮比价的绿色区域定为6～8.5：1。当猪粮比价低于6：1时，国家应对养猪场（户）母猪进行补贴，以防止过度亏损；当猪粮比价高于8.5：1时，国家也应调控价格，以防止猪价过高而带来负面作用。生猪监测预警体系既包括国民经济增长、能繁母猪变动、仔猪和饲料价格等关键指标，也包括生猪疫病早期预报系统和疫情应急机制等方面的内容。每当GDP增长超过10%，能繁母猪快速下降时，要密切关注，提前采取政策措施。尽快对生猪业全面实行政策性保险制度，对养猪业，特别是规模猪场提供贴息贷款，适时推出生猪期货，实现稳定增产增收。

第二章　种公猪的科学饲养

种公猪是专门与母猪配种或提供优良精液的公猪。在后裔猪的遗传组成中，种公猪占有50％的影响力。因此，优良公猪的充分利用，将带来可观的经济效益。俗话说，“母猪好，好一窝；公猪好，好一坡”，这充分说明了种公猪在生产中的重要性。例如，一头母猪一年可以产仔2窝，繁殖后代20～25头。而一头成年公猪在自然交配的情况下，一年可承担20～30头母猪的配种任务，其后代可达600～1 000头；若采取人工授精技术，其后代可达数千头，甚至万头以上。可见，养好公猪，提高配种质量，能繁殖出更多、更好的健康仔猪，这对提高猪群数量和质量都是非常重要的。

一、种公猪的饲养目标

（1）体形良好，膘情适中；身体健康，精力旺盛；性欲强，精液质量高。

（2）每次射精量250毫升（150～500毫升），精子总数为150亿～800亿个。若开展人工授精，原精液一般用稀释液稀释1～2倍，密度小的也可以不稀释。每份（次）输精量80～100毫升，精子总数30亿个以上。

（3）初产猪的配种受胎率80％以上，经产猪的配种受胎率

90%以上；窝产仔数10头以上；仔猪健壮、表现良好。

(4) 配种强度与公猪的体况和配种方式有关，详细情况如下：

采用本交方式（自然交配）时，每头种公猪可以承担20～25头母猪的配种任务。1～2岁的青年公猪，每隔2～3天配种1次；2岁以上的公猪，生殖机能旺盛，在饲养管理水平较高的情况下，每天配种1次，必要时每天配种2次，连续配种4～6天后应休息一天；5岁以上的公猪，年老体衰，可每隔1～2天使用一次。除非这头公猪有非常好的性能，不然的话，一般5岁以上的公猪要淘汰。

如果采取人工授精技术，每头种公猪可以承担上千头母猪的配种任务。成年公猪每周采精4天，每天1～2次，然后休息。如果种公猪是初次使用，或者有一段时间没有使用，其第一次采集的精液应废弃不用。因为长时间储存在体内的精子活力下降。

要实现种公猪饲养的目标，需要从品种、饲料、管理、圈舍条件和配种技术等方面抓起。

二、种公猪圈舍设计

种公猪圈舍的设计，要注意以下几个方面：

(1) 地势较高、干燥、平坦，水源充足，背风向阳。夏季少接受太阳辐射，舍内通风良好；冬季应多接受太阳辐射，冷风渗透少。公猪舍内的适宜温度为15～20℃，适宜湿度为60%～70%。当温度超过25℃或低于13℃、湿度高于85%或低于50%时，公猪的配种能力会受到明显影响。

(2) 公猪舍一般为单列式、带运动场，每个公猪栏的面积应不低于9米^2，隔栏高度1.2～1.4米。舍内装有食槽和自动饮水器，或者能保证每天每头公猪10～13升的饮水量。

(3) 屋顶形式以单坡式为好。一是其跨度小、省料，便于施工；二是舍内光照、通风较好，但冬季要注意保温。

三、后备公猪的选购、培育及科学管理

在采用人工授精技术的猪场，自己一般不养种公猪，或少养几头以备万一。在采用自然交配的商品猪场，种公猪每年的更新率为30%，但在原种猪场，为了加快选育工作的遗传进展，种公猪的利用年限一般为1年左右，更新率在100%左右为宜。一些年老体弱、配种能力低的种公猪要及时淘汰，用年轻、优秀的后备公猪补充。后备公猪的补充有两条途经：一是到其他猪场选购；二是自己培育。

(一) 种公猪的选购

首先，要选择健康的猪；然后，要根据自己的生产目的或者母猪的品种类型，选择价格合理、生产性能高的品种；第三，要选择体形、外貌优秀的个体。

1. 健康猪的选择

（1）调查　调查出售种公猪的饲养场是否有传染病，不从疫区猪场买猪，也不从自由市场上买猪。即使这些猪表面上看是健康的，也不能保证其一定健康，不携带传染病原。

（2）观察　猪只血缘清楚，表观上精神饱满，皮肤有弹性、无皮肤病，毛色光亮，身体发育良好，无遗传疾患。有疝气、隐睾的猪，不能作种用。

2. 品种的选择　在商品猪生产中，最适合作种公猪用的是国外引进品种，如杜洛克、汉普夏、大白猪、长白猪和皮特兰等。它们体形好，生长速度、饲料报酬和瘦肉率较高，对后代有改良效果。近几年，也有利用杂种公猪作终端杂交、生产商品猪的，如杜洛克×皮特兰、汉普夏×杜洛克、皮特兰×大白猪、长白猪×大白猪等，都收到较好的效果。如果不是搞纯种选育，一般不用地方品种的公猪，因为其生长速度慢、瘦肉率低。

3. 个体体形外貌的选择　猪只精神饱满、有活力，肢蹄强

壮有力，睾丸发育良好，不是隐睾，背腰平直，毛色光亮，皮肤有弹性，体形外貌符合品种特征。例如，杜洛克背毛棕红色，四肢粗壮结实，全身肌肉发达；大白猪毛色全白，耳薄、向前直立，背腰平直，四肢结实；长白猪毛色纯白，头小清秀，耳大前倾，体躯较长，后躯肌肉丰满；汉普夏毛黑色，肩部和颈部结合处有一条白带围绕，后躯臀部肌肉发达；皮特兰背毛大块黑白花斑，体躯短、背幅宽，全身肌肉非常发达。

4. 生产性能的选择　如果是买性成熟以后的种公猪，最好检查一下精液品质。射精量少、精子数少、畸形和死精多的公猪，禁止使用。这些知识对购买种公猪非常重要。

(二) 培育后备公猪

后备公猪与商品肉猪不同，商品肉猪生长期短，生后5～6月龄、体重达到90千克出栏，追求的是快速的生长和发达的肌肉组织；而后备公猪培育的是优良种猪，不仅生存期长（约3～5年），而且还承担着周期性很强、几乎没有间隙的繁殖任务，其过高的日增重、过度发达的肌肉和大量脂肪都会影响繁殖性能。我们应当在生长发育的适当时期，控制饲料类型、营养水平和饲喂量，改变其生长曲线和模式，加速或抑制猪体某部位和组织器官的生长强度，使后备公猪具有强壮的体格，结实的骨骼，良好的消化、血液循环和生殖器官，适度的肌肉和脂肪组织。

1. 后备公猪的饲养管理

（1）限量饲喂全价饲料　限量饲喂，可以控制体重的高速增长，保证各器官系统的充分发育。体重80千克以上的后备公猪，日喂量占体重的2.0%～2.5%。要保证饲料的全价性，注意能量和蛋白质的比例，特别是矿物质、维生素和必需氨基酸的补充。一般采用前高后低的营养水平。

（2）运动　为了促进后备公猪的筋骨发达，体质健康，身体发育匀称，四肢灵活坚实，都需要适度的运动。伴随四肢运动，全身有75%的肌肉和器官同时参加运动，尤其是放牧运动可以呼吸新鲜空气，接受阳光浴，拱食鲜土和青绿饲料，对促进生长发育和抗病力有良好的作用。

（3）调教　后备公猪从小要加强调教管理，建立人与猪的和睦关系。从幼猪阶段开始，利用称量体重、喂食之便，进行口令和触摸等亲和训练，使猪愿意接近人，便于将来采精、配种等操作管理。禁止恶声恶气地打骂。怕人的公猪性欲差，不易采精。

（4）定期称重　后备公猪最好按月龄进行个体称量体重，任何品种的猪只都有一定的生长发育规律。不同的月龄都有相对应的体重范围。通过后备公猪各月龄体重变化，可以比较生长发育的优劣，做到适时调整饲料的营养水平和饲喂量，使个体达到良好的发育要求。

（5）日常管理　后备公猪同样需要防寒保温、防暑降温和清洁卫生等环境条件的管理。后备公猪达到性成熟以后会烦躁不安，经常相互爬跨、不好好吃食。为了克服这种现象，应在后备公猪达到性成熟后，实行单栏饲养、合群运动。除自由运动外，还要进行放牧和驱赶运动。这样既可保证食欲、增强体质，又可避免自淫的恶癖。

2. *后备公猪的选择*　后备公猪有2月龄、4月龄、6月龄和初配前的多次选择。2月龄选种是窝选，就是选留大窝（产仔数多的窝别）中的好个体。4月龄选择，主要是淘汰那些发育不良或者有突出欠缺的个体。6月龄选择，根据体形外貌、生长发育、性成熟表现、睾丸等外生殖器官的好坏、背膘厚薄等性状，进行严格的选择，淘汰量较大。初配前选择，主要是淘汰个别性器官发育不良、性欲低下、精液品质差的后备公猪。

四、种公猪的科学饲养管理技术

（一）种公猪的营养需要与饲料配方

1. *种公猪的营养需要*　种公猪的交配时间长，平均10分钟左右；射精量大，每次的射精量为 250 毫升（150～500 毫升）；精子数多，每毫升精液有 1 亿（0.25 亿～3 亿）个精子，总精子数 150 亿～800 亿个。精液中水分占 97%，粗蛋白质占 1.2%～2%，粗脂肪 0.2%，其他还有糖类和矿物质等。因此，精子的形成要消耗较多的营养物质。

种公猪的营养水平和饲料喂量，与品种类型、体重大小、配种利用强度等因素有关。在季节性产仔的地区，种公猪的饲养管理分为配种期和非配种期。配种期饲料的营养水平和饲料喂量均高于非配种期，饲养标准增加 20%～25%。一般在配种季节到来前 1 个月，在原日粮的基础上，加喂鱼粉、鸡蛋、多种维生素和青饲料，使种公猪在配种期内保持旺盛的性欲和良好的精液品质，提高母猪的受胎率和产仔数。经验表明，在配种后喂一个鸡蛋，可保持种公猪身体强壮。在寒冷季节，环境温度降低时，饲养标准也应提高 10%～20%。在常年均衡产仔的猪场，种公猪常年配种使用，按配种期的营养水平和饲料喂量饲养。非配种期的营养标准为：每千克配合饲料含可消化能 12.55 兆焦，粗蛋白质 14%，日喂量 2.0～2.5 千克；配种期的营养标准为：每千克配合饲料含可消化能 12.97 兆焦，粗蛋白质 15%，日喂量2.5～3.0 千克。

2. *种公猪的饲料配方*　设计种公猪的饲料配方时，主要考虑提高其繁殖性能：一方面，要求饲料中的能量适中，含有丰富的优质蛋白质、维生素和矿物质；另一方面，要求饲料适口性好，日粮的容积不大，因为过大会造成公猪垂腹，影响配种。所以，日粮中不应有太多的粗饲料。

多种来源的蛋白质饲料可以互补，以提高蛋白质的生物学价值。饲料中的植物性蛋白质饲料可以采用豆饼、花生饼、菜籽饼和豆科干草粉，但不能用棉籽饼，因为其中的棉酚会杀死精子。饲料中的动物性蛋白质饲料（如鱼粉、鸡蛋、蚕蛹和蚯蚓等），可以提高精液品质。

饲料中的维生素，特别是维生素A、维生素D和维生素E的缺乏，以及矿物质钙、磷和微量元素硒等的缺乏，都会直接影响公猪的精液品质和繁殖能力。适当补充一些青绿多汁饲料是有益的。种公猪的饲料严禁有发霉、变质和有毒饲料混入。

如果饲养的种公猪头数少，在当地买不到专门的公猪料、自己又没有能力配制时，可用哺乳母猪料代替公猪料。但不宜采用其他猪群的饲料，如生长肥育猪料等。

（二）建立种公猪良好的生活制度

饲喂、配种或采精、运动、刷拭等各项工作都应在大体固定的时间内进行，由专人管理。使种公猪养成良好的规律性的生活制度，以便于管理。

（三）种公猪的饲喂技术

种公猪的饲喂方式应当采取限制性饲喂方式，每天定时、定量喂给，日喂3次，分早、中、晚进行。每顿不要喂得太饱，每天喂量一般在2～2.5千克，可根据公猪的年龄、体重、肥瘦度以及配种频率来相应调整。

种公猪最好生吃干料，同时供给充足的饮水；或者用潮拌料饲喂，但不要用稀粥料喂种公猪。

（四）单圈饲养

单圈饲养，减少了外界环境干扰，可使种公猪食欲正常；还可防止公猪相互爬跨、咬斗和自淫现象。如果是自己培育的种公猪，则可在仔猪断奶后小群饲养。但到公猪性成熟以后，就应该分开单个饲养。新购进的公猪，应当隔离饲养30天，并进行驱虫和免疫注射，确认无病后，方可调入公猪舍单圈饲养。

（五）运动、光照

加强种公猪的运动和充足的光照，可以促进食欲、增强体质、避免肥胖、提高性欲和精液品质。运动不足，会使公猪贪睡、肥胖、性欲和精液品质差，四肢软弱，易得肢蹄病，影响配种效果。所以，种公猪每天应坚持运动。种公猪除在运动场自由运动外，每天还应进行驱赶运动。上午、下午各运动1次，每次1小时左右，行程1～2千米。夏天在早、晚凉爽时进行；寒冬可在中午进行1次。如遇酷热、大风、雨、雪天气，可暂停运动。如果有条件，可以放牧代替运动。在配种期运动要适度，在非配种期要加强运动。

（六）刷拭、修蹄、锯牙

每天定时用刷子刷拭猪体，热天结合淋浴冲洗，可保持猪皮肤清洁卫生，促进血液循环，少患皮肤病和外寄生虫病。这也是饲养员调教公猪的机会，使种公猪温驯、听从管教，便于辅助配种和采精。

要注意保护种公猪的肢蹄，不正常的蹄形会影响活动和配种。对不良的蹄形如蹄尖裂开等，应及时用铲刀修理。

獠牙向外伸出时，要锯掉。可用绳索将猪鼻保定，用一根小木棒横放在嘴内，然后手持钢锯齐獠牙牙床轻轻拉锯，1分钟便可将獠牙锯掉。

（七）防寒、防暑

种公猪最适温度为18～20℃，种公猪能够适应的温度为6～30℃。因此，冬季猪舍要防寒保温，以减少饲料的消耗和疾病的发生。保温措施有加铺垫草、加挂草帘等；夏天高温要防暑降温，高温对种公猪的影响尤为严重。轻者食欲下降，性欲降低；重者精液品质下降，影响配种受胎率和产仔数，甚至会中暑死亡。试验表明，当种公猪在33℃的高温下72小时，其精液品质受到严重影响。表现为精子活力下降，总精子数和活精子数减少，畸形精子数增加。因而使与配母猪妊娠率下降，胚胎成活率降低。经过7～8周，才能使精液品质恢复正常。当种公猪发烧时，体温在40℃以内，要停止配种3周；烧至40℃以上时，治愈后须休养1个月才能配种。防暑降温的措施很多，有通风、洒水、洗澡和遮阳等方法，各地可因地制宜进行操作。

（八）定期检查精液品质和称量体重

实行人工授精的种公猪，每 2 周应检查 1 次精液品质。如果采用本交，每月也要检查 1 次精液品质，特别是非配种期转入配种期之前、后备公猪开始使用之前，都要查 2～3 次，严防死精公猪配种（注：精液品质检查的具体操作，见本章“六、人工授精技术”部分）。种公猪应定期称量体重，以检查其生长发育和身体状况。根据种公猪的精液品质和体重变化，来调整日粮的营养水平、饲料喂量、运动强度及配种频率。

五、配种技术

（一）种公猪的配种年龄与使用强度

国外引进品种如长白猪、大白猪、杜洛克和皮特兰等公猪，一般在 6～7 月龄、体重 65～75 千克时出现性成熟。性成熟只说明生殖器官开始具有正常的生殖机能，这时还不能参加配种。因为此时的身体还没有发育好，过早配种不仅会影响生殖器官的正常发育，还会影响身体发育，以至缩短使用年限、降低种用价值。一般在 8～10 月龄、体重达 120～130 千克时，开始配种较为合适。

种公猪的配种需要有计划性，做到每头公猪均匀使用，特别是在配种高峰季节更应如此。如果公猪长期得不到使用，会使身体发胖、性欲下降。因此，配种人员不可根据自己的喜好，频繁使用或不使用某头公猪。在生产中，1～2 岁的青年公猪，每 2～3 天配种或采精 1 次；2 岁以上的公猪，生殖机能旺盛，在饲养管理水平较高的情况下，每天配种 1 次，必要时每天配种 2 次，配种 1 次者应在早饲后 1～2 小时进行，配种 2 次者应在早晚各配 1 次，连配 4～6 天后应休息 1 天；5 岁以上的公猪，年老体衰，可每隔 1～2 天使用 1 次，或者及时淘汰更换。

如果使用人工授精的话，成年公猪每周采精 4 天，每天 1～

2 次，然后休息。如果是种公猪初次使用，或者有一段时间没有使用，其第一次采集的精液应废弃不用，因为长时间储存在体内的精子活力会下降。

（二）种公猪配种时应注意的事项

1. 防止公、母猪间的近亲交配　近亲交配会使产仔数下降，死胎、畸形胎增多。即使产下活的仔猪，也往往体质不强、生长缓慢。一般应事先做好配种计划，配种时严格按配种计划执行，保证猪群三代内不发生近亲交配。

2. 公母猪体格不能差异太大　如果母猪太小或后腿太软，公猪体格过大，则易使母猪腿部受伤；如果公猪过小、母猪过大，则不能使配种顺利进行。

3. 公猪采食后半小时内不宜配种　因为刚采完食，公猪腹内充满食物，行动不便，影响配种质量；再者，配种时消耗体力较多，会影响食物消化，不利于身体健康。

4. 选择一天中合适的时间配种　夏天中午太热，配种宜在早、晚进行；冬天早晨太冷，配种宜稍后进行。

5. 配种场地　地点以母猪舍附近为好，要禁止在公猪舍附近配种，以免引起其他公猪的骚动不安。配种场地不宜太光滑，太光滑的地面，再加上配种过程中洒在地上的精液，容易使公、母猪滑倒和受伤。

6. 配种时的辅助工作很重要　当公猪爬上母猪后，要及时拉开母猪尾巴，避免公猪阴茎长时间地在外边摩擦受伤或引起体外射精。交配时，要保持环境安静，严禁大声喊叫和鞭打公猪；交配结束后，要用手轻轻按压母猪腰部，不让它弓腰或立即躺卧，防止精液倒流。然后，及时填写配种登记表，准确记录配种日期和公、母猪耳号。

7. 防止公猪咬架　公猪好斗，如偶尔相遇会咬架。公猪咬架时，可迅速放出发情母猪；或者用木板将公猪隔开；也可用水猛冲公猪眼部，将其分开。如不及时平息，会造成严重的伤亡事故。

（三）公猪的配种方式选择

按照母猪在一个发情期内的配种次数不同，可将配种方式分为单次配、重复配、双重配和多次配。它们各有利弊，适用于不同情况。

1. 单次配　即在母猪的一个发情期内只配种 1 次。这种配种方式的优点是能提高公猪的利用率。但只有在饲养人员经验丰富的情况下，掌握好配种机会，才能获得较高的受胎率。这种配种方式的缺点：如果配种时机掌握不好，受胎率和产仔数都会受到影响。

2. 重复配　即在母猪的一个发情期内，用同一头公猪先后配种 2 次。在第一次配种后，间隔 8～14 小时再配种 1 次。这种配种方式的受胎率和产仔数都比单次配高。在生产中多采用这种配种方式。

3. 双重配　即在母猪的一个发情期内，用不同的 2 头公猪，先后间隔 10～15 分钟各配种 1 次。这种配种方式可以提高受胎率、产仔数以及仔猪的整齐度和健壮程度。

4. 多次配　即在母猪的一个发情期内，用同一头公猪先后配种 3 次或 3 次以上。这种配种方式适应于初次配种母猪和国外引进猪种。

实践证明，母猪在一个发情期内配种 1～3 次，产仔数随配种次数的增加而增加；但配种 4 次，产仔数开始下降。因此，母猪在一个发情期内，初次配种母猪以配种 2～3 次为宜，经产母猪以配种 1～2 次为宜。

（四）配种时机的把握

在自然交配的情况下，精子在母猪生殖道内最长的存活时间为 42 小时。实际上，精子在母猪生殖道内保持受精能力是在交配后 10～20 小时；卵子排出后，保持受精能力很短，一般只有数小时，最长的可达 15.5 小时。

当精子和卵子都保持最强活力时，受胎率最高，产仔数最多，仔猪表现最好。一般来说，母猪允许公猪爬跨的 25 小时内配种最好。特别是 10～25 小时内，配种受胎率可达 100%。当然，不同品种、不同年龄的母猪最适配种时机有差异，老母猪发情时间短，应早配；青年母猪发情时间长，应晚配；也就是常说的“老配早、小配晚、不老不小配中间”。地方品种，母猪发情期长（3～5 天），可在发情后的 2～3 天内配种；国外引进猪种，母猪发情期短（2～3 天），可在发情的当天下午或第二天上午开始配种。

一般规律，母猪在被按压背部或臀部时，呆立不动，或愿意接受公猪爬跨时，进行第一次配种，过 12 小时后进行第二次配种，可以提高受胎率。

（五）公猪性欲降低的解决办法

公猪过肥、过瘦、使用过度、长期缺乏运动和缺乏维生素等，都会降低公猪性欲，影响配种质量。

公猪过肥，多由营养过剩、运动不足和配种任务少引起，故应减料撤膘，加强运动；适当多喂青绿多汁饲料，可以补充维生素。如果公猪过瘦，则应加料，加强营养，防止配种过度；用发情母猪去挑逗，或者注射脑垂体前叶促性腺激素，或者注射维生素 E 等，都有一定的作用。

在配种旺季，过度使用公猪会造成公猪早衰。公猪早衰难以恢复，这样会过早地结束一头优良公猪的使用价值。因此，一定要有适度的配种强度。

（六）公猪配种受胎率低的原因分析

如果某头公猪的配种受胎率低，也就是说，用这头公猪配种的母猪返情率高，可能是由以下因素引起的：

1. *精液质量差*　射精量少、精子数量少和死精多。如果是配种频率太高引起的，应降低公猪的使用强度。

2. *饲料质量差*　营养不足，尤其是饲料中缺乏铜、锌、锰、

硒和铁等矿物质元素；缺乏维生素 A、维生素 E 等维生素；或者饲喂了霉变的饲料等，都会影响公猪的生精能力。

3. 疾病　细小病毒病、猪瘟、伪狂犬病毒病、布鲁氏菌病、口蹄疫等，在精液中能感染公猪的生殖腺组织，也能引起母猪的生殖机能失调。因此，要根据当地的情况，提前注射必要的疫苗。

4. 管理不当　缺乏运动、阳光不足或因气温太高而防暑降温措施不利时，都易造成公猪的配种受胎率降低。

5. 遗传病　隐睾，阴茎有缺陷，染色体异常，如 XXY 型的公猪，都没有生育能力。这样的猪要淘汰。

6. 睾丸变性　可能由于阴囊或睾丸外伤、阴囊冻伤、全身疾病、高温、衰老和中毒症等引起，有些公猪可能是遗传性的。

六、人工授精技术

猪的人工授精，就是用人工的方法，把公猪的精液采出来，经过处理，再把它输到发情母猪的生殖道内，使母猪受胎。这是加快猪的繁殖和改良的一项行之有效的技术措施。而人工授精技术的广泛使用，使猪场间可通过种猪精液建立起遗传联系，这为区域性或全国性联合育种奠定了基础。

人工授精技术有许多优点：可以充分发挥优秀种公猪的作用，提高生产效率，获得更多的经济效益；可以减少种公猪的饲养头数，节省饲料，减少生产成本；可以减少性传播疾病，提高猪群的健康水平；还为种猪精液的交流提供了方便，如在偏僻的山区，人们不需要驱赶公猪去给当地发情母猪配种，只需携带几管精液给母猪进行人工授精即可。人工授精技术不仅解决了单个母猪饲养无公猪配种的困难，还可以有目的地改良猪种，十分方便。目前，采用猪人工授精技术的国家和地区有 60 多个，其中，美国、丹麦、瑞典、法国等发达国家，均在养猪生产中大规模使

用人工授精技术。

目前，在规模化养猪发达地区，90%的纯种猪群采用人工授精技术，60%～70%的商品猪生产采用此繁殖技术，均取得了良好效果。

如果猪精液评定、分装、运输、保存或人工输精技术操作不规范，也会带来一些负面影响。例如，一些传染病通过精液交流进行传播；也可能出现母猪配种受胎率低、产仔数下降等现象。

（一）采用人工授精的种公猪品种

人工授精要选用体形、生长速度、饲料利用率和瘦肉率等方面最优秀的公猪品种，如杜洛克、长白猪、大白猪、汉普夏等；也有利用杂种公猪，如杜洛克×皮特兰、汉普夏×杜洛克、皮特兰×大白猪、长白猪×大白猪等，用作终端杂交，生产商品猪。如果不是搞纯种选育，一般不用地方品种的公猪进行人工授精。

（二）人工授精所需的设备

1. 采精设备　采精台（也叫假母猪）、假阴道、集精瓶、打气双联球和温度计等。采精台的做法：先按照母猪的形状做好一个木质假母猪，假母猪的身材大小依种公猪的体形大小而定。一般长120厘米，宽32厘米，前高50厘米，后高55厘米，背呈弧形，两侧有踏板。

2. 精液检查、稀释和保存设备　普通显微镜、小天平、载玻片、盖玻片、量筒、三角烧瓶、广口保温瓶和氯化钠等。

3. 输精器材及消毒用品　玻璃注射器、输精胶管（质地要硬）、消毒铝锅、长柄镊子、高锰酸钾、来苏儿、酒精、药棉和纱布等。

4. 其他用品　工作服、胶鞋、毛巾、肥皂、凡士林、液体石蜡油、配制稀释液用的原料以及桌、椅和柜橱等。

上述各项器材，在医疗器械部门都可买到，所需数量可酌情购置。

（三）训练公猪爬跨假母猪的方法

后备公猪7～8月龄可开始调教，有配种经验的公猪也可进行采精调教。将成年公猪的精液、包皮部分泌物或发情母猪尿液涂在假母猪后部，将公猪引至假母猪处训练其爬跨，每天可调教1次，但每次调教时间最好不超过15分钟。

有以下几种方法，可视具体情况选用：

(1) 先在假母猪腹下放少量发情母猪用过的垫草，或者在假母猪臀部涂一些发情母猪的尿液或分泌物；然后，将公猪赶来和假母猪接触，只要它愿意接触假母猪，嗅其气味，有性欲要求，愿意爬跨，一般经过2～3天的训练，就能成功。若公猪啃、咬、拱假母猪，并靠假母猪擦痒、无性欲表现时，应马上赶一头发情旺盛的母猪到假母猪旁引起公猪性欲，当公猪性欲极度旺盛时，再将发情母猪赶走，让公猪重新爬跨假母猪，并让它射精，一般都能训练成功。

(2) 选择一头发情旺盛的母猪，赶到假母猪旁，母猪和假母猪都用麻袋盖好，在假母猪臀部涂上发情母猪的尿液。再将公猪赶来与母猪接触，待公猪性欲高度旺盛时，迅速赶走母猪，再让公猪爬跨假母猪射精。若公猪不爬跨假母猪或不射精，应改让公猪爬跨母猪，以后再用上述方法训练，一般都能收效。

(3) 把发情旺盛的小母猪用麻袋盖住，放在假母猪下面，引诱公猪爬跨假母猪训练采精，效果也很好。

在训练公猪爬跨假母猪采精时，应注意防止其他公猪的干扰，以免发生两头公猪咬架等事故，影响训练工作的顺利进行。一旦训练成功，应连续训练几次，以便巩固。

(四) 采精方法

采精宜在室内进行，夏季采精宜在早、晚进行；冬季寒冷，室温最好保持在17℃左右。

1. 采精前准备

(1) 采精公猪的准备。剪去公猪包皮周围的长毛，将公猪体表脏物冲洗干净，并擦干体表水渍。

(2) 采精器件的准备。集精器置于38℃的恒温箱中备用。

另外，应准备好采精时清洁公猪包皮内污物的纸巾或消毒清洁的干纱布等。

（3）配置精液稀释液。配置好所需量的稀释液，在水浴锅中预热至35℃。

（4）精液质检设备的准备。调节好显微镜，开启显微镜载物台上的恒温板，预热精子密度测定仪。

（5）精液分装器件的准备。准备好精液分装器、精液瓶或袋等。

2. 采精程序　采精员一手戴双层手套，另一手持37℃保温杯（内装一次性食品袋）用于收集精液。先用0.1%高锰酸钾溶液清洗其腹部和包皮；再用温水清洗干净，避免药物残留对精子的伤害。

采精员挤出公猪包皮积尿，按摩公猪包皮，刺激其爬跨假母猪。待公猪爬跨假母猪并伸出阴茎时，脱去外层手套，用手（大拇指与龟头相反方向）紧握伸出的公猪阴茎螺旋状龟头，顺其向前冲力，将阴茎的S状弯曲拉直，握紧阴茎龟头，防止其旋转。待公猪射精时，用4层纱布过滤，收集精液于保温杯内的一次性食品袋内。最初射出的少量精清（5毫升左右）不接取，直到公猪射精完毕。一般射精过程历时5～7分钟。

集精杯位置应高于包皮部，可防止包皮部液体流入集精杯内。

下面再介绍两种生产中常用的采精方法：

（1）手握法采精。此法是群众在生产实践中摸索出来的一种简单易行的采精方法。将集精瓶和纱布蒸煮消毒15分钟，再用10%氯化钠溶液冲洗两遍，拧干纱布，折成2～3层，用橡皮圈将纱布固定在集精瓶口上。采精员应先剪短指甲，洗净双手，并以75%酒精棉球擦拭消毒或戴上消过毒的胶手套。公猪赶进采精室后，用0.1%的高锰酸钾溶液消毒公猪的包皮及其周围皮肤并擦干。采精员蹲在假母猪的左后方，待公猪爬上假母猪并伸出阴茎时，立即用左手（手心向下），握住公猪阴茎前端的螺旋部，不让阴茎来回抽动，并顺势小心地把阴茎全部拉出包皮外，掌握阴茎的松紧度，以不让阴茎滑脱为准。拇指轻轻顶住并按摩阴茎前端龟头，其他手指一紧一松有节奏地协同动作，使公猪有与母猪自然交配同样的快感，促其射精。注意防止公猪作交配动作时，使阴茎前端碰到假母猪而被擦伤。当公猪静伏射精时，左手应有节奏地一松一紧地加压，刺激性欲，并将拇指和食指稍微张开，露出阴茎前端的尿道外口，以便精液顺利地射出。这时，用右手持集精瓶，稍微离开阴茎前端收集精液。起初射出的精液多为精清，且常混有尿液和脏物，不宜收集。待射出乳白色精液时再收集，并用拇指随时去除排出的胶状物，以免影响精液滤过。公猪射完一次精后，再重复上述手法，使公猪第二、三次射精。待公猪射完精后，采精员顺势用手将阴茎送入包皮中，并把公猪慢慢地从假母猪上赶下来。

（2）胶管采精法。与徒手采精法基本相同，区别只是手隔着胶皮管把阴茎握住采精，可以减少细菌污染。胶管可用羊的假阴道内胎一剪为二；或用自行车内胎作成圆筒，筒长约 20 厘米，直径 4 厘米，再用一个直径 4～5 厘米、高 1 厘米左右的金属小圆圈（也可用塑料或竹圈代替），将内胎的一端圆圈内翻出 3～4 厘米，成为一个小圆口，以便阴茎伸入，另一端套上集精瓶。

采精前，应先消毒。采精时，当公猪爬上假母猪伸出阴茎后，采精员右手握住胶管，套上公猪阴茎，深度以阴茎龟头伸到小指外缘为止。然后，左手握住公猪阴茎，有节奏地一松一紧地加压，以增加公猪的快感，增多射精量。

3. 采精频率　采精频率以单位时间内获得最多的有效精子数来决定，做到定时、定点、定人。成年公猪每周定时采精 2 次，青年公猪每周 1 次。一般采精时间安排在周一和周五。

（五）精液品质检查

精液品质检查的目的是鉴定精液品质优劣、稀释或保存过程中精液品质的变化，以便决定能否用来输精。评定精液品质的主要指标是射精量、颜色、气味、pH、精子活力、精子密度、精子存活时间和畸形精子等几个方面。公猪精液采集后，首先用4～6层消过毒的纱布，过滤除去胶状物，置于30℃恒温水浴锅中，在室温25～30℃下迅速进行品质鉴定。

1. *射精量* 将采集的精液，立即用4～6层消毒纱布滤除胶状物质，观察射精量。射精量因品种、年龄、个体、两次采精时间间隔及饲养管理条件等不同而异。一次射精量一般为200～400毫升，精子总数为200亿～800亿个。

2. *颜色和气味* 正常精液为乳白色或灰白色，略有腥味。如果呈黄色是混有尿；如果呈淡红色是混有血；如果呈黄棕色是混有脓；有臭味者不能使用。

3. *pH（酸碱度）* 以pH计或pH试纸测量，正常范围7.0～7.8。

4. *精子活力* 活力是指精子活动的能力。一般用精子直线运动占的百分率来表示。

检查方法：载玻片和盖玻片37℃预热；在载玻片上滴一滴原精液，然后轻轻放上盖玻片（不要有气泡，盖玻片不游动），在300倍显微镜下观察。精子活动有直线前进、旋转和原地摆动3种，以直线前进的活力最强。精子活力评定一般用十级制，即计算一个视野中呈直线前进运动的精子数目。100%者为1.0级，90%为0.9级，80%为0.8级，以此类推。如活力低于0.5级者，不宜使用。

在实际工作中，精液稀释和输精后，特别是保存的精液，在输精前、后都要进行活力检查。每次输精后的检查方法是，将输精胶管内残留的精液滴一滴于载玻片上，放上盖玻片，于显微镜下观察。如果精子活力不好，证明操作上有问题，应当重新输精。

5. *密度* 指每毫升精液中所含的精子数，是确定稀释倍数的重要标准。要求用血细胞计数板计数，或用精液密度仪测定。

血细胞计数方法：①以微量加样器取精液 200 微升，用 3%氯化钠溶液稀释 10 倍；②在血细胞计数板上放一盖玻片，取 1 滴稀释后的精液，置于计数板的槽中，靠虹吸将精液吸入计数室内；③在高倍镜下计数，5 个中方格内的精子总数乘以 50 万，即得原精液每毫升的精子数，即精液密度。

在猪场实际工作中，也常采用简单的判别方法。在显微镜下精子所占面积比空隙大的称之为“密”，反之为“稀”，密、稀之间者为“中”。“稀”级精液也能用来输精，但不能再稀释。

6. 畸形精子检查　正常精子为蝌蚪状，凡是精子形态不正常的均为畸形精子。畸形率是指异常精子的百分率，一般要求畸形率不超过 18%。其测定可用普通显微镜，但需伊红或姬姆萨染色；相差显微镜可直接观察活精子的畸形率。公猪使用过频或高温环境会出现精子尾部带有原生质滴的畸形精子。畸形精子种类很多，如巨型精子、短小精子、双头或双尾精子，顶体膨胀或脱落、精子头部残缺或尾部分离、尾部变曲。要求每头公猪每 2 周检查一次精子畸形率。

检查方法：取原精液一滴，均匀涂在载玻片上，干燥 1～2 分钟后，用 95%酒精固定 2 分钟，再用蒸馏水轻轻地冲洗；干燥片刻后，用伊红或姬姆萨染色 3 分钟；再用蒸馏水冲洗，干燥后即可镜检。镜检时通常计算 500 个精子，用下列公式求其百分率：

$$\text{畸形精子百分率}=\frac{\text{畸形精子总数}}{500}\times 100\%$$

7. 填写公猪精液品质检查登记表　检查精液品质的标准，要进行综合全面分析，不得以一项指标得出判断结果。如果精液色泽好、密度大、活力高、畸形率低，则其受胎率高；相反，则不得用于配种。因此，应认真填写公猪精液品质检查登记表（表 2-1），并及时分析结果，应用于生产实际。

表 2-1　种公猪精液品质检查登记表

采精日期	公猪号	采精员	采精量（毫升）	色泽	气味	pH	活率	精子密度（亿/毫升）	畸形精子率（%）	总精子数（亿）	稀释后总量（毫升）	稀释液量（毫升）	头份数	检验员	备注

（六）精液的稀释

稀释精液可以加大精液量，扩大母猪的配种头数，提高种公猪的利用率；还可以改善精子在体外的生活条件，补充精子需要的营养，延长精子的体外寿命，有利于长时间保存和运输。

1. 稀释液应具备的条件　稀释液必须对精子有保护、营养的作用；渗透压与精液的相等；pH 以微碱性或中性（7.2 左右）为宜；稀释液应含有电解质和非电解质两种成分，电解质（硫酸盐、酒石酸盐等）对精子原生质皮膜有保护作用，而非电解质葡萄糖对精子又起营养作用。

2. 推荐几种较好的稀释液

（1）我国农业行业标准《猪人工授精技术规程》（NY/T 636—2002）推荐的配方。见表 2-2。

表 2-2　几种常见公猪精液稀释液配方

单位：克

成　分	配方一	配方二	配方三	配方四
保存时间（天）	3	3	3	3
D-葡萄糖	37.15	60.00	11.50	11.50

（续）

成分	配方一	配方二	配方三	配方四
柠檬酸三钠	6.00	3.70	11.65	11.65
EDTA钠盐	1.25	3.70	2.35	2.35
碳酸氢钠	1.25	1.20	1.75	1.75
氯化钾	0.75	—	—	0.75
青霉素钠	0.60	50万单位	0.60	—
硫酸链霉素	1.00	0.50	1.00	0.50
聚乙烯醇（PVP，Typell）	—	—	1.00	1.00
三羧甲基氨基甲烷（Tris）	—	—	5.50	5.50
柠檬酸	—	—	4.10	4.10
半胱氨酸	—	—	0.07	0.07
海藻糖	—	—	—	1.00
林肯霉素	—	—	—	1.00

注：以上为1 000毫升剂量。

（2）鲜牛奶稀释液。广西某人工授精站应用鲜牛奶稀释液，受胎率为91.49%，稀释后的精液贮藏72～84小时，受胎率仍然较高。

鲜奶稀释液配制方法：将牛奶用3层纱布过滤2次，装入三角烧瓶或烧杯中，置于水锅中煮沸消毒10～15分钟，取出、冷却后除去乳皮，即可应用。

（3）奶粉稀释液。在实践中，奶粉稀释液比牛奶液还好。

配制方法：称取奶粉1份，加蒸馏水10份，充分搅匀，使奶粉全部溶解；再装入瓶或杯内，隔水加温至70℃，经30分钟；冷却后即可使用。如加入0.3%氨苯磺胺，则效果更好。

（4）葡一柠液。据试验，瘦肉型种公猪用葡一柠液效果较好（北京地区）。

配方为：葡萄糖50克、乙二胺四乙酸二钠1.0克、二水柠檬酸钠3.0克、蒸馏水1 000毫升、青霉素500单位/毫升和链霉素500毫克/毫升。

（5）葡—氨液。在我国南方地区反映较好。

配方为：葡萄糖 30 克、乙二胺四乙酸二钠 1.0 克、氨基乙酸 5.0 克、蒸馏水1 000毫升、青霉素 500 单位/毫升和链霉素 500 毫克/毫升。

在我国的农村，采取如下方法也收到非常好的效果。采集到精液后马上稀释，取蒸馏水 100 毫升，倒入干净的容器中；再将 10 克葡萄糖、青霉素和链霉素各 5 万单位倒入蒸馏水里，搅拌促溶；然后，取鸡蛋 1～2 个，去蛋清，净蛋黄搅成流质，加入葡萄糖溶液中，搅拌均匀；将配好的稀释液和精液置于 35～37℃温水中，保存 15 分钟，用漏斗和滤纸将稀释液沿杯壁滤于精液中，并慢慢搅动；最后，将稀释的精液按 25 毫升的剂量分装入瓶，贴上标签，保存备用。

（6）国外常用的稀释液配方：

Kiev 液：葡萄糖 6 克、乙二胺四乙酸二钠 0.37 克、二水柠檬酸钠 0.37 克、碳酸氢钠 0.12 克和蒸馏水 100 毫升。

IVT 液：二水柠檬酸钠 2 克、无水碳酸氢钠 0.21 克、氯化钾 0.04 克、葡萄糖 0.3 克、氨苯磺胺 0.3 克和蒸馏水 100 毫升。

混合后加热使之充分溶解，冷却后通入二氧化碳约 20 分钟，使 pH 达 6.5。此配方欧洲应用较多。

BL-1 液：葡萄糖 2.9%、柠檬酸钠 1%、碳酸氢钠 0.2%、氯化钾 0.03%、双氢链霉素 0.01%和青霉素1 000单位/毫升。

此配方在美国应用较广。

日本农林省推荐的稀释液：脱脂奶粉 3.0 克、葡萄糖 9 克、碳酸氢钠 0.24 克、α-氨基-对甲苯磺酰胺盐酸盐 0.2 克、磺胺甲基嘧啶钠 0.4 克和灭菌蒸馏水 200 毫升。

3. *稀释倍数与稀释方法*

（1）稀释液的配制。按照稀释液配方，用称量纸、电子天平准确称量药品；按1 000毫升、2 000毫升剂量称量稀释粉，置于密封袋中；使用前 1 小时将称量好的稀释粉溶于定量的双蒸水中，用磁力搅拌器助其溶解；然后，用0.1摩尔/升的稀盐酸或0.1摩尔/升的氢氧化钠溶液调整稀释液的pH为7.2（6.8～7.4）左右。配好的稀释液应及时贴上标签，标明品名、配制日期和时间、经手人等。稀释液放入冰箱4℃保存，不超过24小时。

（2）精液稀释。精液采集后应尽快稀释，原精贮存不超过30分钟；未经品质检查或检查不合格（活力0.7以下）的精液不能稀释。

稀释液与精液要求等温稀释，两者温差不超过1℃，即稀释液应加热至33～37℃，以精液温度为标准，来调节稀释液的温度，绝不能反过来操作。

稀释时，将稀释液沿盛精液的杯（瓶）壁缓慢加入到精液中，然后轻轻摇动或用已消毒玻璃棒搅拌，使之混合均匀。

如作高倍稀释时，应先作低倍稀释（1∶1～2），待0.5分钟后再将余下的稀释液沿壁缓缓加入。

稀释倍数的确定：要求每个输精剂量含有效精子数30亿以上，输精量为80～100毫升，来确定稀释倍数。

稀释后要求静置片刻，再做精子活力检查。如果稀释前后活力无太大变化，即可进行分装与保存；如果活力显著下降，不要使用。

混合精液：新鲜精液首先按1∶1稀释，根据精子密度和混合精液的量记录需加入稀释液的量，将部分稀释后精液放入水浴锅保温，混合2头以上公猪精液置于容器，加入剩余部分稀释液（要求与精液等温），混合后再进行分装。

（七）精液的分装、保存与运输

1. 精液分装　调好精液分装机，以每80～100毫升为单位，将稀释后的精液分装至精液瓶或袋。要求装满封严，以防振荡和有气泡产生。瓶口周围加蜡封严，以隔绝空气并防止进水，然后放在塑料袋内，把袋口扎紧。在瓶或袋上标明公猪品种、耳号、生产日期、保存有效期、稀释液名称和生产单位等。

2. 精液贮存　根据实践经验，猪的精液在17℃左右具有最好的存活能力。配制好的精液应置于室温（25℃）1～2 小时后，放入 17℃恒温箱贮存；也可将精液瓶用毛巾包严，直接放入 17℃恒温箱内。在农村条件达不到上述要求时，也可以把配制好的精液放在铁盒或竹筒里，系上绳子沉于水井保存。每隔 12 小时轻轻翻动一次，防止精子沉淀而引起死亡。

短效稀释液可保存 3 天；中效稀释液可保存 4～6 天；长效稀释液可保存 7～9 天。保存精液的稀释液应尽快用完。

3. 精液运输　运输精液时，应把精液置于保温较好的装置内，温度保持在 16～18℃。运输过程中避免温度发生变化，尽量避免振荡。

首先，将装有精液的贮精瓶包在特制的塑料袋内，袋口用绳扎紧；然后，在冰瓶内装好冰块，在冰块上铺一层油纸、垫几层纱布或棉花；将包有贮精瓶的特制塑料袋放在上面，塑料袋周围填充些棉花之类的物质，既保温又防震动。

供精的范围，可视当地的交通、道路及气候条件而定。一般来讲，随着运输里程的增加，精子活力、受胎率和窝产仔数等有下降趋势。调查结果显示，以自行车为运输工具时，最远的供精里程为 25 千米。也就是说，25 千米以内的各项指标均达到输精标准。当然，道路好、运输工具先进时，供精的范围还可扩大。

（八）输精

输精是人工授精的最后一关，对受胎率和窝产仔数的影响较大。输精的效果取决于技术熟练程度、使用的输精器具和准确地判断输精的适宜时间。

猪在自然交配时，螺旋状的阴茎旋转地插入母猪生殖道内，直到进入子宫颈，把大量精液射入子宫内。人工授精时，要模仿这些生理特点。

1. 输精时间　首先，要对母猪进行发情鉴定，根据发情征状确定最佳输精时间。发情母猪出现静立反射后 8～12 小时进行第一次输精，之后每间隔8～12小时进行第二或第三次输精。

2.进行精液和输精管检查　从17℃恒温箱中取出精液，轻轻摇匀，用已灭菌的滴管取1滴放于预热的载玻片上，置于37℃的恒温箱上片刻，用显微镜检查活力。精液活力不小于0.7，方可使用。使用的输精管应经过灭菌，没有消毒过的输精管不能进行输精。

3.输精程序　输精人员清洁消毒双手；清洁母猪外阴、尾根及臀部周围，再用温水浸湿毛巾，擦干外阴部；从密封袋中取出灭菌后的输精管，手不应接触输精管前2/3部分，在其前端涂上润滑液；将输精管45°角向上插入母猪生殖道内，当感觉有阻力时，缓慢逆时针旋转、同时前后移动，直到感觉输精管前端被锁定（轻轻回拉不动），并且确认被子宫颈锁定；从精液贮存箱取出品质合格的精液，确认公猪品种、耳号；缓慢颠倒、摇匀精液，用剪刀剪去瓶（管）嘴（或撕开袋口），接到输精管上，确保精液能够流出输精瓶（管、袋）；控制输精瓶（管、袋）的高低（或进入空气的量）来调节输精时间，输精时间要求3～10分钟；当输精瓶（管、袋）内精液排空后，放低输精瓶（管、袋）约15秒，观察精液是否回流到输精瓶，若有倒流再将其输入。

在防止空气进入母猪生殖道的情况下，使其滞留在生殖道内5分钟以上，让输精管慢慢滑落。

输精结束，登记输精记录表。格式见表2-3。

表2-3　母猪输精记录表

耳号	胎次	发情日期	第一次输精				第二次输精				第三次输精				预产期	输精员
			公猪耳号	输精时间	站立反应	精液倒流	公猪耳号	输精时间	站立反应	精液倒流	公猪耳号	输精时间	站立反应	精液倒流		

养殖者在生产实践中总结出一些成功的经验。在输精时，做到“轻、慢、捻”，即动作轻，进管输精要慢，边输送边捻转，一般分两段输完，时间 3～10 分钟；退管时，也要保持“轻、慢、捻”；最后，还要在母猪背腰部轻轻按压，可防精液倒流。研究表明，输精时间 3 分钟以上的，繁殖性能最佳，受胎率、分娩率和产仔数最高。延长输精时间，并做到输精时模仿自然交配，能防止精液倒流、促进子宫蠕动，有利于精子向输卵管方向运行，使更多的精子有充分的机会去接触卵子，因而能提高受胎率和产仔数。建议生产中每次输精时间以 3～8 分钟为宜。不同输精速度对母猪繁殖的影响见表 2-4。

输精用的器具应力求简单、有效和消毒方便。

表 2-4　不同输精速度对母猪繁殖的影响

输精速度	配种数（头）	受胎率（%）	分娩率（%）	窝均产仔数（头）	精液倒流（5～15 毫升）
每次 1～2 分钟	21	74.4	93.3	8.93	有 5 头
每次 2～3 分钟	23	81.8	96.3	9.08	无
每次 3 分钟以上	37	83.8	96.8	9.83	无

七、种公猪的防疫制度

种公猪每年春、秋免疫接种猪口蹄疫疫苗、猪瘟疫苗和高致病性蓝兰病疫苗各 1 次，每年免疫接种猪细小病毒病疫苗、气喘病疫苗各 1 次。在蚊蝇季节到来之前（4～5 月份），用乙型脑炎弱毒疫苗免疫接种一次。在春、秋两季，各注射猪传染性萎缩性鼻炎疫苗 1 次。另外，还要注意对寄生虫的防治：伊维菌素为首选药物，种公猪每年至少用药 2 次；新购进的猪只用伊维菌素治疗 2 次，每次间隔 10～14 天，并隔离饲养至少 30 天，才能和其他猪只并群饲养。

八、种公猪饲养水平的自我评价

种公猪饲养得如何，利用程度怎么样，达到了什么水平，自己应该心中有数。表 2-5 是我们收集的一些数据供参考。对照表中的数据，检查一下自己饲养的公猪情况，可以促使我们找出不足、研究对策。对种公猪，要经常检查其体况，看一看利用率是否太低了，配种受胎率是否太低了。因为这直接影响种公猪饲养的经济效益，要尽早找出问题。问题主要包括饲料、管理、免疫、疾病、遗传、运动不足、缺乏阳光照射、配种和人员的责任心等方面。要进行全面分析，尽快研究对策、解决问题。只有这样，才能不断提高种公猪的生产水平和经济效益。

表 2-5 种公猪生产水平的评价

指　标	一　般	较　好
种公猪每年的更新率	过高或过低	30％（注：原种猪场宜 100％左右）
膘情	稍肥或稍瘦	适中
身体状况	健康	健康、有活力
性欲	一般	强
新鲜精液外观	乳白色，有腥味	云雾状、乳白色，有腥味
每次射精量	150～300 毫升	300～500 毫升
每次射精总精子数	150 亿～400 亿个	400 亿～800 亿个
精子活力	0.7 以下	0.7 以上
配种受胎率	初产母猪 75％ 经产母猪 85％	初产母猪 80％以上 经产母猪 95％以上
窝产活仔数	9 头	10 头以上
每头种公猪每年的配种任务（本交）	30～40 头母猪	50～60 头母猪
每头公猪每年的配种任务（人工授精）	1 000头母猪	2 000头母猪
1～2 岁的青年公猪	每隔 2～3 天配种 1 次	每隔 2～3 天配种 1 次
2 岁以上的公猪	每天配种 1～2 次	每天配种 1～2 次
5 岁以上的公猪	每隔 1～2 天使用 1 次	每隔 1～2 天使用 1 次

第三章　种母猪的科学饲养

种母猪就是用于繁殖后代作种用的母猪，按繁殖生理的不同，可分为空怀母猪、妊娠母猪和哺乳母猪。空怀母猪包括待配种的青年后备母猪和经产母猪。种母猪的科学饲养，就是要充分发挥种母猪的繁殖生产性能，在其使用年限内繁殖生产出数量最多且健壮的后代。对于一个母猪群，要看平均每头母猪每年提供的断奶仔猪数量。每头母猪年提供的仔猪数愈多，那么，每获得一头仔猪所分摊的母猪生产成本就愈少，养殖户的经济效益就愈高。据国外研究报道，每头母猪年提供 16 头断奶仔猪的生产成本，要比年提供 22 头仔猪的多 52%。

在实际生产中，这些繁殖生产性能指标除受母猪品种、舍内环境条件、饲养管理、发情配种和疾病防治等因素影响外，还受配种公猪及哺乳仔猪的饲养管理等其他生产环节的影响。然而，本章仅就母猪本身的各生产环节加以阐述，让养殖者掌握母猪繁殖生产的技术要点，从而发挥种母猪群的繁殖性能，实现母猪的生产目标。

一、种母猪的饲养目标

饲养种母猪的目标，就是充分发挥母猪生产性能，在其利用年限内以最低的生产成本投入繁殖最多的健康后代，获取最大的经济效益。母猪群的总体生产目标是：平均每头母猪每年提供断奶仔猪 19 头以上，平均每头母猪年消耗饲料在1 100千克左右。

由于母猪繁殖是个复杂的生理过程，要经过排卵、受精、妊娠及胎儿发育、分娩和哺乳等几大环节，母猪每个生理阶段的性能发挥都制约着生产目标的完成。因而，母猪群的总体生产目标，必须靠提高母猪每一个繁殖生产环节的成绩来实现。一方面，要提高母猪的窝断奶仔猪数，即提高窝产活仔数和哺乳仔猪断奶成活率；另一方面，要提高母猪的年产仔窝数，即缩短哺乳期和经产母猪断奶至发情配种间隔；提高母猪的配种受胎率和分娩率，优化猪群结构，控制后备母猪的在群比例。现就母猪的一些具体繁殖生产指标列于表 3 - 1。

表 3 - 1　母猪的繁殖生产指标

项　目	指　标	项　目	指　标
母猪年平均产仔窝数	2.1 窝以上	每头母猪年提供断奶仔猪数	19.0 头以上
断奶后发情配种间隔期	7～15 天	母猪年平均窝断奶仔猪数	9.3 头以上
配种受胎率	85%以上	出生个体均重	1.25 千克以上
受胎分娩率	95%以上	断奶哺乳成活率	93%以上
		窝产活仔数	10 头以上

二、母猪的生殖生理与繁殖技术

（一）母猪的生殖生理

1. *发情、排卵和受精*　后备母猪一般于 5 月龄左右会出现第一次发情，即为初情期。具体到每头后备母猪到达初情期的月龄，它受品种、环境、营养、体重及管理等因素的影响，差别很大。如接触成年公猪的后备母猪，可使初期情提前到来。进入初情期后，母猪卵巢上呈现卵泡的生长发育、成熟和排卵等周期性变化。由于生殖激素分泌发生相应的改变，使母猪的生殖道和行为表现也呈现规律性的变化，这种现象即为性周期活动。将母猪上一次发情排卵至下一次发情排卵的时期称为一个发情周期。猪的发情周期为 19～23 天，平均 21 天。每当卵泡长大后到成熟排卵的几天中，体内分泌的雌激素量达到高峰，母猪出现一系列发情征状，如行为不安、外阴红肿、流黏液、出现压背反应等，这时期称为发情期。母猪发情开始时不接受爬跨，到发情的旺期，出现压背反应时接受爬跨。

猪是多胎动物，在一次发情中多次排卵，排卵高峰是在接受公猪爬跨后的 30～36 小时。若从开始发情即外阴红肿算起，约在发情 38～40 小时之后。卵子在母猪生殖道内可保持受精能力的时间为 8～10 小时。卵子的受精部位在输卵管的上段 1/3 处，配种后精子多数需要 2 小时到达，并保持 20 小时左右的受精能力。因而，合适的配种时间应当是在母猪排卵之前，这样能使受精部位有活力旺盛的精子在等待新鲜的卵子，保证更多的卵子受精。

母猪的排卵数一般在 10～25 枚，但高产品种太湖猪的排卵数在 25 枚以上。排卵数除与品种有关外，还受胎次、营养状况、环境因素及产后哺乳期长短等影响。据报道，从初情期到第七个情期，每个情期大约提高一个排卵数。

2. 妊娠和分娩　猪是多胎动物，在妊娠第 10 天，子宫角内至少有 4 个胚胎存活时，才可阻止黄体的溶解，维持妊娠。母猪共计妊娠 114 天左右，期间胚胎经历 3 次死亡高峰。第一次出现在妊娠后 9～13 天，正值胚胎将要着床阶段；第二次在妊娠后 22～30 天，处于胎儿器官形成阶段。这两次高峰胚胎死亡最多，约占妊娠期胚胎死亡总数的 2/3。第三次死亡高峰是在妊娠的 60～70天。

母猪临近妊娠结束时，体内发生一系列生理变化，以便为分娩作准备。如产道及子宫颈松弛，这样胎儿易于通过；还有临产前几天，乳头开始少量泌乳。

3. 泌乳　母猪的各乳头间相互没有联系，各乳房内没有乳池，不能够积贮乳汁。所以，分娩后不能随时挤出奶来。但在分娩前一两天，因体内催产素作用，使乳腺中肌纤维收缩可随时排出奶汁。母猪分娩后的每一次泌乳，俗称放奶，是通过仔猪拱揉其乳房，刺激乳腺活动来完成的。完成一次放奶过程包括 3 个阶段，先是仔猪对母猪乳房 1～2 分钟的拱揉按摩；接着就是母猪开始放奶阶段，时间很短，仅为十几秒到 50 秒钟；放奶结束后，仔猪继续对乳房进行按摩 2～3 分钟，至此放奶全过程结束。母猪在一天中要多次放奶，平均每天放奶在 20 次以上。通常母猪在哺乳前期的日放奶次数多于哺乳后期，夜间多于白天。在自然状态下，母猪泌乳期 57～77 天。而在人工饲养情况下，泌乳期决定于仔猪断奶时间，一般为 28～35 天。泌乳期内母猪每日泌乳量呈曲线变化。据对枫泾猪、金华猪和嘉兴黑猪 60 天泌乳期的统计表明，3 个猪种的泌乳高峰均在母猪产后的 20～30 天。就哺乳母猪各部位乳头泌乳量来讲，一般为前部乳头多于中部，中部乳头多于后部。

（二）母猪的繁殖生产周期

母猪是一种周期性发情的动物。在正常生理状态下，从后备母猪发情配种受胎起，母猪就开始经历不同繁殖生理阶段。首先，要经过 112～116 天（平均 114 天）的妊娠期；妊娠结束，母猪分娩；分娩后，母猪便进入哺乳期，通常为 28～35 天；仔猪断奶后，母猪回到空怀期；一般经过3～7 天或更长时间，母猪再次发情配种受胎，又重复经历同样的繁殖过程。在实际生产中，母猪经历空怀阶段、妊娠阶段和哺乳阶段。针对不同生产阶段的母猪，应分别给予科学的饲养管理措施，促进各阶段母猪的繁殖机能得到充分发挥。

母猪由发情配种受胎，经分娩、哺乳到下一次发情配种的全过程，即为一个繁殖周期。母猪的一生能产多窝仔猪，经历多个繁殖周期。母猪的繁殖周期见图 3-1。

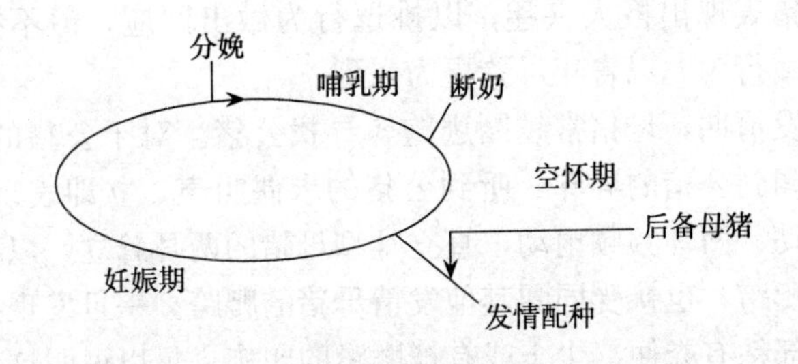

图 3-1 母猪的繁殖周期

在规模化猪场的生产中，依据母猪的繁殖周期，制订母猪的生产计划，以保证猪群按照固定的生产节律，实行全场的均衡生产。规模化猪场通常按照 7 天（1 周）的生产节律来控制猪群生产。母猪的生产周期主要是通过控制发情配种时间、断奶时间和相应的饲养技术来实现。在生产中，要重视母猪的每个生产环节，以缩短母猪繁殖周期，提高各周期的产仔数和哺育率。

(三) 母猪发情鉴定与配种时机

1. 发情征状　母猪的发情具有明显的外部征状，可以概括为外阴部变化和行为变化两个方面。

(1) 外阴部变化。青年母猪自发情前期开始，阴唇出现红肿、皮肤皱纹展平，阴门微开。到发情后期，肿胀减退，皱纹又复出现，变为暗紫色。但是，阴唇的颜色变化只能在白色品种或者外阴部缺乏色素的个体中显现出来。在外阴部出现红肿的同时，青年母猪的乳头也相应红肿。外阴部变化对经产母猪来说不明显，因此，不能作为判断的唯一依据。

发情时，可看到阴门流出少量黏液。外阴部可因此而黏着少量褥草或尘土，这些现象有助于发情观察和判断。

(2) 行为变化。发情前期和发情期，母猪兴奋不安，活动增多，睡卧减少，鸣叫增多，有些个体食欲减退。

发情前期，对公猪或外圈任何猪的出现，甚至对饲养人员，都表现注意和警惕，常追逐同伴，企图爬跨。当公猪进入现场时，母猪表现出极大兴趣，以挑逗行为做出回应，但不接受爬跨。这些行为尤以青年母猪更为强烈。

在发情期，母猪常越圈逃跑，寻找公猪。对于公猪的逗情，甚至只闻到公猪的异味、听到公猪的求偶叫声，立即表现静立、呆立不动、两耳频频扇动，直立耳型母猪的两耳耸立，以稳定姿态等待爬跨，也接受同圈其他发情母猪的爬跨。一旦发现某母猪的腰荐部粘有粪便、尘土或有被磨蹭的印迹，足以说明这头母猪已经接受了其他母猪的爬跨。

2. 发情鉴定　目前，众多养殖户饲养的品种为国外瘦肉型品种或其杂交猪种。这些品种的母猪发情行为和外阴变化不及国内品种明显，甚至部分猪会出现安静发情，因而生产中不易发现，不能及时配种，大大降低了母猪利用效率。因此，在实际生产中，对母猪的发情鉴定，除观察母猪的行为变化外，还要结合黏液判断法、试情法和压背法来进行发情鉴定，以提高配种受胎率。

（1）黏液判断法。用两指分开阴唇，由浅至深以目测和手感黏液特性相结合，仔细检查被鉴定母猪。未发情猪的黏膜干燥无黏液，无光泽；到发情期的母猪，出现黏液，并在不同发情阶段黏液特性也有区别。判定发情阶段后，便可掌握配种时机。

（2）试情法。借助于公猪，以观察母猪的性欲表现，并确定开始接受爬跨的时间。

（3）压背法。母猪处于发情盛期时，愿意接受公猪爬跨。当人工按压母猪背部时，母猪静立不动，则说明母猪处于发情盛期。而处在发情初期和末期的母猪，是不愿意接受爬跨的，不会出现压背反应。

（4）仿生法。模拟公猪发出的某些求偶信号，对发情母猪也是一种良性刺激。当母猪接收到这些信号以后，即反射性地表现特异行为，人们可以依据母猪特异行为的出现而判断发情。

公猪的求偶信号主要是气味、鸣声、外形和行为。对于绝大多数（90%以上）的母猪，后两种信号不是绝对必需的。仅气味和声音两种信号已足以引起大多数发情母猪的特异行为，而且也易于模仿。

声音信号：公猪求偶时发出短促而有节律的声响信号，可用录音机录制和播送。

气味信号：公猪的颌下腺和包皮腺所分泌的一种性外激素，这是一种类似于雄性类固醇的物质，在国外已人工合成。

母猪的特异行为：在播放公猪求偶鸣声或喷洒公猪性外激素的同时，检测人员用两手按压母猪的腰荐部或试骑其上，如母猪处于发情期，则表现静立反应。

有一部分发情母猪，无需任何公猪信号，仅由检测者单独进行压背实验，也可出现静立反应；也有一部分母猪必须伴有声音信号或者气味信号；还有一部分同时需要两种信号；只有少数母猪，必须公猪出现或经逗情，否则绝不出现静立反射。Signoret和 Mesnildu Buisson 对发情小母猪进行了系统的研究，发现有48.59%（671/1381）无需公猪信号；71.28%（139/195）对声音信号呈阳性反应；89.96%（681/757）对两种信号同时出现阳性反应；仅有10.04%必须见到公猪或经公猪逗情。

Cerne 等用合成的公猪外激素进行试验，出现静立反应者占发情母猪的83.6%；不用外激素单独由检测者测试为76.6%。

对于集约化饲养的大猪群，以压背法最为理想。仿生法由于仿生信号尚不完善，有待改进和提高。在生产中使用压背法时，最好有成年公猪在场，所选用公猪最好是口嚼白沫多、性欲好的，以便让母猪接受公猪的声音和气味刺激，在这种情况下发情检出率几乎为100%。若公猪不在场时，会有1/3的母猪不出现压背反应。

在日常生产中，养殖户应根据所饲养母猪的品种特性和有无好的试情公猪，以及饲养者的发情检定技术，可对上述检定方法灵活运用。既保证发情猪的检出，还要尽可能减少劳动量。对于发情行为明显的猪种，可通过观察法鉴定母猪的发情。但对于发情行为不明显的猪种，则须加以综合判断。除进行发情征状鉴定外，还可利用母猪的繁殖规律，大致预测母猪的发情时间，以便在这几天中进行重点发情观察鉴定。例如，经产母猪通常在断奶后 3～5 天开始发情；对于新选留的后备母猪，在留种前就可开始留意记录小母猪的发情时间，然后可按母猪平均 21 天的繁殖周期大致推算本次的发情时间。因此，在日常生产中，要对每头母猪做好断奶时间和日常发情时间的记录，包括每头猪的发情持续时间及发情特征。

对母猪的发情鉴定要注意连续观察：一是为了防止发情母猪的漏鉴；二是还可掌握母猪发情过程，以便确定最佳时机配种。据国外资料，对母猪的发情开始时间观察发现，母猪在夜间和白天都有开始发情即出现发情表现。英国研究人员对青年母猪的观察结果是：早上 6：00 开始发情的母猪占 54.8%，下午 6：00 和夜间 12：00 观察分别发现有 23.8%和 21.4%的母猪开始发情。所以，我们在生产中至少要保证每天早上和晚上两次对空怀母猪进行发情鉴定观察，特别是早上的一次发情鉴定不能漏过。生产中如果自己饲养有成年公猪，可借公猪配种之时，顺便哄赶公猪到场以对其他母猪进行辅助发情鉴定，提高母猪发情鉴定效果。

3. 配种时机　配种时机把握是否得当，直接关系到母猪能否受胎及其产仔多少。因此，在母猪发情期间何时配种，就成为母猪生产中的一个关键技术环节。最适当的配种时机，可使母猪排出的卵子尽量多地与精子结合，即受精。

配种方式有本交和人工授精两种。本交即人工辅助的公猪与母猪直接交配；人工授精即通过配种人员采集公猪精液，经过一定的处理后，再将其输到发情母猪的生殖道内。配种的实质是使母猪排出的卵子与公猪的精子结合，即卵子受精，由受精卵发育成胎儿。当母猪发情后，卵泡迅速长大、成熟，继而开始排卵。从排出的第一个卵子到最后一个卵子通常需要 2～6 小时，情期排卵数一般在 20 枚左右。显然，要获得高的产仔数，则必须保证排出的新鲜卵子能及时受精。因为卵子和精子在母猪生殖道内所保持受精能力的时间是有限的，一般卵子为10小时左右，精子为20小时左右。由此看来，一旦配种时间过晚，错过了排出卵子的可受精期限，卵子就不会受精；相反，配种过早，精子未遇到卵子就失去受精能力。所以，过早或过晚配种均会导致配种失败。轻则母猪产仔数减少；重则母猪不受胎。

要确定配种的适宜时间，关键是要判定发情母猪的排卵时间。研究表明，母猪排卵出现在发情的旺盛期内。依据发情鉴定，排卵是在压背反应出现后数小时进行。以长白猪为例，经产猪和初产猪压背反应持续时间分别为28小时和39小时，而发情开始到出现压背反应的时间分别为36小时和44小时。由此看来，如果生产中每天进行早晚两次发情鉴定，通常的配种方案是在发现母猪压背反应后12小时左右进行第一次配种，之后间隔12小时左右再配一次。如果个别母猪发情持续时间较长，两次配种后仍接受配种的话，还可加配一次。对发情母猪进行2～3次配种，可提高配种受胎率。

然而，在实际生产中，因不少母猪的发情持续期变化很大，1～3天不等，对配种时机的掌握较难，机械地采用常规的配种方案很可能会失败。最近，国外有人通过对断奶母猪发情持续期、排卵和配种时间的研究得出了三个重要关系：①发情持续期与断奶至发情的间隔成负相关。也就是说，断奶后较早出现发情的母猪能够接受交配的持续时间，长于断奶后较晚出现发情的母猪。②虽然不同母猪发情持续期不同，但排卵总是发生在整个发情持续期中71%的时候。比如，母猪发情持续期为48～72小时，其排卵则分别发生在发情开始后的34～51小时。③如果配种在排卵前0～24小时内进行，则受精率高于90%。

原则上对断奶后较早出现发情的母猪，可推迟首次配种的时间；反之，对于断奶后较晚出现发情的母猪，宜在首次观察到呆立反应时就进行配种。较为合理的配种方案是，断奶后5天内出现发情的母猪,要在发情开始后24小时和 48 小时分别配种；断奶后超过 5 天开始出现发情，要在发情开始后 0 小时和 24 小时分别配种。

（四）母猪的同期发情处理

同期发情的目的在于整个母猪群的计划性配种，便于组织成批生产及猪舍的周转。同期发情的处理技术主要有以下几种方法。

1. *同期断奶*　对于正在哺乳的母猪来说，同期断奶是母猪同期发情通常采用的有效方法。一般断奶后 1 周内绝大多数母猪可以发情。如果在断奶的同时，注射 1000 国际单位的孕马血清促性腺激素，发情排卵的效果会更好。

2. *一种类孕酮物质*（allyl trenbolone，RU-2267）　每天给母猪饲喂 20～40 毫克，共 18 天，处理后 4～6 天出现发情，繁殖力正常，而且不会出现卵巢囊肿。虽然这些药的开支较大，但很适合于集约化程度很高的养猪场，采用这种方法不仅有利于生产管理，而且也可以减少人员劳动强度。后备母猪和经产母猪都可使用，很具有吸引力。

3. *皮下埋植性激素*　皮下埋植 500 毫克乙基去甲睾酮 20 天，或每天注射 30 毫克，持续 18 天，停药后 2～7 天内发情率可达 80%以上，受胎率 60%～70%。

应该说明，当采用孕酮处理法对母猪进行同期发情时，往往引起卵巢囊肿，且影响母猪以后的繁殖性能，甚至导致不育；前列腺素在有性周期的青年母猪或成年母猪上使用价值不大，因为只有在周期的第 12～15 天时处理，黄体才能退化，因此，不能用于同期发情。

三、种母猪的挑选

（一）优良母本猪品种（品系）**的介绍**

应目前市场需求，养猪户要饲养瘦肉型猪种，即瘦肉率要达到56%以上。国内市场现有的瘦肉型猪种包括国外引进的和国内培育两种类型。适合作为优良母本品种或品系的有：长白猪、大白猪、三江白猪、湖北白猪的母本系DIV系、北京黑猪和苏太湖猪等。

1. 长白猪　原产于丹麦，目前许多国家都对长白猪品种进行选育，建立了本国的长白猪品系。我国引入的长白猪主要来自于丹麦、加拿大、英国和比利时等国家。长白猪成年体重平均为218千克，初配年龄为8～10个月，初配体重在120～135千克，乳头数6～7对。初产母猪窝产仔数10.44头，经产母猪11.15头。天津新引入的丹系长白猪，窝产仔数达11.2头，窝产活仔数达10.4头，育肥期日增重860克，胴体瘦肉率65%。

2. 大白猪　原产于英国，目前大白猪品种已在许多国家被育成了新的大白猪品系。我国引入的大白猪主要来自于英国、加拿大和丹麦等国。大白猪成年体重平均为224千克，一般在8月龄后、体重达125千克以上开始配种，乳头数在7对左右。初产母猪平均产仔数达10.2～10.8头，经产母猪达11.0～11.5头，育肥期日增重880克，瘦肉率为64%。

3. 三江白猪　三江白猪为我国瘦肉型猪培育品种，育成于黑龙江省东部三江地区，1983年通过品种验收。该品种保留了东北民猪耐寒、繁殖力高的优点，性成熟早，4月龄可出现初情期，乳头数7对，初产猪平均窝产仔数10.2头，经产猪12.4头。6月龄体重达85千克，瘦肉率为59%。若用杜洛克公猪与三江白猪母本配套杂交，其杂种猪的胴体瘦肉率能提高到62.06%。

4. 湖北白猪DIV系　DIV系是以我国培育品种湖北白猪为基础，进行母本猪的专门化品系选育，该品系继承了地方品种通城猪的优良繁殖特性，乳头数平均7对，性成熟早，初产猪平均窝产仔数11.1头，经产猪13.2头。育肥期日增重为672克，瘦肉率61.3%。本品系与杜洛克父本配套杂交后，其杂种猪平均日增重达789克，瘦肉率达64.1%。

5. 北京黑猪　北京黑猪是杂交育成品种。具有早熟、抗病力强、抗应激和肉质好等特点。北京黑猪全身被毛黑色，体型中等，结构匀称，性情温顺，母性好；两耳半直立、向前平伸，头小、面微凹，嘴中等长；颈肩结合良好，背腰平直，腹不下垂，后躯发育较好；四肢结实健壮；乳头数在7对以上。成年公猪体重200～250千克，体长150～160厘米，体高72～82厘米；成年母猪体重170～200千克，体长127～143厘米，体高71～80厘米。

母猪初情期在6～7月龄，发情持续期53～65小时，发情周期为21天；初产母猪窝产仔数9头以上，窝产活仔数8头以上；经产母猪窝产仔数10头以上，窝产活仔数9头以上；仔猪出生个体重1.1千克以上。

北京黑猪出生后6月龄体重达到90千克以上。20～90千克体重阶段，日增重530克以上，每千克增重消耗配合饲料3.3千克以下。

北京黑猪90千克体重屠宰测定，屠宰率70%以上，腿臀比例28%以上，背膘厚2.8厘米以下，胴体瘦肉率56%以上，肌内脂肪含量3%以上，肉质鲜嫩，味道鲜美。

6. 苏太猪　苏太猪是苏州、太湖地区生产商品瘦肉型猪较理想的母本之一。苏太猪全身被毛黑色、偏淡，耳中等大而垂向前下方，头面有清晰皱纹，嘴中等长而直，四肢结实，背腰平直，腹小、后躯丰满，身体各部位发育正常，具有明显的瘦肉型猪特征。苏太猪产仔数多、母性好，核心群母猪产仔数为15.67头。苏太猪生长速度较快，90千克育肥猪日龄为178.9天，平均日增重为623.12克，活体背膘厚1.96厘米，料肉比为3.18∶1，屠宰率和胴体瘦肉率分别为72.85%和55.98%。

苏太猪母本与大白猪、长白猪公猪杂交，生产的商品肉猪有较大的杂种优势，生长速度、料肉比及瘦肉率都达到了较为满意的效果。到164.43日龄时，体重达90千克，活体背膘厚1.80厘米，胴体瘦肉率59.67%，料肉比2.98∶1。

（二）种母猪的挑选方法

母猪养殖户挑选什么样的母猪留种，应从品种（品系）性能和母猪个体性状两方面进行选择评估。对于母猪品种（品系）性能的要求，除了瘦肉率达到瘦肉猪标准、生长发育快以外，更要注重其繁殖性能和对地方饲养条件的适应性。在这方面国内培育品种占有明显优势，主要表现为：①产仔数多；②性成熟早，发情征状明显，如闹圈、爬栏或爬跨同栏猪及阴户红肿等发情行为比引入品种明显，便于生产中的发情鉴定与及时配种，可减少漏配，提高繁殖效率；③耐粗饲，适应性强，这一特点对于许多饲养条件简陋的养殖户来讲很重要。在我国已有不少性能优良的引入品种由于缺乏这一点，结果出现生产性能的严重下降。

确定了母猪的品种（品系）后，就要挑选母猪的个体，对每一头青年母猪的体质外貌及有关性状进行综合评定：①母猪外生殖器应无明显缺陷，如阴门狭小或上翘；②奶头数一般不少于7对，奶头间隔均匀、发育良好，无瞎奶头、翻奶头和副奶头；③身体健康，结构发育良好，生长速度快，无肢蹄病，行走轻松自如；④初情期要早，一般不超过7月龄；⑤性情应温顺，过分暴躁的小母猪不宜作种用；⑥有条件者可借助系谱资料，依据亲本和同胞的生产性能（如繁殖成绩等），对其主要生产性能进行遗传评估。

四、种母猪舍的建筑

（一）猪舍的样式

按照猪舍的屋顶形式分为单坡式、联合式、双坡式、钟楼式和平顶式等；按照猪舍纵墙的设置情况分为凉亭式、开放式、半开放式、有窗式和无窗式等。猪舍样式的选择，要考虑母猪的需求与当地气候条件、猪舍种类、跨度和建材条件等。

（二）猪舍的平面设计

猪舍的平面设计在于合理安排猪栏、饲喂通道、管理和清粪通道、门窗、附属房间和各种饲养管理设备设施。母猪栏的尺寸见表3-2。

表3-2 母猪栏的尺寸

猪群类别	群养头数（头/圈）	栏圈面积（米^2/头）	圈栏高度（米）	采食宽度（厘米/头）
后备母猪	5～6	1.0～1.5	1.0	30～35
空怀妊娠母猪	4～5	2.5～3.0	1.0	35～40
产床哺乳母猪	1	4.2～5.0	1.0	40～50
平养哺乳母猪	1～2	8.0～10.0	1.0	40～50

母猪舍内的饲喂道（净道）1.0～1.2米宽。除单列式外，应两列共用一条，并尽量不与清粪通道混用。管理通道（污道）为清粪、接产等设置，宽度一般在0.9～1.0米（包括粪尿沟0.3米）。长度较大的猪舍，在两端或中央设横向通道（与其他通道垂直），宽度1.2～1.5米。每幢猪舍可酌情设置饲料间、值班室、锅炉间等附属用房。一般应设在靠场区净道一端。

（三）猪舍的垂直设计

猪舍内的地面一般比舍外高0.3米，同时考虑地面坡度和缝隙地板、粪尿沟的设置；窗台的高度一般应不低于1.0米；地窗下沿应高于其附近舍内地面0.06～0.12米；猪舍檐高一般在2.4～2.7米；屋顶的风管一般应高出屋面0.6米以上。

（四）母猪舍的种类和数量

母猪舍的种类是按猪群的划分而设置的，一般分为后备母猪舍、空怀母猪舍（也可包括公猪舍）、妊娠母猪舍和哺乳母猪舍（产房）。

各种母猪舍的数量主要决定于本场的条件、技术和管理水平。将各项生产指标作为工艺设计的基本参数。母猪的生产指标主要包括母猪的利用年限、空怀母猪的饲养天数、情期受胎率、分娩率、哺乳仔猪断奶日龄等。现代养猪生产必须实行常年均衡产仔、分群饲养的流水作业，以充分发挥母猪的繁殖性能。

各母猪群的头数、猪栏数和占地面积等参见附录中的国家标准《规模猪场建设》(GB/T 17824.1—2008)。

(五) 母猪舍的小气候条件

在母猪舍的设计中，应当按照母猪生理要求和当地气候特点，有效利用外界的自然光照、通风和散热，采用中西结合的建筑方式，建造经济、实用的母猪舍，使养猪者获得更好的经济效益。无窗全封闭式猪舍，通风、光照和舍温全靠人工设备调控，舍内环境受外界气候条件的影响最小，能为猪只提供稳定适宜的环境条件，但猪舍造价和设备使用费较高，有财力的大型养猪场可以采用，但经济实力有限的中小型猪场和养殖户不宜采用这种方式。母猪舍的主要小气候指标参见附录中的国家标准《规模猪场环境参数及环境管理》(GB/T 17824.3—2008)。

哺乳母猪及仔猪对环境温度和护理等条件的要求较高，需要建造条件较好的产房。相比之下，空怀和妊娠母猪舍的建筑及生产设备要简单一些。

(六) 产房的设计要点

产房的设计要母仔兼顾。母猪因分娩过程中生殖器官和生理状态发生迅速而剧烈的变化，机体的抵抗力降低。所以，产后母猪对舍内环境和生产设备条件要求较高。产房母猪适宜的温度为20℃左右，舍温不能有大的变化。当舍温偏高接近30℃时，母猪会出现明显的热应激反应，如气喘、厌食和泌乳机能下降等；当舍温偏低时，不利于母猪的产后生理机能恢复，还严重影响仔猪的发育和存活，因为初生仔猪体温调节机能发育不全，特别怕冷。因此，产房的建筑应具备良好的隔热、保温、防暑及通风等性能，并须设置必要的生产设备。

1. *房舍建筑* 产房式样可选用有窗户的封闭式建筑，分设前后窗户，进行舍内采光、取暖和自然通风。窗户的大小因当地气候而异，寒冷地区应前大后小。寒冷地区还应降低房舍的高度，加吊顶棚。采用加厚墙或空心墙，来增加房舍的保温隔热效果。此外，产房可根据情况适当添加一些供暖、降温和通风等设备。产房供暖可采用暖风机、暖气和普通火炉等方式。其中暖风机既可供暖，又可进行正压通风，但使用成本较高。所以，对于众多的小规模养殖户，选用火炉取暖更为经济实用。在夏季十分炎热的地区，产房可采用雾化喷水装置与风机相结合进行舍内防暑降温。有条件的猪场可选用国内生产的畜禽舍专用中央空调设备。

国产的畜禽舍专用中央空调，由高效多回程无压锅炉、水泵、冷热温度交换器、空调机箱、送风管道和自动控制箱六大部件组成。其主要采用高效节能多回程无压锅炉的热水作为热介质，通过空调主机将空气预热后，经空调多级过滤网，由风机正压通风，将过滤后的热空气送进畜禽舍内。正压通风可给舍内补充30%～100%（大小可调）的新鲜空气。送进的空气都经过过滤，减少了粉尘，降低了舍内空气的污浊度。从根本上解决了暖气、热风炉供暖存在的弊端。夏季，该设备输入地下水作为冷源可降温，大大节省了设备的投资，达到一机多用的目的，该设备使用寿命在10年以上。

2. **生产设备** 产房要为母猪及哺乳仔猪设置专门的高床产栏（图3-2）。高床产栏可以是单列式，也可以是双列式，各场根据生产条件和管理需要而定。猪场内高床产栏的数量，根据繁殖母猪的规模和繁殖计划而定。每列产栏的前后要留出足够宽的走道，供母猪上下产栏、分娩接产和行走料车等用。

高床产栏分为母猪限位区和仔猪活动区。母猪限位区设在产

图 3-2　母猪高床产栏设备

栏中间部位，是母猪分娩、生活和哺乳仔猪的地方。限位区的前部设前门、母猪饲料槽和饮水器，供母猪下床和饮食使用；后部设有后门，供母猪上床、人工助产和清粪等使用。限位架通常用钢管制成，一般长为2.0～2.1米，宽0.6～0.65米，高0.90～1.00米。这一狭小的空间结构可限制母猪的活动，并使母猪不能很快“放偏”倒下，而是缓慢地以腹部着地，伸出四肢再躺下。这给仔猪留有逃避受母猪踩压的机会，可有效防止仔猪被压死。仔猪活动区设在母猪限位区的两侧，配备有仔猪补料槽、饮水器和保温箱。保温箱内配有取暖保温装置。高床产栏的底部可采用钢筋编织漏粪地板网，地板网要架离地面有一定的高度，使母猪和仔猪脱离地面的潮冷和粪尿污染，有利于母仔健康，使仔猪的断奶成活率显著提高。

（七）空怀及妊娠母猪舍的设计要点

空怀和妊娠母猪都具有一定的抗寒性。猪舍可采用不同程度的开放型式样，如开放式、半开放式和简易封闭式等。开放的建筑可有效利用自然光照和通风，十分有利于母猪的体质健康。各地因气候条件不同，可选用不同的式样，使房舍建筑更为经济实用。

1. *开放式猪舍*　开放式猪舍无前墙，向前直伸运动场，舍内设有走道。猪舍结构简单，通风好，但防寒差。半开放式猪舍比开放式多半截前墙，天冷时可在半截墙上加装草帘或塑料薄膜等材料，较开放式猪舍的保温性能好。在冬季十分寒冷的北方地区，则宜采用有窗封闭式或改进的塑料大棚猪舍，其建筑要点就是要通过改进窗户或塑料棚的设置与面积，使舍内尽可能多地获得太阳光照，也有应用塑料大棚对有窗封闭式猪舍进行改进，既抗寒又经济，很适合寒冷的北方地区。建筑式样可归纳为：四周墙，人字梁，前坡短，塑料顶，后坡长，盖瓦片，水泥地，南北窗，冬天暖，夏天凉。

空怀、妊娠母猪舍的生产设备较为简单，多为单列式。猪圈按单元分开，每个圈饲养5～6头母猪。地面可选用水泥或砖地面，并保持2%～3%的坡度，以利于排污和清扫粪便，保持地面干燥。

2. 封闭式猪舍　封闭式母猪舍，多为双列式。封闭式猪舍的优点是：便于温度和湿度等环境条件的控制，且占地面积小，是高度集约化的养猪方式。

国内有的猪场采用母猪限位栏饲养。限位栏使用钢管结构，单栏高0.9～1米，宽0.65米，长2.2米，每头母猪占用单独的栏位，以防止猪只间的攻击和抢食。但是，栏位狭小，限制了妊娠母猪的活动，而且在随后的哺乳期里，母猪继续在产床上忍受单栏限位饲养，这就意味着成年母猪在繁殖周期的绝大部分时间里都不能自由活动。据观测，长期采用单栏饲养，会影响母猪的体质和繁殖寿命。

近几年，随着养猪技术改进，欧洲已经有许多母猪成功地改为舍内群养或自由放养。圭尔夫大学设计了母猪的小群饲养与限位栏饲养的对比试验，结果表明，小群饲养方式比限位栏的母猪生产寿命更长，淘汰率更低。前两个妊娠期的母猪淘汰率指标中，限位栏的为60%，小群饲养的为45%。

所以，我们建议妊娠期母猪采用群养，小群饲养的母猪圈舍见图 3-3。一般 5～6 头母猪一个圈，饲养密度不低于 2.5 米^2，圈舍分隔采用钢管结构，高 0.9～1 米，地面可选用水泥或砖地面，并保持 2%～3%的坡度，以利排污和清扫干粪，保持地面干燥。

图 3-3　小群饲养的封闭式母猪圈舍

3. *发酵床式猪舍*　发酵床猪舍是近几年出现的一种形式，主要解决猪场排污等问题，但仍存在学术争议，没有充分的数据证明其优劣。这里只作介绍，仅供参考、讨论或验证。

发酵床分地上式发酵床和地下式发酵床两种。主要用于保育猪、生长育肥猪和妊娠母猪的饲养。南方地下水位较高，一般采用地上式发酵床。地上式发酵床在地面上砌成，要求有一定深度，再填入已经制成的有机垫料。北方地下水位较低，一般采用地下式发酵床。地下式发酵床要求向地面以下深挖 70～100 厘米，填满锯末、秸秆等农林业生产下脚料，并添加专门的微生态制剂——益生菌。猪生活在垫料上，垫料里的有益微生物，用于降解粪、尿等排泄物。发酵床猪舍，不需要冲洗猪舍，也不需消毒，垫料3年清理1次。

五、种母猪的科学饲养管理技术

在整个母猪繁殖生产中，要通盘设计和实施各阶段母猪的饲养管理方案。因为任何一个环节出现饲养管理失误，都可能对母猪的生产性能造成长期影响，甚至没有补救的机会。

处在不同生理阶段的母猪，除了维持自身的生长发育外，还要进行卵子发育、胚胎发育和泌乳等用于繁殖下一代的营养消耗，而且这部分的营养消耗量呈一定规律变化。2004年，我国发布实施的《猪饲养标准》（NY/T 65—2004），规定了不同生理阶段瘦肉型母猪的饲养标准。即母猪每头每日营养需要量和每千克饲粮中养分含量，这为养猪场（户）和饲料企业提供了重要参考数据。但随着养猪生产科学的发展，这些饲养标准还会不断调整。此外，根据母猪不同时期生理特点，还应配套相应的科学饲养管理方法，以充分发挥母猪繁殖能力。

（一）空怀母猪的饲养管理

空怀母猪是指尚未配种妊娠的种母猪，包括后备母猪和断奶后尚未配种受孕的母猪。这一阶段的饲养管理要点是：促使母猪早发情，多排卵，保证及时配种，多受胎。由于后备母猪还正处于身体快速生长发育阶段，因此，关于后备母猪和经产母猪的饲养标准和管理方式不尽相同。

1. 后备母猪的饲养管理 后备母猪管理得好坏，可影响其繁殖性能和使用寿命。比如，后备母猪能量摄入过多会导致乳房发育不良，因为过多的脂肪渗入乳腺泡，限制了乳腺系统的血液循环，从而影响泌乳量；如果过分限饲，又会推迟初情期的出现。所以，后备母猪的饲养管理越来越受到养猪者的重视。

（1）后备母猪的留种或外购。无论是猪场母猪的扩群还是更新，每年都需要补充一定数量的后备母猪。为使猪场全年均衡生产，每年母猪的更新比例一般为 1/3。后备母猪可以由外购入，也可以自群选留。如果从外选购，可在配种前的 2 个月进行，以保证配种前有足够的时间，使母猪适应环境及饲养人员对其健康状况观察和配种前的免疫；而自群选留可在配种前一个多月进行。后备母猪的选留要认真参照本章中种母猪的挑选方法实施，要从品种、系谱资料、个体发育、体形等几方面给予综合评定。

外购时，要严格考察后备母猪的健康和免疫状况。引进的后备母猪应比本场种猪的健康程度高，以防引入新的病原，留下隐患。

后备母猪的引种体重在 40～70 千克较合适。如果体重小于 40 千克，体形未固定，体形的缺陷有可能在以后的生长发育过程中表现出来；而体重大于 70 千克，不利于配种前的隔离适应，而且引种的运输途中应激过大，容易出现瘫痪、肢蹄病、跛腿和脱肛等现象。

（2）后备母猪的饲养。后备母猪体重在 70 千克以前，可以饲喂育肥猪饲料，采取自由采食方式。体重 70 千克至配种的后备母猪，要求饲喂后备母猪专用饲料或哺乳母猪饲料，不能饲喂育肥猪或妊娠母猪饲料。因为育肥猪或妊娠母猪的饲料在营养方面满足不了后备猪生理和生长发育需要。总之，不能用饲养育肥猪的方法去饲养后备母猪。

对于自繁留种的猪场，当母猪到了 5 月龄、体重达 70～80 千克时，经鉴定选留为后备母猪后，便由生长育肥圈调入母猪圈并采用限制性饲养，可日喂 2 次。饲料经潮拌生喂，注意控制给料量，看膘投料，不使母猪过肥或过瘦，以八成膘为宜，通常每头后备母猪每天饲喂 2～2.5 千克。国外有报道称，配种时的背膘厚度在 14～25 毫米时，第一胎的繁殖性能最理想。

饲料中适宜的能量和蛋白质水平，可降低增重、体脂，提高窝产仔数和利用年限。后备母猪营养需要量可参见表3-3。

表3-3 后备母猪营养需要量

项目 体重（千克）	消化能（兆焦/千克）	粗蛋白（%）	钙（%）	有效磷（%）	锌（毫克/千克）	铁（毫克/千克）	硒（毫克/千克）	维生素A（国际单位/千克）	维生素D（国际单位/千克）	维生素E（国际单位/千克）	赖氨酸（%）	粗纤维（%）
20～60	13～13.8	17	0.75	0.3	100	150	0.3	6 000	600	44	0.9	3.0
60～90	13～13.8	15	0.7	0.25	100	150	0.3	6 000	600	44	0.8	3.0

在配种的前十几天，可以实行短期催情补饲，促进后备母猪的发情排卵。每头日喂量可加到2.5～3.0千克。对于体形较小的国内培育品种可少加一点。短期催情时，选用的饲料养分水平要高，通常不低于表3-3的营养需要推荐量。

（3）后备母猪的管理方法。选留的后备母猪，从生长育肥圈转到母猪圈后，通过前期控料和后期催情补料的饲养方法，可有效促进后备母猪的发情排卵。

较为实用的管理技术有：①增加后备母猪的运动量。将后备母猪小群圈养，4～6头一圈。每圈面积不能过小，最好带有室外运动场。另外，有条件的规模化猪场，可设立专门的种猪舍外运动场，让配种前后备母猪和断奶母猪拥有更大的运动空间，以加强运动，增强体质，促进发情。②保持与公猪的接触。若圈舍为栏杆式，可在相邻舍饲养公猪，让后备母猪接受公猪刺激。隔栏的公猪可以每周调换一次。若圈舍为实体墙式，则每日将公猪赶到母猪圈内，接触刺激数分钟。

2. 断奶母猪的饲养管理

（1）断奶母猪的饲养。如果哺乳期母猪饲养管理得当，无疾病，膘情也适中，大多数在断奶后1周内可正常发情配种。但在实际生产中，常会有多种因素造成断奶母猪不能及时发情。如有的母猪是因哺乳期奶少，带仔少，食欲好，贪睡，断奶时膘情过好；有的猪却因带仔多、哺乳期长、采食少和营养不良等，造成母猪断奶时失重过大，膘情过差。为了促进断奶母猪的尽快发情排卵，缩短断奶至发情时间间隔，则须在生产中给予短期的饲喂调整。

对于断奶时膘情好的、断奶前几天仍分泌相当多乳汁的母猪，为防止断奶后母猪患乳房炎，促使断奶母猪干奶，可在母猪断奶前和断奶后各 3 天减少精料的饲喂量，并多补给一些青粗饲料。3 天后膘情仍过好的母猪，应继续减料，可日喂 1.8～2.0 千克精料，控制膘情，促其发情；对于断奶时膘情差的母猪，通常不会因饲喂问题发生乳房炎，所以在断奶前和断奶后几天中就不必减料饲喂。断奶后就可以开始适当加料催情，避免母猪因过瘦推迟发情。

断奶母猪的短期优饲催情。一方面，要增加母猪的采食量，尽量让母猪多吃，每日饲喂配合饲料 2.2～4.0 千克，日喂 2～3 次，潮拌生喂；另一方面，提高配合饲料营养水平，营养需要可参照哺乳母猪阶段的营养水平，在实际生产中，可以继续使用哺乳母猪料。

（2）断奶母猪的管理。断奶空怀母猪的管理可参照后备母猪的促发情管理方法，并按断奶时母猪膘情，将膘情好的和膘情差的分开饲养。一个圈内的母猪不宜过多，一般为 4～6 头，这样便于饲喂控制和发情观察。

（二）妊娠母猪的饲养管理

妊娠母猪是指从配种受胎到分娩这一阶段的母猪。这一期间胎儿的生产发育完全依靠母体，所以通过对妊娠母猪的科学饲养管理，可以保证胎儿有良好的生长发育，最大限度地减少胚胎死亡，提高窝产活仔数及初生重。另外，使得母猪产后有健康的体况和良好的泌乳性能。

妊娠期内胎儿与母体间存在着交互复杂的生理过程，相互以内分泌活动为基础经历一个妊娠的识别、维持和终结（分娩）的完整过程。胎儿在不同发育时期，获取母体营养的方式不同。在妊娠早期，游离的受精卵发育着床后，开始胎盘的形成和发育。所以，在妊娠早期胚胎靠吸收和吞食子宫乳，为“组织营养”方式。到妊娠的第四周才可观察到完整的胎膜，胎儿具备了与母体胎盘交换物质能力。胎盘发育成熟后，由胎盘进行养分吸收，成为仔猪出生前获取营养物质的主要途径，即“血液营养”方式。

胚胎在生长发育中，往往会因为外部条件的影响而出现母体生理变化，如营养缺乏、内分泌紊乱等，影响胚胎和胎盘的正常发育。加上猪是多胎动物，各胚胎在发育中存在相互竞争，所以妊娠期总会有一部分胚胎死亡。如果妊娠母猪的存活胚胎太少，还可使整个妊娠终止。在正常的配种条件下，母猪排出的卵子几乎都能受精。但妊娠期胚胎死亡数一般占到排卵数的30%～40%。据报道，胚胎死亡的三个高峰期分别出现在妊娠期的第9～13天、22～30天和60～70天。前两次均在妊娠的早期，胚胎死亡数最多，约占妊娠期胚胎损失总数的2/3，这与胎盘尚未形成有很大关系。可见，妊娠早期是胚胎存活的关键时期。妊娠期胚胎的生长发育速度随着日龄增长。妊娠90天时，胎儿重仅占出生重的39%，即有61%的增重是在妊娠90天之后的3周多时间里完成的。可见，妊娠后期的胎儿增重极快，是胎儿体重增加的关键时期。

1. 妊娠期母猪的饲养　母猪妊娠后新陈代谢功能旺盛，对饲料的利用率提高。有试验证明，从配种到分娩期间，给妊娠母猪和空怀母猪饲喂同一种饲料，在喂量相同情况下，结果妊娠母猪除生产一窝仔猪外，自身体重的增加仍大于空怀母猪。妊娠母猪有如此高的饲料利用率，一是为满足特定的自身生理需要；二是为确保胎儿的生长发育营养需要；再则为产后泌乳储备了营养物质。

妊娠期母猪的饲养水平，可根据胎儿生长发育特点分为三个阶段，即妊娠前3周的妊娠早期、妊娠期的中期和妊娠90天后的妊娠后期。

（1）妊娠早期。一些证据表明，过高的饲养标准会降低尚未着床的胚胎存活率，而低水平饲喂会提高血浆孕酮含量，从而提高胚胎存活率。由此可见，在妊娠早期没有必要采用高的营养水平。另外，为了减少妊娠早期胚胎的死亡，更应注意避免各种应激因素，如环境过热、攻击威胁和缺水少料等。

（2）妊娠中期。随着母体对胎儿的妊娠识别和相互关系的建立，进入妊娠中期母猪代谢机能旺盛，饲料利用率大大提高，但胎儿和增重速度较慢。所以，对妊娠中期母猪应当给予偏低的饲养水平。否则，两个多月的过度饲喂，不仅促使母猪体重过大，造成母猪以后的维持需要增加，使得饲料浪费，成本加大，而且还增加了母猪代谢的负担，尤其是在夏季高温时期。此外，母猪长期过度采食和长膘，很可能造成哺乳期母猪的厌食或采食量下降，导致哺乳母猪泌乳力下降，从而影响哺乳期仔猪的生长发育，甚至影响到断奶后母猪的再次发情配种。

（3）妊娠后期。母猪妊娠后期，为胎儿迅速生长期，需供给充足的营养。国内有研究表明，在该期和哺乳期均采用高于NRC营养标准的高能量和高蛋白的饲料，可使母猪分娩后21天和35天的仔猪平均体重分别比NRC营养标准的对照组提高32.7%和31.0%。这说明高营养水平饲料对促进妊娠后期仔猪生长发育和增强哺乳母猪泌乳能力有明显效果。相反，如果妊娠母猪的饲养水平下降，还会导致其他繁殖问题。Hughes（1993）报道，母猪在分娩与断奶时 P_2 背膘厚度如果分别低于12毫米和10毫米，会延长断奶至发情间隔，降低下一胎次的窝产仔数。

由此可见，在实际生产中，母猪妊娠期饲养水平应采用前低后高，妊娠母猪营养需要一般应高于NRC的标准，可参见表3-4。

表 3-4 妊娠母猪主要营养需要推荐量

	消化能(兆焦/千克)	粗蛋白(%)	钙(%)	有效磷(%)	锌(毫克/千克)	铁(毫克/千克)	硒(毫克/千克)	维生素A(国际单位/千克)	维生素D(国际单位/千克)	维生素E(国际单位/千克)	赖氨酸(%)	粗纤维(%)
妊娠0～90天	12.5	14	0.9	0.4	120	150	0.3	6 000	600	40	0.65	5.0
妊娠后期	13.0	16	0.9	0.4	120	150	0.3	6 000	600	40	0.7	5.0

按上述饲料营养水平，妊娠的早期和中期每头猪日喂料量为2.0～2.7千克，妊娠后期为2.5～3.2千克，但在预产期前3天每日的给料量应逐日递减，直到产仔当天停料。当然要真正实现合理饲喂，须把握看膘投料原则，应考虑母猪的品种、舍温、年龄和配种时膘情等因素。如对高产仔数的年青的和配种时膘情差的妊娠母猪，以及在寒冷冬季每日可多喂0.2千克饲料，炎热的夏季可适当减料，使妊娠母猪膘情控制在八成为宜。配合饲料可经潮拌后生喂，每日投喂2～3次，注意不喂发霉、变质、冰冻和刺激性饲料，保证充足、干净的饮水。

2. 妊娠期母猪的管理　此阶段母猪的管理重点在于减少各种刺激因素，降低胚胎死亡率，增加产仔数和仔猪出生重，为母猪分娩、泌乳等做好充分准备。

（1）日常管理方式。在日常管理中，妊娠母猪要保持适当运动和休息。任何使母猪发生争斗、惊吓的刺激都会引起应激。为此，可将妊娠母猪进行单圈饲养，既避免母猪相互接触刺激，又能控制每天母猪的进食量。但这种饲养因母猪活动受到限制，不利于母猪体质发育，易患肢蹄病。因此，实际生产中很多采用小群饲养，每圈母猪5～6头，以便于母猪的自由活动。母猪并圈应在配种前进行，使之相互熟悉。主要目的是防止配种后在妊娠早期因相互争斗造成流产或胚胎损失。到配种后的第 18～24 天，以及第 39～45 天，注意观察是否有母猪返情。如有返情，应及时转出圈配种，也防止因其闹圈而危害其他已妊娠的母猪。此外，饲养人员对妊娠母猪态度要温和，不可打骂。

（2）猪舍环境条件。猪舍环境条件应保持良好，保持日常通风。注意防寒、防暑，炎夏可采用自来水喷雾降温。每日清扫圈舍，使地面尽量干燥、平整和防滑。

（3）防疫注射。做好妊娠期的防疫注射。日常多观察母猪吃食、饮水、粪尿和精神状态，对病猪及时诊疗，禁止使用容易引起流产的药物（如地塞米松）治疗病猪。

（4）妊娠诊断。配种后有的母猪未能受孕或因胚胎死亡出现妊娠终结，所以要尽早进行妊娠诊断。对未妊娠猪重新配种，以缩短其繁殖周期。妊娠诊断方法包括妊娠征状法、超声波诊断仪法、激素注射法和尿液化学诊断法。在实际生产中，对于小规模养殖户不适合应用后三种妊娠诊断手段，应采用前者，此法简单易行。按母猪发情周期推算，如果在配种后的第一及第二发情周期观察母猪没有再出现发情，且食欲渐增，被毛顺溜、发亮，增膘明显，行动稳重，贪睡，阴户缩成一条线，一般诊断为已经妊娠。注意区别个别母猪出现的“假发情”现象，比起真发情这种发情的征状不明显，持续时间短，不愿接近公猪，不接受爬跨。

（5）分娩日期的推算。母猪妊娠期平均为 114 天，即为 3 个月 3 周零 3 天，以此来推算妊娠母猪的预产期。在预产期限的前一周将母猪转入产圈或产床，进行产前饲养管理，保证母猪的顺利分娩。在生产者中，可按母猪分娩日期推算表（表 3-5），直接查到妊娠母猪的预产期。查表方法举例：3 月 4 日配种的母猪，于表第一行中查到 3 月，再在左第一列中查到 4 日，两者交叉处的 26/6（6 月 26 日）即为预产日期。

表 3-5　母猪分娩日期推算表

日＼月	1	2	3	4	5	6	7	8	9	10	11	12
1	4/25	5/26	6/23	7/24	8/23	9/23	10/23	11/23	12/24	1/23	2/23	3/25
2	4/26	5/27	6/24	7/25	8/24	9/24	10/24	11/24	12/25	1/24	2/24	3/26
3	4/27	5/28	6/25	7/26	8/25	9/25	10/25	11/25	12/26	1/25	2/25	3/27
4	4/28	5/29	6/26	7/27	8/26	9/26	10/26	11/26	12/27	1/26	2/26	3/28
5	4/29	5/30	6/27	7/28	8/27	9/27	10/27	11/27	12/28	1/27	2/27	3/29
6	4/30	5/31	6/28	7/29	8/28	9/28	10/28	11/28	12/29	1/28	2/28	3/30
7	5/1	6/1	6/29	7/30	8/29	9/29	10/29	11/29	12/30	1/29	3/1	3/31
8	5/2	6/2	6/30	7/31	8/30	9/30	10/30	11/30	12/31	1/30	3/2	4/1
9	5/3	6/3	7/1	8/1	8/31	10/1	10/31	12/1	1/1	1/31	3/3	4/2
10	5/4	6/4	7/2	8/2	9/1	10/2	11/1	12/2	1/2	2/1	3/4	4/3
11	5/5	6/5	7/3	8/3	9/2	10/3	11/2	12/3	1/3	2/2	3/5	4/4
12	5/6	6/6	7/4	8/4	9/3	10/4	11/3	12/4	1/4	2/3	3/6	4/5
13	5/7	6/7	7/5	8/5	9/4	10/5	11/4	12/5	1/5	2/4	3/7	4/6
14	5/8	6/8	7/6	8/6	9/5	10/6	11/5	12/6	1/6	2/5	3/8	4/7
15	5/9	6/9	7/7	8/7	9/6	10/7	11/6	12/7	1/7	2/6	3/9	4/8
16	5/10	6/10	7/8	8/8	9/7	10/8	11/7	12/8	1/8	2/7	3/10	4/9
17	5/11	6/11	7/9	8/9	9/8	10/9	11/8	12/9	1/9	2/8	3/11	4/10
18	5/12	6/12	7/10	8/10	9/9	10/10	11/9	12/10	1/10	2/9	3/12	4/11
19	5/13	6/13	7/11	8/11	9/10	10/11	11/10	12/11	1/11	2/10	3/13	4/12
20	5/14	6/14	7/12	8/12	9/11	10/12	11/11	12/12	1/12	2/11	3/14	4/13
21	5/15	6/15	7/13	8/13	9/12	10/13	11/12	12/13	1/13	2/12	3/15	4/14
22	5/16	6/16	7/14	8/14	9/13	10/14	11/13	12/14	1/14	2/13	3/16	4/15
23	5/17	6/17	7/15	8/15	9/14	10/15	11/14	12/15	1/15	2/14	3/17	4/16
24	5/18	6/18	7/16	8/16	9/15	10/16	11/15	12/16	1/16	2/15	3/18	4/17
25	5/19	6/19	7/17	8/17	9/16	10/17	11/16	12/17	1/17	2/16	3/19	4/18
26	5/20	6/20	7/18	8/18	9/17	10/18	11/17	12/18	1/18	2/17	3/20	4/19
27	5/21	6/21	7/19	8/19	9/18	10/19	11/18	12/19	1/19	2/18	3/21	4/20
28	5/22	6/22	7/20	8/20	9/19	10/20	11/19	12/20	1/20	2/19	3/22	4/21
29	5/23		7/21	8/21	9/20	10/21	11/20	12/21	1/21	2/20	3/23	4/22
30	5/24		7/22	8/22	9/21	10/22	11/21	12/22	1/22	2/21	3/24	4/23
31	5/25		7/23		9/22		11/22	12/23		2/22		4/24

（三）哺乳母猪的饲养管理

哺乳期是从母猪分娩开始到仔猪断奶结束。一般饲养条件下，哺乳期为35～42天，近几年，国内的规模化猪场哺乳期一般为21～35天。哺乳母猪的饲养管理目标就是保证母猪安全分娩，多产活仔，促进母猪产后泌乳，以使仔猪健康发育，快速生长；另外，要降低母猪断奶失重幅度，维持正常体况，以便断奶后及早发情，再次配种繁殖。

1. 猪的分娩

（1）分娩准备。

产栏的准备：在预产期前一周左右将母猪赶入产栏。进猪前对产房彻底清扫消毒，须对产栏侧面、底面及用具，用火碱水刷洗消毒，干燥后使用。对母猪体表也应清洁干净。

接产用具和药品的准备：如照明灯、干净擦布、锯末、脸盆、温水、剪牙钳、5%的碘酒、催产素、青霉素、仔猪保温箱和电热取暖器等。

临产的识别：主要根据母猪的乳房、外阴和行为表现加以分娩识别。乳房膨大变硬，出现奶梗，轻轻按摩可挤出乳汁。当挤出乳汁清淡透明时，分娩近在2～3天内；当乳汁变成黄色胶状，则即将分娩。但也有个别母猪产后才分泌乳汁。外阴在分娩前3～5天开始红肿、下垂，尾根两侧出现凹陷。神经敏感，变得行动不安，分娩前母猪频繁起卧、饮水、排粪和排尿、啃咬圈栏。

（2）分娩与接产。

分娩：母猪分娩时多数侧卧，腹部阵痛，全身哆嗦，呼吸紧迫，用力努责。阴门流出羊水，两腿向前伸直，尾巴向上卷，产出仔猪。有时，第一头仔猪与羊水同时被排出，此时应立即准备好接产。胎儿产出时，头部先出来的约占总产仔数的60%，臀部先出的约占40%，均属正常分娩现象。

接产：母猪分娩时应保持环境安静，以利于顺利分娩，母猪分娩多在夜间或清晨。当仔猪产出后，先用清洁的毛巾擦去口鼻中黏液，让仔猪开始呼吸，然后再擦干全身。接着给仔猪断脐，方法是先使仔猪躺卧，把脐带中血反复向仔猪脐部方向挤压，在距仔猪脐部4～6厘米处剪断，断面用碘酒消毒。处理完的仔猪应人工辅助尽快吃上初乳，放在保温箱内取暖。

母猪顺产时，需2小时左右分娩完毕，产程短的仅需0.5小时，而长的可达8～12小时。一般母猪很少难产，但有时因胎儿过大、母猪体质太弱无力阵缩等情况，会出现母猪难产，须进行人工助产。如果母猪长时间阵缩产不出仔猪时，可先注射催产素。若仍不见效，接产人员就要修剪好手指甲，给手臂清洁消毒，涂上润滑剂，五指并拢，手心向上，在母猪努责间歇时，慢慢旋转进入产道。当摸到仔猪时，随着母猪阵缩慢慢将仔猪拉出。产完后，给母猪注射抗生素，防止产道感染。

2. 哺乳母猪的饲养　近几年，国内不断引进和推广国外的优良瘦肉型种猪，生产能力有了明显提高。但遗传改进给母猪饲养带来了新问题。较多的窝产仔数，会导致哺乳母猪负担过重；体况较瘦，而且食欲降低，导致泌乳不足和哺乳期母猪失重过大。所以，哺乳期的饲养目标，一方面，争取最大限度地提高母猪的泌乳量和品质，以增加断奶仔猪窝重；另一方面，尽量减少哺乳期母猪失重，以缩短断奶至发情时间间隔，提高下一繁殖周期的排卵数和窝产仔数。

母猪在哺乳期营养需要量很大，特别是哺乳较多仔猪的母猪。①因母猪整夜照料哺乳仔猪，使母猪的日常维持需要增加；②因大量泌乳的营养消耗。母猪乳汁是仔猪生后5天内唯一的食物，21天时也几乎全靠母乳，35天时母乳提供的营养还占66%，42天时占50%。可见，分泌大量优质的乳汁是仔猪成活和生长的关键因素。然而，哺乳母猪常因采食的营养不足，动用体内的储备，靠大量分解体脂来补充泌乳的能量需要，结果导致哺乳期母猪的失重现象。所以对于哺乳母猪，一方面要制订较高的营养水平，另一方面要增加采食量。饲料营养水平一般高于NRC的标准，参见表3-6。

表 3-6 哺乳母猪的营养需要推荐量

消化能(兆焦/千克)	粗蛋白质(%)	钙(%)	有效磷(%)	锌(毫克/千克)	铁(毫克/千克)	硒(毫克/千克)	维生素A(国际单位/千克)	维生素D(国际单位/千克)	维生素E(国际单位/千克)	赖氨酸(%)	粗纤维(%)
13.6	18	0.9	0.4	120	150	0.3	6 000	600	40	1.0	3.0

由于母猪饱食后影响分娩，因此应从分娩前就开始减料。分娩当天停料，喂给麸皮汤或盐水，分娩后又因体力消耗过大，身体疲倦，消化机能弱，要在分娩 2～3 天后，将饲料喂量逐渐增加，5～7 天达到哺乳期的正常量，每天 4.5 千克以上，并尽量多喂，带仔多于 10 头的哺乳母猪，每多 1 头仔猪加喂 0.5 千克，断奶前的 2～3 天每头每天饲喂量减少至 1.5～1.8 千克。

为了提高哺乳母猪的采食量，建议采用以下措施：

（1）调整饲喂次数。一般每天饲喂次数为 3 次，但为了提高采食量，在夏季高温时，可改为每天 4 次，分别安排在早晨 5 点、上午 10 点、下午 5 点和晚上 10 点。

（2）饲料采用潮拌方式饲喂。在每次饲喂新料时，要清除料槽中剩余的陈料，尤其是在夏季，不能饲喂变质的饲料。

（3）日常保证母猪的充足洁净饮水，饮水器要达到足够的流量。

（4）调整饲料原料，选择优质的豆粕和鱼粉，适当添加诱食剂。有条件的养殖户，可加喂一些优质青绿饲料或添加 2%～5%的油脂，以增加食欲，促进母猪泌乳，减少便秘。

（5）控制舍内温度和湿度。做好夏季降温工作，加强通风换气。舍内温度尽量控制在 21～24℃，湿度在 50%～60%。

3. 哺乳母猪的管理　适当的管理可促进母猪的产后身体恢复和泌乳性能。

（1）保证充足的饮水，满足日常大量泌乳对水的需要，最好安装自动饮水装置。

(2) 保持适宜的环境。日常需通风换气，冬季加以保温，防止贼风侵袭；夏季注意防暑。舍温过高时，可给哺乳母猪颈部滴水，降温效果较好。及时清扫圈舍粪便，时常保持清洁、干燥。定期消毒、灭蝇和灭鼠。

(3) 保证圈栏光滑，地面平坦，防止划伤母猪的乳房和乳头。

六、母猪常见病的防治

母猪的常见病主要是指引起母猪死胎、流产和不孕等一系列繁殖障碍的疾病，其结果导致母猪生产水平严重下降。这些疾病有传染性的，如猪细小病毒病、猪伪狂犬病、猪日本乙型脑炎、猪繁殖与呼吸综合征、高致病性猪蓝耳病、繁殖障碍性猪瘟、猪布鲁氏菌病和钩端螺旋体病等；也有非传染性的，如难产、缺乳症、子宫炎、乳房炎、卵巢功能障碍和饲料霉菌毒素中毒等。

(一) 猪细小病毒病

猪细小病毒病是由细小病毒引起的传染性疾病。受感染的母猪产出死胎、畸形胎和木乃伊，而母猪无其他明显的症状。本病在我国许多地方发生，特别是规模化猪场。

1. 症状与诊断　本病症状主要出现于初产母猪。因母猪在妊娠的早、中、晚不同时期受病毒感染，母猪分别会表现为返情不孕、产黑色木乃伊，产死胎、畸形胎和弱胎，母猪则无其他明显的症状。本病的流行无季节性，初产母猪感染后，可获得坚强的免疫力，公、母猪均可带毒传染。病理解剖见母猪子宫内膜及胎盘无严重病变，可见木乃伊、畸形和溶解的腐黑胎儿，受感染胎儿出现充血、水肿、出血、体腔积液和脱水等病变。进一步诊断要送检病料到实验室进行病原鉴定。

2. 防治　猪场应采取严格的管理措施，如引种健康调查、生产消毒和隔离淘汰病猪等，阻断猪群病原的传播途径。对于后备母猪，在配种前1个月左右，应进行猪细小病毒疫苗注射。

（二）猪伪狂犬病

猪伪狂犬病是由猪伪狂犬病毒引起的一种急性传染病。成年猪呈隐性感染或上呼吸道卡他性症状；妊娠母猪发生流产、死胎；哺乳仔猪出现脑脊髓炎和败血症症状，最后死亡。到目前我国已有20多个省份发生过本病。

1．症状和诊断　妊娠母猪主要发生流产、死胎或木乃伊胎，产出的弱胎多在2～3天内死亡，流产率可达50%。初生及4周龄内小仔猪常突然发病，高烧达41℃以上，病猪精神委顿、厌食、呕吐或腹泻，随后可见兴奋不安，步态不稳，运动失调，全身肌肉痉挛，或倒地抽搐；不自主地前冲、后退或转圈；随后出现四肢麻痹，倒地侧卧，头后仰，四肢乱动，最后死亡。病程1～2天，死亡率很高。4月龄左右的猪，多表现轻微发热，流鼻液，咳嗽、呼吸困难，有腹泻，也有出现神经症状而死亡的。成年猪一般呈隐性感染。病理解剖见鼻腔和胃肠有炎症，咽喉部黏膜、扁桃体、肺及脑膜水肿，淋巴结肿大；流产胎儿的肝、脾、淋巴结及母猪胎盘绒毛膜有凝固性坏死。进一步诊断，要送检病料到实验室进行鉴定。

2．防治　对发病猪群，可给猪注射弱毒冻干疫苗。但弱毒疫苗有某些缺点，注苗与否视疫情而定。日常注意灭鼠，并执行严格的防疫措施。

（三）猪日本乙型脑炎

猪日本乙型脑炎又名流行性乙型脑炎，是由猪日本乙型脑炎病毒引起的一种急性人畜共患传染病。病猪特点为高热、流产、死胎和公猪睾丸炎。

1．症状和诊断　感染乙脑的猪只常突然发病，发高烧，精神委顿，厌食，粪干，表面附着灰白色黏液；有的猪后肢呈轻度麻痹，步态不稳，关节肿大，跛行。病公猪，常发生一侧或两侧睾丸肿大，阴囊皱襞消失、发亮，有热痛感，约 3～5 天后肿胀消退，有的睾丸变小、变硬。妊娠母猪突然发生流产，产出死胎、木乃伊和弱胎。母猪无明显异常表现。病理剖检见流产胎儿脑水肿，皮下血样浸润，肌肉似水煮样；木乃伊胎儿从拇指大小到正常大小；肝、脾、肾有坏死灶，淋巴结出血，肺淤血、水肿；子宫黏膜充血、出血和有黏液，胎盘水肿或见出血。公猪睾丸实质充血、出血和有小坏死灶。

2. 防治　驱蚊虫。注意消灭越冬蚊，并结合猪场一般的防疫措施阻断猪群病原的传播途径。在流行地区的猪场，在蚊虫开始活动前 1～2 个月，对 4 月龄以上至 2 岁的公、母猪，应用乙型脑炎弱毒疫苗进行预防注射，第二年加强免疫一次，免疫期可达 3 年，有较好的预防效果。

（四）高致病性猪蓝耳病

近几年来，高致病性猪蓝耳病来势汹汹，几乎席卷了整个中国，造成大批猪只死亡，给养殖户带来了很大的经济损失，其危害之大，让养殖者心有余悸。直到目前，猪高致病性蓝耳病还一直令国内养猪界密切关注，国家也积极组织相关科研力量进行研究，并出台相关防治措施和技术规范等。

1. 病原　由多种病原感染引起的一种急性传染病，其主要是由蓝耳病毒株及高致病性变异毒株所引起。本病主要攻击猪免疫器官，导致免疫力丧失，及免疫系统受到了抑制，使其他病原体容易侵入机体而引起继发性感染。多病原协同作用的结果是三重感染＞二重感染＞单一感染，一般死亡率为单一感染的 2 倍以上。蓝耳病的感染使猪群疾病更加复杂，造成猪瘟及其他疫苗的免疫失败，进而引发了猪蓝耳病、猪瘟、伪狂犬病、圆环病毒病、链球菌病、附红细胞体病混合感染，危害极大，至今没有有效的防治措施。

2. 流行病学　本病呈区域性，流行季节明显。主要发生在高温、高湿季节，流行范围广，波及地区多，传播速度快，有明显的流行传播性。一般在一个猪场出现疫情后，3～5天波及整个猪群，1～2周扩散到整个猪场，并向周边地区传播。

3. 症状　本病特点是有三高症状，即高热、高发病率、高死亡率。常见症状是猪群发病突然，传播迅速，体温明显升高，可达41℃以上；病猪卧地不起，耳朵出现小红斑点，耳缘发紫，耳尖出血严重。背部、胸腹下及四肢末梢等处皮肤出血，出现黄豆大小纽扣状坏死。部分猪呼吸困难，气喘急促，咳嗽、流鼻涕和眼分泌物增多；大部分猪有泪斑，出现结膜炎症状；尿少发黄，粪干发黑，呈球状；部分猪下痢，有的呕吐，磨牙，四肢呈游泳状，后肢不能站立；不同妊娠阶段的母猪可感染发病，并发生流产，产出死胎、木乃伊胎。

不同日龄、不同品种的猪均可感染发病，发病规律为：多数猪场首先从母猪或生长育肥猪暴发，然后再传到保育猪、哺乳仔猪。发病猪体温高达41～42℃，病程一般5～15天。猪群发病后，5～7天开始出现死亡，死亡率高，3周后开始平息。猪群的发病率为50%～100%，病死率为20%～100%。哺乳仔猪病死率可达100%；保育猪病死率最高可达70%；生长育肥猪病死率可达20%；感染母猪流产率可达50%～70%，死亡率可达35%以上，木乃伊可达25%。

4. 病理变化

（1）淋巴结出血。有些病猪腹股沟淋巴结和肠系膜淋巴结严重出血，也有猪只只是腹股沟淋巴结肿大，无出血现象。但是所有病猪的肺门淋巴结出血，并呈大理石外观，此为本病的特征之一。

（2）有些病死猪心脏上有出血点，甚至形成片状；有些在心脏的冠状沟处有胶冻样坏死；感染发病时间较长的病例，心脏质硬。

（3）肝脏变化不明显。少数病猪肝脏表面有纤维素性渗出物，并布满白色、圆形的膜。或者有针尖大的出血点和胆囊充盈现象。

(4)部分猪只脾脏肿大、质脆，边缘出血。

（5）肾脏肿大、出血。急性型死亡的病例，可见到肾脏上布满大小不一、弥散型的出血点，呈现雀斑肾。

（6）胃肠道出血。多数发病猪的胃黏膜层发生不同程度的溃疡，有的胃黏膜几乎全部脱落，在胃黏膜脱落处充血、出血严重。大部分猪在幽门部有大小不一的干酪样痂状物质。部分猪只的大肠浆膜出血严重，肠系膜和肠系膜淋巴结充血、肿大和出血。

（7）肺边缘发生弥散性出血，有的肋面和隔膜上有较多的棕红色出血灶，出血灶大小不一，有的大如核桃，有的只有针尖大小；有的发生萎缩，苍白色，缺乏弹性，部分肺有硬块。

最急性型：肺肿胀，切面外翻，肉眼可以观察到间质增宽；无论在肺脏的肋面或腹面，均可以见到从针尖到核桃大小不一的棕色或暗红色的出血点或出血块。

急性型：从发病到死亡时间较长的病例，肺脏的变化较为明显，肺的弹性减弱，出血点或出血块呈现暗红，略显陈旧，发生肉变和胰变的区域明显增多。

亚急性型：从发病到死亡时间长的病例，肺的变化更明显，肺脏颜色变白，肺脏已经几乎没有弹性，大部分肺泡塌陷、萎缩，有的地方出现块状突起，触之较硬。

（8）母猪流产的死胎及出生后不久死亡的弱仔猪，可见头部水肿（特别是颌下、颈下和腋下，水肿部成胶冻样），眼结膜水肿，鼻两侧皮下水肿并有出血，后内侧皮下水肿，并见有大面积出血性浸润。

5. 诊断　可参照农业部兽医局和中国兽医药品监察所联合编发的《高致病性猪蓝耳病灭活疫苗安全使用手册》，其中公布了发病猪的判定标准：至少 3 天的体温在 41℃以上；精神不振和食欲减退；眼结膜炎，咳嗽、喘等呼吸道症状；大体剖检，肺尖叶或心叶出现片状实变。符合以上三条，即可判为发病。

另外，结合实验室技术手段进行病原学的检测更为可靠。通常，根据临床症状剖检变化作为疑似或高度疑似病例进行本病的确诊，目前最快最准确的方法为 RT-PCR 和基因芯片检测。

6. 防治　选择合理的疫苗是防制高致病性蓝耳病的关键。目前，国家批准使用的是高致病性蓝耳病病毒变异株灭活苗和中国弱毒株弱毒活疫苗。

(1) 高致病性蓝耳病毒变异株。由中国动物疾病预防与控制中心和中国兽医兽药监察所研制。毒株从高热病疫区分离而来，对此次中国猪高热病具有一致的抗原同源性。免疫时间和方法根据 2007 年 4 月农业部制定的《高致病性猪蓝耳病免疫技术规范》施行。

(2) 中国弱毒株。由上海海利公司和中国农业科学院哈尔滨兽医研究所联合研制。同这次国内分离的高致病性蓝耳病毒株基因同源性达 95%以上，免疫后 1 周产生抗体，2 周产生保护力，可用于普免和紧急免疫。实践证明，针对高致性猪蓝耳病的感染，免疫过弱毒活疫苗的母猪和哺乳仔猪，会相对稳定；但保育猪和中大猪会有较大的发病率，因为母猪的免疫系统应答能力强，对于蓝耳病弱毒苗的免疫，更容易获得成功。

(五) 繁殖障碍性猪瘟

繁殖障碍性猪瘟又称非典型猪瘟或温和型猪瘟，是受温和型猪瘟病毒株或低毒力株引起的慢性感染，为国内近年来新的表现类型。特点是病势缓和，猪瘟的症状不典型，但母猪出现流产、早产、产死胎、木乃伊胎和弱胎。

1. 症状和诊断　病势缓和，病程较长，病状及病变局限且不典型，发病率和死亡率均较低，以小猪死亡为多，大猪常可耐过；有些母猪出现流产、早产，按时分娩有很多的死胎、木乃伊胎和弱胎，注意繁殖障碍症状的鉴别诊断。因病变局限且不典型，难以剖检诊断，则须经实验室检验后才能确诊。

2. 防治　新的研究成果认为，对现有的猪瘟兔化弱毒疫苗使用可适当调整，一是超前免疫，在仔猪吃乳前免疫；二是大剂量，对发生猪瘟疫场要紧急接种，并一次注射4毫升；三是孕猪禁免，实验表明，妊娠0～30天母猪接种疫苗死胎率达53.2%。此外，按猪场的综合防疫措施加强预防。

（六）猪布鲁氏菌病

猪布鲁氏菌病是由布鲁氏菌引起的人畜共患的慢性传染病，主要侵害生殖器官。母猪发生流产、死胎及不孕，公猪为睾丸炎和附睾炎。本病呈地方流行，无季节性。

1. 症状和诊断　5月龄以下的小猪易感性较低，主要感染母猪和公猪。母猪主要症状是流产，初产母猪居多，流产后易发生子宫炎，继而引起母猪不孕；公猪常见睾丸肿胀，有的萎缩、硬化，性欲下降。其次可表现关节炎，多见后肢关节肿大。病理解剖主要见公、母猪生殖器官病变。母猪子宫内膜上有大粒淡黄色结节，内含脓汁或干酪样物质；公猪睾丸和附睾切面有小点状化脓灶和坏死灶。具体确诊还须在实验室进行。

2. 防治　在常发病的地区，可用布鲁氏菌病猪型2号苗预防注射或口服。对发病猪可用抗生素治疗，但一般不在留作种用，坚持日常生产消毒等防疫措施。

（七）产科炎症

分娩的母猪有时因胎衣不下、人工接产及产后护理不当等，常引起产科感染性疾病，出现子宫炎、产后热等，甚至导致败血症。

1. 症状和诊断　胎衣不下通常指产仔结束后超过3个小时，母猪不安、努责，阴道流出红色液体，或含部分胎衣；子宫炎常见有黏性液体排出，严重的病猪出现全身症状，轻的为发情母猪屡配不孕；产后热为子宫受到病原微生物的急性感染，在产后3～4天高烧至40℃以上，并伴有阴门流出黏液等全身症状。

2. 防治　产前48小时肌内注射1毫升氯前列烯醇有助于产后恶露的及时排出，有利于清洁子宫、防止子宫炎的作用。对发病母猪，一方面要排除异物，发现胎衣不下，要在当天及时注射催产素，对有子宫分泌物的，可用0.1%的高锰酸钾溶液或新洁尔灭冲洗子宫；另一方面注射抗生素类药物，抗菌消炎。

(八) 母猪乏情

母猪乏情是指空怀母猪持续不能出现发情周期活动，经产母猪断奶后和后备母猪长时间没有发情表现。

1. 症状和诊断　经产母猪断奶后1周甚至几十天以上，后备母猪超过1个或多个情期没有发情表现。日常生产中以初产母猪和后备母猪较为多见。

2. 防治　加强哺乳母猪的饲养管理，减少断奶失重，可有效防止断奶后的乏情。对已乏情的母猪应视具体情况而定，一是改善饲养管理，调整母猪的膘情，注意饲料中维生素（维生素A、维生素D、维生素E）、微量元素和必需氨基酸的添加量，保证饲料营养平衡，减少环境温度、有害气体等的应激因素，使用公猪进行接触刺激；二是注射繁殖激素，国产用于促情排卵的激素有孕马血清、人绒毛膜激素、促排三号、氯前列烯醇等，将一些激素适当组合使用可获得明显治疗效果。如肌内注射5毫克氯前列烯醇后，第3天注射800国际单位孕马血清，10天内有大部分猪发情。若在配种时加注100微克促排三号，还可促进正常排卵。应用进口激素药物催情，如注射PG600后，大部分母猪在4～6天出现发情。关于繁殖激素的使用，一方面，要注意把握时机，通常适合激素处理的情况有：①断奶后8～10天仍未发情的经产母猪；②配种后30天仍未妊娠的母猪；③8个多月以上仍未发情的后备母猪；另一方面，要注意激素药物的选择。使用的激素除了能促进母猪出现发情征状外，必须考察母猪用药后的排卵效果，看其受胎率和产仔数如何。

(九) 霉菌毒素中毒

由饲料中霉菌（主要是黄曲霉菌、镰刀霉菌等）所产生的毒素引起，主要有黄曲霉毒素、赤霉病毒素和玉米赤霉烯酮等。

1. 症状和诊断　本病主要发生在春末和夏季。由于玉米等谷物饲料中含水分较高，若存放条件不良，当气温升高，环境潮湿时饲料就容易出现发霉变质，给猪连喂一段时间后，即可出现病症。

（1）急性中毒。较少见，以神经症状为主，病猪精神沉郁，垂头弓背，不吃不喝，大便干燥，有的呆立或兴奋不安，病死率较高。

（2）慢性中毒。妊娠母猪表现流产；空怀母猪可引起不孕；后备小母猪阴户、阴道肿胀呈发情征状；哺乳母猪食欲减少，泌乳量下降，严重时引起哺乳仔猪慢性中毒。

2. 防治　主要改善饲料储存条件，并添加防霉剂和霉菌毒素处理剂。

(十) 乳房炎

乳房被咬伤、擦伤、踏伤或碰伤；以及猪舍污秽，病原微生物感染。产前、产后突然喂给大量营养丰富的多汁饲料，泌乳过多，而仔猪吸不完等易引发乳房炎。

1. 症状和诊断　患病猪的乳房潮红、肿胀、触之有热感。由于乳房疼痛，母猪拒绝仔猪吸吮。炎症化脓时，可排出黄色乳汁。如脓汁排不出，可形成脓肿，往往自行破溃，排出有臭味的脓汁。

2. 防治　加强管理，防止外伤；保持猪舍清洁干燥，冬季产仔前，应多垫轻软稻草。仔猪断奶前，可适当减少母猪饲喂量，逐渐减少喂奶次数，使乳腺活动慢慢降低。

当外伤引起乳房局部感染时，在患部先用0.1%雷佛奴尔液清洗消毒；再涂上1%鱼石脂；肿胀周围，用0.5%普鲁卡因20

毫升，青霉素160万单位，分4点注射封闭。如体温升高，可全身使用抗生素，必要时手术切开处理。

七、种母猪群的防疫管理

母猪在养猪生产中具有特殊地位。因此，严格做好母猪的防疫管理，对于控制全场的疫病非常重要。

（一）隔离

对于新引进的种猪，先在隔离猪舍观察30天，做完相关预防注射、确认健康后，才能进入生产群猪舍。

（二）建立生物安全制度

生物安全制度包括自繁自养制度，饲料安全卫生制度，入场的消毒更衣制度，人员管理制度，饮水的卫生检查制度，装猪台清洁与消毒制度，病死猪的无害化处理制度，粪污水处理管理制度等。

（三）坚持严格的卫生消毒工作

猪舍空栏后要彻底打扫、清洗、消毒和干燥。同时母猪舍也应坚持每周两次带猪消毒，尤其是对空怀母猪和临产母猪。消毒药应交替使用，一般选择高效、环保、广谱的消毒药。如碘-季铵的复合制剂，含氯或含碘的消毒剂、复合醛等。消毒可采用喷雾、喷洒和火焰消毒的方法。

（四）制定科学合理的免疫程序

针对目前高致病性猪蓝耳病，以及其他疫病的频繁发生和流行，农业部于2007年3月28日下发了《农业部关于做好2007年猪病防控工作的通知》，通知的附件2《猪病免疫推荐方案（试行）》中的种母猪免疫程序部分见表3-7。由于免疫程序的制订具有很强的时效性，所以许多猪场的猪病免疫程序需要及时调整。就目前而言，该免疫试行方案具有代表性，各猪场可以依据自己场内的情况参照执行。

表 3-7　种母猪的推荐免疫程序

免疫时间	使用疫苗
每隔 4～6 个月	口蹄疫灭活疫苗
初产母猪配种前	猪瘟弱毒疫苗 高致病性猪蓝耳病灭活疫苗 猪细小病毒灭活疫苗 猪伪狂犬基因缺失弱毒疫苗
经产母猪配种前	猪瘟弱毒疫苗 高致病性猪蓝耳病灭活疫苗
产前 4～6 周	猪伪狂犬基因缺失弱毒疫苗 大肠杆菌双价基因工程苗* 猪传染性胃肠炎、流行性腹泻二联苗*

注：1. 种猪 70 日龄前免疫程序同商品猪。
2. 乙型脑炎流行或受威胁地区，每年 3～5 月份（蚊虫出现前 1～2 月），使用乙型脑炎疫苗免疫两次间隔 1 个月。
3. 猪瘟弱毒疫苗建议使用脾淋疫苗。
4. * 根据本地疫病流行情况可选择进行免疫。

免疫注意事项：

（1）必须使用经国家批准生产或已注册的疫苗，并做好疫苗管理，按照疫苗保存条件进行贮存和运输。

（2）免疫接种时应按照疫苗产品说明书要求规范操作，并对废弃物进行无害化处理。

（3）免疫过程中要做好各项消毒，同时要做到“一猪一针头”，防止交叉感染。

（4）经免疫监测，免疫抗体合格率达不到规定要求时，尽快实施一次加强免疫。

（5）当发生动物疫情时，应对受威胁的猪进行紧急免疫。

（6）建立完整的免疫档案。

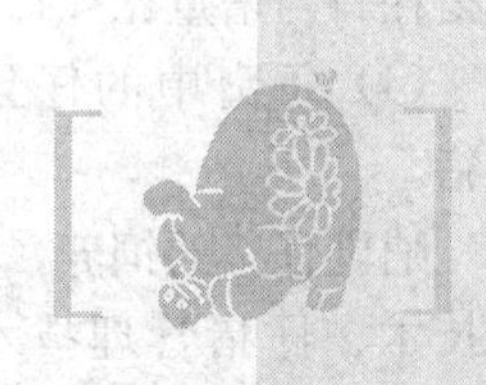

第四章 哺乳仔猪的科学饲养

从出生到断奶阶段的小猪称为哺乳仔猪。仔猪的哺乳期一般为28～35天。仔猪出生后，生活条件发生了巨大变化：由原来通过胎盘进行物质交换，转变为用肺呼吸，用嘴采食，通过消化道吸收食物中的营养物质、再将废物排出体外；另外，胎儿在母猪子宫内生活条件相当稳定，不容易受外界的影响，而出生后，仔猪直接与外界环境接触，如果饲养管理不当，就可能引起死亡。

哺乳仔猪是发展养猪的基础，它生长发育最快，可塑性最大，死亡率也最高。科学养好哺乳仔猪，是培育优良猪种、生产优质商品猪、提高猪群质量、降低养猪生产成本、提高养猪经济效益的关键。

一、哺乳仔猪的饲养目标

（1）哺乳仔猪的饲养目标为：哺乳仔猪精神饱满，健康活泼。哺乳期内的成活率在92%以上，或者说死亡率在8%以下。

（2）生长发育快，断奶体重大。仔猪出生后35天内，每天平均增重200克以上。28天断奶时，个体重7千克以上，窝重70千克以上，相当于出生个体重（或窝重）的7倍。

（3）仔猪从出生到35日龄，每头仔猪的补料量5千克左右，仔猪耗料与增重比<1。

(4) 每窝中的仔猪发育整齐，均匀度好，没有或者少有弱猪。

哺乳仔猪的饲养，要达到上述目标，须从环境控制、母猪管理技术、仔猪管理技术、免疫制度和饲养员的责任心等方面抓起。

二、哺乳仔猪的圈舍设计

哺乳仔猪是养猪生产中最重要的一个环节，所以产仔哺乳舍是全场投资最高、设备最佳和保温性能最好的圈舍。由于哺乳母猪和哺乳仔猪生活在一起，但要求的环境却有差异。如哺乳母猪的适宜温度为18～22℃；而哺乳仔猪的适宜温度要求在28～32℃。所以在设计圈舍时，既要考虑它们的共性，又要考虑它们的不同点，以满足这个阶段饲养管理的特殊要求。即①母猪和仔猪采食不同的饲料；②母猪和仔猪对环境温度的不同要求；③保护仔猪以防被母猪压死、踩死。根据实践经验，比较理想的产仔哺乳舍应分为三部分：一是母猪分娩限位栏；二是哺乳仔猪活动区；三是仔猪保温箱。产仔哺乳栏平面图见图4-1。

1. 母猪分娩限位栏　作用是限制母猪转身和后退，限位栏下部有钢管，可避免母猪躺下时压住仔猪。限位栏的尺寸一般为：长2～2.1米，宽0.6～0.65米，高1米。限位栏的前方装有母猪食槽和饮水器。

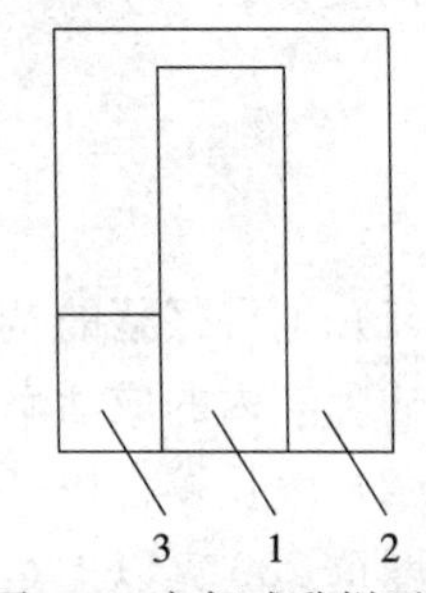

图4-1　产仔哺乳栏平面
1. 母猪分娩限位栏　2. 哺乳仔猪活动区　3. 仔猪保温箱

2. 哺乳仔猪活动区　四周用0.45～0.5米高的栅栏围住，仔猪在其中活动、吃奶和饮水。活动区内安装有补料食槽和饮水器。

3. 仔猪保温箱　仔猪保温箱的目的是采取局部供暖，满足仔猪对温度的需求。如图 4-2 所示，保温箱可用木板或混凝土等材料制作，尺寸为：长 100 厘米，高 60 厘米，宽 60 厘米。在箱

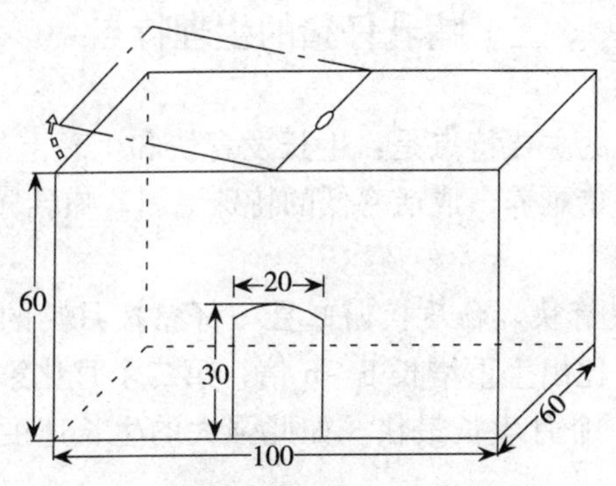

图 4-2　仔猪保温箱（单位：厘米）

的一侧靠地面处留一个小门，供仔猪出入，小门的尺寸为：高 30 厘米，宽 20 厘米。局部加温可用红外线灯泡（250 瓦），也可以用电热板。如果无上述条件，也可以在猪床上垫草，既可保温又可防潮。

为了改善母猪和仔猪的环境条件，我国科技工作者设计出“高床分娩哺乳栏”，如图 4-3，这种栏是用金属编制成漏粪地板网，架在粪沟上面，离地面大约 30 厘米，再在网床上安装母猪分娩限位栏、哺乳仔猪活动区和仔猪保温箱等。这样，哺乳母猪和仔猪都在网上，粪尿杂物等通过漏缝地板掉入粪沟，使哺乳母猪和仔猪都

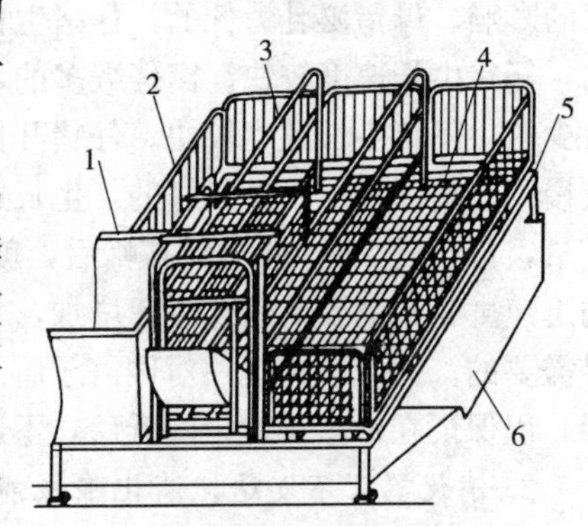

图 4-3　网上产仔哺乳栏

1. 保温箱　2. 仔猪围栏　3. 分娩栏
4. 地板网　5. 支腿　6. 粪沟

脱离了粪尿污染，改善了饲养环境，大大减少了仔猪下痢等疾病，从而提高了仔猪成活率。

三、哺乳仔猪的生理特点

哺乳仔猪的主要特点是：生长发育快和生理上的不成熟性，从而构成了仔猪难养、成活率低的特殊原因。哺乳仔猪生理上有以下特点：

1. 生长发育快，物质代谢旺盛　仔猪按月龄的生长强度计算，第一个月比出生重增长 5～6 倍，第二个月比第一个月增长 2～3 倍。第一个月生长最快。如此强大的生长速度是其他家畜所没有的。

仔猪的增重速度，取决于初生个体重的大小、母猪的泌乳力高低、窝仔数的多少和开食、补料情况的好坏。一般情况下，初生体重小的仔猪，生长速度较慢；初生体重大的仔猪，生长速度较快。俗话说，“初生差 1 两，断奶差 1 斤；断奶差 1 斤，育肥差 10 斤”。此话虽然不一定精确，但确实说明了初生重对生长速度的影响。母猪泌乳力低的，仔猪生长速度较慢；母猪泌乳力高的，仔猪生长速度较快。窝仔数多的，仔猪生长速度较慢；窝仔数少的，仔猪生长速度较快。仔猪开食晚、补料少的，生长速度较慢；仔猪开食早、补料好的，生长速度较快。因为母猪的日泌乳量，自产后 3～4 周达到高峰后，就开始下降，加之随着仔猪的迅速生长，需要的营养迅速增加，只靠母乳喂养是远远不能满足需要的。为了解决这一对供需矛盾，必须尽早训练仔猪采食饲料，以保证在母猪泌乳量降低后，不影响仔猪的正常生长速度。

2. 消化器官不发达，消化腺机能不完善　初生仔猪胃内仅有凝乳酶，而唾液和胃蛋白酶很少。同时，胃底腺不发达，缺乏游离的盐酸，胃蛋白酶就没有活性，不能消化蛋白质，特别是植物性蛋白质。这时，只有肠腺和胰腺的发育比较完善，胰蛋白酶、肠淀粉酶和乳糖酶活性较高，食物主要是在小肠内消化，所以初生仔猪只能吃乳而不能利用植物性饲料。由于仔猪胃中缺乏盐酸，不能抑制或杀死有害细菌，因此易患胃肠疾病。

随着日龄的增长和食物对胃壁的刺激，仔猪到 20 日龄时开始分泌盐酸，以后不断增加，到 35～40 日龄时，胃蛋白酶才表现出较好的消化能力，仔猪可以利用乳汁以外的多种饲料，并进入“旺食”阶段。直到 2.5～3 月龄，盐酸的浓度才接近成年猪水平。

哺乳仔猪消化机能不完善的又一表现，是食物通过消化道的速度较快。哺乳仔猪消化器官的大小和机能发育不完善，构成了它对饲料的质量、形态和饲喂方法和次数等饲养上要求的特殊性。

3. 免疫力缺乏，容易得病　仔猪出生时，没有先天免疫力。只有吃到初乳后，靠初乳把母体的抗体传递给仔猪，才获得免疫球蛋白，但 3 天以后迅速降低。因此，初生仔猪吃好初乳很关键。

仔猪到 10 日龄以后，才开始产生免疫抗体，直到 30～35 日龄前数量还很少，5～6 月龄才达到成年猪水平。仔猪 3 周龄左右是免疫球蛋白的青黄不接阶段，对疾病的抵抗力最弱，而仔猪这时已开始吃食，胃液中又缺乏游离盐酸，此时要特别注意防病。

4. 调节体温的机能发育不全，对寒冷的应激抵抗能力差　新生仔猪体内储备的能量不足，能量代谢的调节功能不全。新生仔猪体型小，单位体重的体表面积相对较大，新生仔猪缺乏浓密的被毛，皮下脂肪又不发达。故处于低温环境中，体热散失较快。

新生仔猪在产后6小时内，最适宜的温度为35℃左右；两日内为34～32℃；7 日后，可从 30℃逐渐降至 25℃。如果把仔猪置于低温环境中，仔猪会靠加强代谢和肌肉颤抖来增加体温，但体温很快就会降低，这将导致仔猪的生长强度降低，严重时会发生低血糖，甚至死亡。初生仔猪的保温是养好仔猪的关键措施之一。

在哺乳期内，仔猪的体脂肪增长较快，初生时体脂仅占1%～2%；1周龄时，体脂猛增到10%左右；2周龄时为15%左右；4周龄时增至18%左右。由于皮下脂肪层的加厚，以及调控机能的逐渐建立，仔猪逐渐能适应较低的温度。

四、哺乳仔猪的饲养与护理技术

过去农村养猪，仔猪哺乳期大多是42～60天。近几年来，在规模化养猪场中，一般都采取早期断奶措施，哺乳期缩短为21～35天，这大大提高了母猪的年产仔窝数，但对仔猪的管理加强了，尤其是加强了环境控制和补料措施。

（一）出生至3日龄的仔猪管理

1. *仔猪出生时做好接产工作*　正常分娩的母猪，每间隔5～25分钟产出1头仔猪，平均间隔为15分钟，分娩持续时间为1～4小时，个别有延长的。在仔猪全产出后隔10～30分钟胎盘排出。母猪的分娩需要安静的环境，故分娩多在夜间。接产工作可按以下顺序进行：

（1）仔猪产出后，立即用手将仔猪口、鼻的黏液掏出并擦净，再用抹布将全身黏液擦干，防止水分蒸发带走大量仔猪体热。

（2）断脐。先将脐带内的血液向仔猪腹部方向挤压，然后在离腹部4厘米处，把脐带用手指掐断或剪断，断面用碘酒消毒。若断脐带时流血过多，可用手指捏住脐带，直到不流血为止。

（3）完成上述两个步骤以后，立即将仔猪放入仔猪保温箱，依靠外来热源，如红外线灯泡等，将仔猪烤干。

（4）约半个小时以后，将烤干的仔猪立即送到母猪身边吃奶。对于不会吃奶的仔猪，进行人工辅助。仔猪出生后吃上初乳的时间，最迟不得晚于2小时。寒冷季节应特别注意仔猪保温，否则仔猪会因受冻而不能张嘴吃奶，以至饿死。对于轻微受冻而不能吃奶的仔猪，可立即用炉火等烘烤（注意不要烤得太急），让其恢复。

（5）假死仔猪的急救。有的仔猪产下停止呼吸，但心脏仍在跳动，这叫“假死”。此时可将仔猪的四肢朝上，一手托着肩部，另一手托着臀部，然后一屈一伸反复进行，直到仔猪叫出声为止。或者倒提仔猪后腿，用手拍打仔猪胸部，直到仔猪叫出声为止。

（6）难产处理。对于分娩太慢（在前一头仔猪出生 0.5 小时后还没有第二头仔猪出生），或者是努责无力的母猪，可注射催产素助产。催产素用量为每 50 千克体重注射 1 支（1 毫升）。如果母猪连续较久地努责，而又没有仔猪产出，这表示可能有仔猪阻滞在生殖道，此时不能用催产素，须人工助产，即用手将仔猪掏出，先将手指甲剪短并磨圆，用肥皂、来苏儿或高锰酸钾溶液洗净，消毒手臂，涂润滑剂（也可用肥皂代替），借着母猪努责间歇时，慢慢伸入产道。伸入时，手心向上，摸着仔猪后，随母猪努责，慢慢将仔猪拉出。掏出 1 头仔猪后，如果转为正常分娩，就不必继续掏了。

2. 固定乳头、及时吃上初乳　仔猪出生后就本能地寻找乳头吸乳。弱小仔猪四肢无力，行动不便，往往不能及时找到乳头，或者被挤开。为此，在仔猪出生后，应给予人工协助，让弱小仔猪尽早吃到初乳，最晚不得超过 2 小时，以增强体力。初乳对仔猪有特别的生理作用，除补充营养、促进仔猪胃肠道发育外，还可以增强仔猪的免疫力。不吃初乳的仔猪是很难养活的。

仔猪具有固定乳头吸乳的习惯，开始几次吸食那个乳头，以后就固定不变了。人工协助固定奶头是争取仔猪全活、全壮的措施之一。人工协助固定乳头，应在仔猪出生后 2～3 天内进行。方法是：母猪分娩结束后，将仔猪放在躺卧的母猪身边，让仔猪自己寻找乳头，等大多数找到乳头以后，对个别弱小或强壮争夺乳头的仔猪再进行调整。将弱小的仔猪放在前面乳汁多的乳头上；强壮的放在后面乳头上。如仔猪少而乳头多，可令其吸食两个乳头，不留空乳头。固定乳头要特别控制好抢乳的强壮仔猪，可先把它放在一边，再把弱小的仔猪放在指定的乳头上。这样经过几次训练后，可建立起吸乳的位次。为了便于记清位次，可用各种颜色在猪体上打上记号。

3. 保持适宜的环境温度　初生仔猪调节体温的能力很差，应当保持适宜的环境温度。仔猪的适宜温度为：产后 1～3 日龄 32～30℃；4～7 日龄 30～28℃；8～28 日龄 28～22℃。

为了仔猪保温，可在仔猪保温箱内安装红外线灯、或铺设电热板、或铺干草等。保温箱可用木板或混凝土制作，留一小门供仔猪出入。开始需要人工引导，几次以后，仔猪就会自动寻找热源。在水泥地面上饲养时，应铺设垫草。

4. 做好防压工作　有的母猪体大笨重，或者母性不好，容易出现压死仔猪现象。在生产实践中可采取以下措施：

（1）设护仔栏。在猪床靠墙的三面，用直径8～10厘米的圆木或毛竹，在距墙和地面有 20～30 厘米的距离，安装护仔栏（架），以防母猪沿墙躺卧时，将仔猪挤压在墙边或身下致死（图 4-4）。

图 4-4　护仔栏

(2) 设仔猪保育补饲间（栏）。在猪栏的一角，用木栏、铁栏或砖墙隔开，设置仔猪保育补饲间（栏），宽约 70 厘米，长度约 1 米。对初生仔猪可用作防压保温，以后还可供仔猪补饲用。补饲间留有仔猪出入孔，栏内铺上厚而柔软的干草。仔猪出生后即放在栏内取暖、休息，定时放出哺乳。每 1～1.5 小时 1 次，经过 2～3 天训练，即可养成仔猪自由出入的习惯。这样母仔分开睡觉休息的办法，可以防止压死仔猪。

(3) 天冷时，仔猪易受冷冻僵，行动不便而被压死。可在仔猪窝内垫干草，让仔猪防寒。有条件的猪场，可采用红外线灯或加热板取暖，保持仔猪环境的温暖、干燥，提高仔猪成活率。

(4) 帮助仔猪出生后尽快吃上奶，这可以使仔猪更强壮，使它们有能力及时跑开，避免母猪卧倒时被压死。

5. 寄养与并窝　在生产实践中，常会碰到有些母猪产仔较多，但限于母猪的体质和乳头数，不能哺育过多的仔猪；还有些母猪产仔太少，只哺养这些仔猪就不经济；有些母猪因产后无乳或死亡，必须设法护理好这些仔猪。常用的办法就是并窝和寄养，并窝和寄养的一般原则，是在产期相近的几头母猪间进行，将先产的移入后产的窝中。当猪正在产仔时，将另一窝仔猪放进来较易成功。对于一些母性差的母猪，可在要寄养的仔猪身上涂些来苏儿，使母猪分辨不出是另一窝的仔猪。

6. 预防仔猪下痢　为了预防可能出现的下痢现象，可以进行药物预防。常见的是口服抗生素，如口服庆大霉素或者卡那霉素等 1～3 毫升，能起到较好的效果。近几年出现的乳酸菌制剂也能有效预防仔猪腹泻。初生仔猪口服乳酸菌制剂 1～2 毫升[有效活菌数达到 10^8 菌落形成单位（Colony-Forming Units，CFU）/毫升]，有利于仔猪胃肠道中有益菌群的建立，并能抑制有害菌的存活，进而降低仔猪腹泻率。

7. 打耳号　为了方便生产记录和辨别血缘关系，仔猪出生后的 1～3 天内，就要打耳号。打耳号是用耳号钳，在耳朵的不同部位打上缺口，每一个缺口代表着一个数据，把所有数据相加，即是该猪的耳号。为了加大编号的数字，有时在耳中打洞。

8. 剪牙和断尾　为了防止仔猪打斗时互相咬伤，或者吃奶时咬伤母猪奶头，可在出生后，把仔猪的两对犬牙和两对隅齿剪掉，但要小心不要剪到牙肉。在集约化养猪生产中，仔猪在断奶以后，常常互相咬尾巴，把小猪的尾巴剪短，是一种较好的管理措施。剪尾时，从尾巴根部算起，剪去1/4或1/2的尾端。最好是用钳剪，钳压有助于止血。利用断喙机亦可。尾端伤口要用消毒水消毒，另外，近几年流行一种气门芯乳胶管断尾法：首先，剪一段长1～2厘米的自行车气门芯乳胶管，套在去掉笔芯的笔筒外；然后，将仔猪尾巴插入笔筒内，将这段气门芯乳胶管推到距仔猪尾根2厘米处，套紧即可。这样，后段的尾巴得不到血液供应，4～6天后即可自然脱落，达到断尾的效果。该方法简单、实用、经济、无外伤、效果好，值得推广。剪牙及断尾可与打耳号同时进行。

（二）3日龄至3周龄仔猪的管理

这段时期的仔猪要注意贫血与下痢的控制，同时还得对小猪进行阉割和补饲。

1. 预防仔猪贫血　仔猪出生时，体内铁的总贮存量约为50毫克，每天生长需要7～10毫克，到3周龄开始吃料前，共需要铁150～200毫克，而母乳中含铁量很少。因此，如果不给仔猪补铁，仔猪体内铁的贮存很快耗尽，一般在10日龄前后就会因缺铁而贫血。补铁的方法很多，主要有以下几种：

（1）铁铜合剂补饲法。仔猪生后3日起，补饲铁铜合剂。把2.5克硫酸亚铁和1克硫酸铜溶于1 000毫升水中，装于瓶内。当仔猪吸乳时，将合剂滴在乳头上，让仔猪吸食；或者用乳瓶喂给，每天1～2次，每头每天10毫升。当仔猪开始吃料后，可将合剂拌在饲料中，1月龄后浓度可提高1倍。

（2）右旋糖酐铁注射法。仔猪生后3～4日龄，颈部肌内注射 100～150 毫克右旋糖酐铁注射液。

（3）矿物质补饲法。在产圈里放置一些清洁的黏土，让仔猪舔食，可有效地防止贫血，因为黏土中含有丰富的铁质。这种方法成本低，效果好，值得应用。另外，在土壤缺硒地区，要注意给仔猪补硒。补硒的方法是，在出生后 3 日内，肌内注射 0.1% 亚硒酸钠溶液 0.5 毫升，断奶时再注射一次，但如果母猪料中已补硒，则不必担心仔猪缺硒。

2. 尽早补料　仔猪在5～7日龄，就须训练仔猪开食、补料，这是一件细微而重要的工作。仔猪开食越早，断奶个体重越大，越能适应断奶后采食饲料的生活方式。补料时可把带香甜味的诱料撒在补料栏内，每天有意识地把仔猪赶入几次。必要时，要强制把补料塞到仔猪嘴里，帮助其认料，尽快吃好补料。同时，饲养员要特别注意仔猪补饲槽的卫生和补料的新鲜度，防止仔猪腹泻。

3. 早期去势　传统的去势时间是在小公猪 35～45 日龄之间。近来的试验研究表明，小公猪在 10～20 日龄之间进行早期去势，易于操作，创口小，愈合快，并且不影响仔猪增重。在 3 日龄时，仔猪不太强壮；在 20 日龄时，仔猪抵抗疾病能力最差。这两个时间均不能手术。

（三）3 周龄至断奶仔猪的管理

仔猪在 3 周龄时已经开始进食饲料，而且长得非常快，这时候的饲料利用率高，增重快，应当尽量减少对仔猪的刺激，以使其达到最好的生长效果。

此阶段应供给仔猪营养丰富、易消化、适口性好的优质饲料，最好采取自由采食的饲养方式。对于限制性饲养仔猪，每天的补饲次数要多，一般每天 5～6 次，其中一次放在夜间。每次食量不宜过多，以不超过胃容积的 2/3 为宜。

（四）哺乳仔猪的饲料

1. 仔猪的营养需要　仔猪在自由采食情况下每日每头营养需要量见表 4-1；仔猪自由采食每千克饲粮营养含量见表 4-2。

表 4-1　仔猪自由采食每日每头营养需要量 NRC（1998）

（90%干物质基础）

项　目	体重阶段（千克）		
	3～5	5～10	10～20
该范围的平均体重（千克）	4	7.5	15
消化能摄入估测值（兆焦）	3.57	7.06	14.21
代谢能摄入估测值（兆焦）	3.43	6.77	13.65
采食量估测值（克）	250	500	1 000
粗蛋白质（克）	65	118.5	209
精氨酸（克）	1.5	2.7	4.6
组氨酸（克）	1.2	2.1	3.7
异亮氨酸（克）	2.1	3.7	6.3
亮氨酸（克）	3.8	6.6	11.2
赖氨酸（克）	3.8	6.7	11.5
蛋氨酸（克）	1.0	1.8	3.0
蛋氨酸＋胱氨酸（克）	2.2	3.8	6.5
苯丙氨酸（克）	2.3	4.0	6.8
苯丙氨酸＋酪氨酸（克）	3.5	6.2	10.6
苏氨酸（克）	2.5	4.3	7.4
色氨酸（克）	0.7	1.2	2.1
缬氨酸（克）	2.6	4.6	7.9
钙（克）	2.25	4	7.00
总磷（克）	1.75	3.25	6.00
有效磷（克）	1.38	2.00	3.20
钠（克）	0.63	1.00	1.50
氯（克）	0.63	1.00	1.50
镁（克）	0.10	0.20	0.40
钾（克）	0.75	1.40	2.60
铜（毫克）	1.50	3.00	5.00
碘（毫克）	0.04	0.07	0.14
铁（毫克）	25.00	50.00	80.00
锰（毫克）	1.00	2.00	3.00
硒（毫克）	0.08	0.15	0.25
锌（毫克）	25.00	50.00	80.00
维生素 A（国际单位）	550	1 100	1 750
维生素 D_3（国际单位）	55	110	200
维生素 E（国际单位）	4	8	11

（续）

项　目	体重阶段（千克）		
	3～5	5～10	10～20
维生素 K（毫克）	0.13	0.25	0.50
生物素（毫克）	0.02	0.03	0.05
胆碱（克）	0.15	0.25	0.40
叶酸（毫克）	0.08	0.15	0.30
可利用尼克酸（毫克）	5.00	7.50	12.50
泛酸（毫克）	3.00	5.00	9.00
核黄素（毫克）	1.00	1.75	3.00
硫胺素（毫克）	0.38	0.50	1.00
维生素 B_6（毫克）	0.50	0.75	1.50
维生素 B_{12}（微克）	5.00	8.75	15.00
亚油酸（克）	0.25	0.50	1.00

表 4-2　仔猪自由采食每千克饲粮中主要营养含量 NRC（1998）

（90%干物质基础）

项　目	体重阶段（千克）		
	3～5	5～10	10～20
该范围的平均体重（千克）	4	7.5	15
消化能含量（兆焦/千克）	14.21	14.21	14.21
代谢能含量（兆焦/千克）	13.56	13.65	13.65
采食量估测值（克/天）	250	500	1 000
粗蛋白质（%）	26.0	23.7	20.9
氨基酸需要量（以总氨基酸为基础）			
精氨酸（%）	0.59	0.54	0.46
组氨酸（%）	0.48	0.43	0.36
异亮氨酸（%）	0.83	0.73	0.63
亮氨酸（%）	1.50	1.32	1.12
赖氨酸（%）	1.50	1.35	1.15
蛋氨酸（%）	0.40	0.35	0.30
蛋氨酸+胱氨酸（%）	0.86	0.76	0.65
苯丙氨酸（%）	0.90	0.80	0.68
苯丙氨酸+酪氨酸（%）	1.41	1.25	1.06
苏氨酸（%）	0.98	0.86	0.74

（续）

项　　目	体重阶段（千克）		
	3～5	5～10	10～20
氨基酸需要量（以总氨基酸为基础）			
色氨酸（%）	0.27	0.24	0.21
缬氨酸（%）	1.04	0.92	0.79
矿物质元素需要量			
钙（%）	0.90	0.80	0.70
总磷（%）	0.70	0.65	0.60
有效磷（%）	0.55	0.40	0.32
钠（%）	0.25	0.20	0.15
氯（%）	0.25	0.20	0.15
镁（%）	0.04	0.04	0.04
钾（%）	0.30	0.28	0.26
铜（毫克）	6.00	6.00	5.00
碘（毫克）	0.14	0.14	0.14
铁（毫克）	100	100	80
锰（毫克）	4.00	4.00	3.00
硒（毫克）	0.30	0.30	0.25
锌（毫克）	100	100	80
维生素需要量			
维生素 A（国际单位）	2 200	2 200	1 750
维生素 D_3（国际单位）	220	220	200
维生素 E（国际单位）	16	16	11
维生素 K（毫克）	0.50	0.50	0.50
生物素（毫克）	0.05	0.05	0.05
胆碱（克）	0.60	0.50	0.40
叶酸（毫克）	0.30	0.30	0.30
可利用尼克酸（毫克）	20.00	15.00	12.50
泛酸（毫克）	12.00	10.00	9.00
核黄素（毫克）	4.00	3.50	3.00
硫胺素（毫克）	1.50	1.00	1.00
维生素 B_6（毫克）	2.00	1.50	1.50
维生素 B_{12}（微克）	20.00	17.50	15.00
亚油酸（%）	0.10	0.10	0.10

2. 仔猪饲料配制要点

(1) 适口性好，容易消化。

(2) 提供足够的能量。体重8千克以上的仔猪具有依饲粮消化能浓度调节采食量维持较恒定能量摄入量的能力，但8千克以下仔猪这种调节能力较差。因此，在配制4～8千克仔猪饲粮时应适当提高仔猪消化能日摄入量。

(3) 适宜的蛋白质水平。蛋白质含量过高引起腹泻和生长抑制；过低不能满足仔猪生长需要。主要通过添加合成氨基酸，调整氨基酸平衡，降低饲料中的蛋白质水平。

(4) 添加酸化剂。添加酸化剂可补充内源酸分泌不足和刺激仔猪胃、肠盐酸及消化酶分泌，抑制大肠杆菌的繁殖，促进有益菌的增殖，帮助仔猪建立适宜的胃肠道环境。

(5) 选用酸结合力低的饲料原料，减少内源酸和外源酸的损耗，维持胃肠道正常酸度。

(6) 添加酶制剂，弥补仔猪消化道酶活力不足。促进营养物质的消化吸收，消除消化不良，降低腹泻的发生。

(7) 添加益生菌。益生菌能帮助仔猪胃肠道建立有益菌落优势，提高仔猪肠道中消化酶的活性。

(8) 改进日粮的加工方法。减少植物蛋白的用量或通过适宜的加工手段灭活其中的抗原物质，避免或减轻植物蛋白引起的过敏反应。如豆粕经过膨化、发酵或酶解，降低抗营养因子的含量，提高利用率。

(9) 添加动物性蛋白原料。优质鱼粉、血浆蛋白粉、肠膜蛋白粉、脱脂奶粉的添加可提高仔猪饲粮的品质。

(10) 添加适量的抗菌促生长剂和保健剂。由于仔猪免疫系统不完善，饲喂适量的抗菌促生长剂或保健剂必不可少。主要有抗生素、微生态制剂和植物提取物等添加剂。

3. 仔猪常用的饲料原料和饲料添加剂

(1) 能量饲料。玉米是乳猪料中常使用的能量饲料。玉米中碳水化合物含量占75%，脂肪含量为4%。黄玉米含有较高的胡萝卜素、叶黄素和玉米黄质。玉米的蛋白质含量一般在7%～9%，赖氨酸、蛋氨酸和色氨酸等必需氨基酸含量低。玉米的消化能平均14.5兆焦/千克，居谷物饲料能量首位。

玉米含有较多的脂肪酸，所以磨碎后的玉米粉容易酸败变质，不宜长期保存；新上市玉米水分含量高，贮藏过程中极易发生霉变，霉变后产生的黄曲霉毒素、呕吐毒素和玉米赤霉烯酮等毒性大，容易引起中毒，应高度重视。生产中应选用籽粒饱满、无发霉变质和光泽度好的优质玉米。

玉米膨化后使用效果更佳。主要是玉米经过膨化后具有天然香味，适口性提高，仔猪采食量上升；化学键断裂，原料表面积增大，消化率提高；脂肪氧化酶失活，品质稳定；抗性成分被降解，消化能升高等。

小麦的蛋白质含量为10%～14%，赖氨酸较低，消化能为13.2～14.3兆焦/千克。小麦的适口性好，可取代玉米，乳猪饲用一般为粉状。发酵小麦或膨化小麦可以作为乳猪料的主要能量原料使用。在小麦基础日粮中添加木聚糖酶和磷脂酶能明显改善乳猪对养分消化率，而且两种酶具有加效作用。

乳清粉。乳品企业利用牛奶生产干酪时得到一种天然副产品，即液态乳清，将其烘干后就得到了乳清粉。乳清粉含有60%以上的乳糖和12%以上的乳清蛋白及比例适宜的钙、磷等矿物质和丰富的B族维生素，具有天然乳香味，适口性好，容易消化，进入胃内产生乳酸，维持仔猪肠道健康。

乳糖。乳糖是低蛋白乳清蒸发、结晶、干燥后获得的产品，乳糖含量不低于98%，是仔猪的良好能量来源。

油脂。主要有动物脂肪、植物性脂肪和水产动物油，属于高热能物质。仔猪人工乳及诱食料需要热能较高，加一定的脂肪可以提高适口性，改善体质，增进仔猪的抗病能力。长链脂肪酸不容易消化，所以3～4周龄的仔猪日粮中宜使用短链不饱和脂肪酸。

乳猪饲料中添加大豆卵磷脂，可乳化饲料中的脂肪，提高脂肪消化率；另外还可提高磷的消化率，从而改善日增重和饲料效率。

(2) 蛋白质饲料。仔猪常用的蛋白饲料主要包括乳制品、血制品、鱼粉、肠系膜蛋白粉和大豆制品等。

乳制品是乳猪教槽料中不可缺少的原料。一般指脱脂奶粉和全脂奶粉，全脂奶粉含有蛋白质25.5%，脂肪26.5%，碳水化合物37.3%，钙0.98%，磷0.68%以及多种维生素和矿物质，基本保持了乳中的原有营养成分，但价格昂贵，饲料中一般不使用；脱脂奶粉一般含蛋白质36.0%～38.5%，脂肪0.6%～1.0%，碳水化合物52.0%，钙1.3%，磷1.03%。脱脂奶粉蛋白质生物价值非常高，容易消化吸收，B族维生素及矿物质含量丰富。其碳水化合物主要为乳糖，消化利用率高，是一种全价营养源。

乳猪料中常用的血制品主要是喷雾干燥血浆蛋白粉和血球蛋白粉。血浆蛋白粉是以屠宰食用动物获得的新鲜血液分离出的血浆为原料，经灭菌、提纯、喷雾干燥而制成的乳白色粉末状产品。血浆蛋白粉中含有丰富的免疫物质，免疫球蛋白含量达血浆蛋白粉中粗蛋白质含量的16%以上，而动物初乳中只有12%的免疫球蛋白。血浆蛋白粉中的IgG可以直接透过小肠壁参与仔猪的免疫反应。还含有大量的未知生长因子、干扰素和溶菌酶等物质。

鱼粉是一种非常优秀的蛋白质饲料，不仅蛋白质含量高，而且氨基酸含量也高，特别是必需氨基酸含量很高；同时鱼粉的维生素 B_{12}、生物素、核黄素、硒等含量也很高。鱼粉中的未名生长因子可以促进动物的生长。市场上的鱼粉大体上分进口鱼粉和国产鱼粉两种。进口鱼粉质量相对较稳定、品质优良，粗蛋白一般在60%以上。国产鱼粉随不同的产地质量差别较大，劣质国产鱼粉含盐量大、脂肪含量高，易酸败变质，蛋白质和氨基酸含量相对较低，近年我国有些地方产的鱼粉质量有很大的提高，接近进口鱼粉。鱼粉是乳猪的优质饲料原料，但由于价格高，限制了它的使用。

肠膜蛋白粉是利用食用动物的小肠黏膜提取肝素钠后的剩余部分，经除臭、脱盐、水解、干燥、粉碎而获得的副产品，主要成分是肠膜水解蛋白，是一种新型蛋白质原料。其富含寡肽，易消化吸收，同时可以促进肠道对其他蛋白质的消化吸收。降低乳猪腹泻率，提高采食量和生长速度，可部分取代血浆蛋白粉。

豆粕是我国最常用的一种植物性蛋白质饲料，一般含粗蛋白质在40%～46%，赖氨酸可达2.5%左右。因为豆粕中的抗胰蛋白酶因子可致乳猪和断奶仔猪腹泻，所以乳猪料中应限量使用豆粕，不可超过15%。使用脱皮豆粕、膨化豆粕和发酵或酶解豆粕可以减少抗营养因子对猪的影响，提高生产水平。

全脂大豆粉：蛋白质含量32%～40%，脂肪含量17%～20%，消化能18.73～20.69兆焦/千克，经过加工膨化的大豆，其抗营养因子活性钝化，提高了利用率。

大豆浓缩蛋白是以脱脂大豆粕为原料，经过粉碎、去皮、浸提分离、洗涤、干燥等加工工艺，除去其中低分子可溶性非蛋白组分（主要是可溶性糖、灰分、醇溶蛋白和各种气味物质等）后所得到的蛋白质产品。蛋白质含量高，粗蛋白不低于70%。由于消除了寡聚糖类胀气因子、抗胰蛋白酶因子、凝集素和皂苷等抗营养因子，蛋白质消化率提高。大豆浓缩蛋白改善了产品风味和品质，具有特殊芳香味道，有利于仔猪诱食。

（3）饲料添加剂。饲料添加剂分营养性添加剂和非营养性添加剂。营养性添加剂主要有氨基酸、矿物质和维生素；非营养性添加剂主要包括生长促进剂和健康保健剂。

市场销售的氨基酸添加剂产品主要有98%L-赖氨酸盐酸盐、65%赖氨酸硫酸盐、99%DL-蛋氨酸和98%L-苏氨酸等。赖氨酸是猪的第一限制性氨基酸，日粮其他氨基酸必须与赖氨酸维持恰当的平衡才能得到最佳生产性能，即“理想蛋白质”氨基酸模式。常用氨基酸含量规格和推荐用量见表4-3。

表 4-3　氨基酸添加剂含量规格和推荐用量

名　称	含量规格（%）		配合饲料中的推荐用量（以氨基酸计，%）
	以氨基酸盐计	以氨基酸计	
L-赖氨酸盐酸盐	≥98.5	≥78.0	0～0.5
赖氨酸硫酸盐	≥65.0	≥51.0	0～0.5
DL-蛋氨酸	—	≥98.5	0～0.2
L-苏氨酸	—	≥97.5	0～0.3
L-色氨酸	—	≥98.0	0～0.1

近年研究表明，谷氨酰胺是断奶仔猪的条件性必需氨基酸。谷氨酰胺是动物血液和母猪乳汁中含量丰富的一种氨基酸，是仔猪肠绒毛生长发育的主要能量来源。仔猪饲粮中补充谷氨酰胺可防止空肠绒毛萎缩，提高抗氧化能力、小肠吸收功能和消化酶活性，增强免疫力，减少腹泻，提高生产性能。谷氨酰胺本身不稳定，在使用时应注意添加量和产品性质。

矿物质添加剂包括钙磷补充剂、食盐和微量元素添加剂。钙、磷补充剂有磷酸氢钙、石粉和骨粉等；添加食盐主要是提供钠离子和氯离子，调节日粮电解质平衡；微量元素有铜、铁、锰、锌、碘、硒和钴。市场销售的微量元素添加剂产品主要是无机盐和有机螯合物。常用的无机盐有硫酸铜、碱式氯化铜、硫酸亚铁、硫酸锰、硫酸锌、氧化锌、碘化钾、亚硒酸钠和氯化钴等；有机螯合物效价好，但价格偏贵，用量受到限制。特别值得注意的是日粮中添加高剂量铜、高剂量锌对仔猪生长起到促进作用，但对环境污染不能忽视。微量元素推荐量和最高限量见表4-4。

表 4-4　微量元素推荐用量和最高限量

名称	配合饲料中的推荐用量（以元素计，毫克/千克）	配合饲料中的最高限量（以元素计，毫克/千克）
铁	40～100	仔猪（断奶前）250毫克/（头·日），其他阶段750

（续）

名称	配合饲料中的推荐用量（以元素计，毫克/千克）	配合饲料中的最高限量（以元素计，毫克/千克）
铜	3～6	仔猪（≤30 千克）200，生长育肥猪（30～60 千克）150，生长育肥猪（60～90 千克）35，种猪 35
锌	40～110	仔猪代乳料 200（断奶后前 2 周配合饲料中氧化锌形式的锌的添加量不超过 2250），其他阶段 150
锰	2～20	150
碘	0.14	10
硒	0.1～0.13	0.5
铬	0～0.2（生长育肥猪）	0.2（有机形态的铬）

维生素添加剂用来补充日粮各种维生素不足。维生素与仔猪免疫机能、抗应激能力和机体的生长发育有关。NRC（1998）对维生素的推荐量是基于不出现缺乏症的最低需要量，未能考虑到快速生长、免疫和应激等需要，而这些对于饲养仔猪非常关键。在实际生产中仔猪饲料各类维生素的添加量往往高于 NRC（1998）标准推荐量的 2～10 倍。注意：不是每种维生素添加量越多越好，长期过量添加可导致动物中毒，日粮成本升高，造成浪费。推荐用量和最高限量见表 4-5。

表 4-5　维生素推荐用量和最高限量

名　称	配合饲料中的推荐用量（以维生素计）	配合饲料中的最高限量（以维生素计）
维生素 A（国际单位/千克）	1 300～4 000	仔猪 16 000 育肥猪 6 500 妊娠母猪 12 000 哺乳母猪 7 000
维生素 E（国际单位/千克）	10～100	—
维生素 D_3（国际单位/千克）	150～500	5 000 （仔猪代乳料 10 000）

（续）

名　称	配合饲料中的推荐用量（以维生素计）	配合饲料中的最高限量（以维生素计）
维生素 K_3（毫克/千克）	0.5	10
维生素 B_1（毫克/千克）	1～5	—
维生素 B_2（毫克/千克）	2～8	—
维生素 B_6（毫克/千克）	1～3	—
维生素 B_{12}（微克/千克）	5～33	—
维生素 C（毫克/千克）	150～300	—
烟酸（毫克/千克）	仔猪 20～40 生长育肥猪 20～30	—
D-泛酸钙（毫克/千克）	仔猪、生长育肥猪 10～15	—
叶酸（毫克/千克）	仔猪 0.6～0.7 生长育肥猪 0.3～0.6	—
生物素（毫克/千克）	0.2～0.5	—
氯化胆碱（毫克/千克）	200～1 300	—
L-肉碱（毫克/千克）	30～50	1 000

生长促进剂包括抗生素和天然植物提取物。抗生素是一种常用、有效的促生长添加剂，但由于滥用和超量使用，造成耐药性和药物残留，影响消费者的健康，禁用抗生素的呼声高涨；天然植物提取物不但能促进生长，提高生产性能、饲料报酬和产品品质，而且具有无毒、无副作用、无药物残留和不易产生抗药性的优点，是抗生素的替代品之一。

健康保健剂主要有酸化剂、益生菌、益生元和酶制剂等。仔猪饲料中鱼粉、石粉等原料属于高系酸力物质，消耗乳猪胃内的盐酸，导致胃内 pH 升高，有害微生物滋生，易发生腹泻。乳猪饲料中添加酸化剂是必要的。酸化剂主要有柠檬酸、延胡索酸、乳酸、富马酸和磷酸等。常用的酸化剂分单一酸化剂和复合酸化剂，复合酸化剂比单一酸化剂效果好且稳定。

益生菌是指动物采食后参与肠道微生物平衡，增加有益菌含量，抑制有害菌生长的活性微生物。主要有乳酸菌、酵母菌和芽孢杆菌等。添加益生菌可改善仔猪肠道菌群结构，提高生长性能。益生元主要是寡糖类物质，如甘露寡糖、果寡糖等。寡聚糖不易被仔猪直接消化利用，但可作为肠道内有益菌株的能量来源，与益生菌协同作用，维持肠道微生物区系的平衡，防止消化功能紊乱。

仔猪日粮中添加酶制剂，主要是补充仔猪内源酶分泌不足，促进消化，改善饲料利用率，提高生长性能。市场销售的酶制剂多为复合产品，产品差异较大，应根据实际需要，选择适宜的产品。

4. 哺乳仔猪饲料（教槽料）的配制原则　配制哺乳仔猪日粮（教槽料）的原则：充分了解仔猪的生理特点、营养需要量和控制断奶综合征的有效措施，选用高质量、高营养、高消化率和适口性好并能提供免疫保护的原料配制教槽料。

5. 哺乳仔猪饲料（教槽料）的配方举例　见表4-6。

表4-6　哺乳仔猪日粮（教槽料）配方（%）

饲料原料	配方1	配方2	配方3	配方4
玉米	39.1	40	42.05	41.55
鱼粉	5	4.5	4.5	5
喷雾干燥血浆粉	4	3.6	3.2	3.25
豆粕（CP 47.9%）	20	20.5	20	20
乳清粉	20	23	23.07	20
乳糖	3.5			3
豆油	4.15	4.15	3	3
L-赖氨酸	0.06	0.07	0.05	0.06
DL-蛋氨酸	0.09	0.08	0.07	0.07
L-苏氨酸	0.1	0.1	0.06	0.07

（续）

饲料原料	配方1	配方2	配方3	配方4
预混料	4	4	4	4
合计	100	100	100	100
营养水平				
消化能（兆焦/千克）	14.62	14.63	14.39	14.39
粗蛋白质（%）	21.92	21.94	21.55	21.52
钙（%）	0.90	0.90	0.90	0.90
总磷（%）	0.70	0.70	0.70	0.70
赖氨酸（%）	1.50	1.50	1.45	1.15
蛋氨酸+胱氨酸（%）	0.80	0.80	0.78	0.78
苏氨酸（%）	1.00	1.00	0.96	0.96

注：引自冯定远《仔猪健康饲养关键技术》。

（五）哺乳仔猪的饲养方法

1. 尽早诱食　仔猪在5日龄以后，可进行诱食和饮水训练。利用其拱地、捡拾颗粒的习性，在仔猪活动区（如保温箱内、补饲槽内）撒些仔猪颗粒料，或炒熟的玉米、大豆、高粱及青菜等，任其自由采食。必要时，可强制性往仔猪嘴里塞几粒饲料，以诱导它们尽早吃料。也可以把稍大点的仔猪与不会吃料的仔猪放在一起，以大带小，训练仔猪提早开食。3周龄前的仔猪，除了乳类食物外，还不能很好地消化别的食物，主要营养来源是乳，诱食料只起辅助作用。

2. 抓好旺食阶段　仔猪在3周龄以后，母乳已不能满足需要，而仔猪采食饲料的能力也逐渐增强，此时可逐渐减少仔猪的哺乳次数，采用优质的仔猪料。为了提高仔猪料的适口性，可在仔猪料中添加5%左右的蔗糖或葡萄糖。

3. 供给充足清洁的饮水　水是动物体重要的组成部分，哺乳仔猪体内含水75%～80%，为了保持体内水平衡，需要从外界获得水。如果供水不及时，使体内失水超过20%，有可能导致仔猪死亡。体内营养物质的消化吸收、体温的调节及物质代谢等各种生理活动，都需通过水来完成，得不到水比得不到饲料更难维持生命。一般来说，猪采食饲料和饮水的比例为1∶4。即采食1千克饲料（干物质），须饮水4千克。

尽管哺乳仔猪以母乳为食，但乳中的高脂肪、高蛋白和高乳糖，使仔猪感到口渴。如无清洁饮水，就会因喝污水或粪尿而感染疾病。猪舍内或栅栏上要为仔猪安装位置较低的乳头式饮水器，如果是水槽，要经常换水。

（六）哺乳仔猪的死亡原因及对策

哺乳仔猪阶段，最严重的问题是仔猪死亡率高，一般在10%左右，严重者在25%甚至一半以上。仔猪出生后的前3天是最危险的时期，占总死亡数的60%～80%，主要是由于仔猪初生虚弱、挤压、饥饿、疾病和寒冷等原因造成的。根据死亡原因，制订科学的管理制度，能最大限度地减轻死亡率。

1. 挤压　母猪趴卧时，许多仔猪不能从母猪身下及时逃走而被压死，占仔猪死亡总数的28%～46%。当前越来越多的规模化猪场及农户，将待产母猪迁至特制的母猪分娩栏内分娩。分娩栏设母猪躺卧区和仔猪活动区，两区用栅栏隔开，下面相通，可供小猪自由来往。母猪在分娩栏内分娩，能有效地防止母猪踩压仔猪。分娩栏的网床离地面高度20～40厘米，粪尿从网床的缝隙漏下，不污染乳头，能有效地减少疾病的传播。与地面产仔相比较，哺乳率和断奶体重可提高15%以上。

2. 饥饿　因饥饿死亡的仔猪占仔猪死亡总数的21%，出生体重低于0.90千克的仔猪，生存机会较低。因为它们的能量储备较少，难以与体重大、强壮的同伴竞争乳房周围的空间，如果得不到人为的及时护理，仔猪会在3天内死亡。在分娩时和产后12小时内，要经常对母猪和仔猪进行检察，这样可有效地降低因饥饿而出现的仔猪死亡。较大的仔猪也会因饥饿而死亡，原因有，一部分母猪泌乳量不足，不能满足全窝仔猪增长的需要；当仔猪错过一次或几次吃奶时，其他仔猪会很快吃完空乳头的奶。

有经验的饲养员会很快识别出挨饿的仔猪。当窝产仔数较多时，会加剧竞争，死亡率也会增加，当一头母猪的产仔数超过 12 头时，即使熟练的饲养员，也将面临很大的困难。

3. 并窝与寄养　在生产实践中，经常会遇到有些母猪产仔数太少，每窝三四头，甚至一两头；而有些母猪则产仔数很多，由于母猪乳头数的限制，难以哺乳全部仔猪；还有一些母猪产后无乳或者产后因病死亡，新生仔猪嗷嗷待哺。遇到上述情况时，可用并窝与寄养的办法来解决。

并窝是指将 2～3 窝较少的仔猪合并起来，由泌乳性能较好的一头母猪哺养。寄养则是将一头或数头母猪的多余仔猪，由另一头母猪哺养；或者将一窝仔猪分别给另外几头母猪哺养。用这两个办法来调剂母猪的带仔数，充分利用母猪的乳头，最大限度地减少小猪损失。同时，实行并窝以后，停止哺乳的母猪可发情配种，进入下一个繁殖周期，也提高了母猪的利用率。

并窝与寄养，要在产期相近的几头母猪间进行。在产后 3 天以内进行并窝与寄养容易成功。产期相距较远的，可考虑人工特殊护理，如通过胃管饲喂初乳或代用乳，来帮助虚弱的仔猪，提高仔猪的成活率。

4. 疾病　仔猪死亡中约 19%是由疾病引起的。腹泻和其他消化障碍，通常是最主要的疾病，为仔猪提供一个干燥、清洁的环境是非常重要的。仔猪腹泻一般分为哺乳期间的黄痢、红痢、白痢和断奶后的腹泻。黄痢一般发生在产后 3 天内，由溶血性大肠杆菌引起；红痢一般在产后 1 周内发生，由魏氏梭菌引起；白痢一般在产后 10 天左右发生，由大肠杆菌引起，死亡率低于红痢和黄痢。仔猪腹泻主要是开食和换料引起的，此时采取一定的限量饲喂，可以避免或减轻腹泻。

5. 寒冷　仔猪最怕冷。仔猪刚生下时，身体是湿的，被毛稀疏，皮下脂肪很少，身体的温度控制机制尚未发育完全。因此，在分娩和产后 1 周内，为仔猪提供温暖、防风的小环境，是非常重要的。一个 250 瓦的红外线灯泡，在离地面 45 厘米处，环境温度可达 34 ℃，可以满足仔猪对温度的需求。另外，在仔猪出生后，迅速擦干身上的水分，一是可以降低仔猪的能量消耗，二是可以刺激仔猪，提高其运动能力。

6. 提高初生重　因为初生体重大的仔猪生命力强，生长速度快，所以提高初生重具有积极意义。仔猪初生重的大小，与品种类型和妊娠母猪的营养状况有直接关系。引入品种和体格大的猪种，初生个体重较大；不同品种或品系的猪杂交，也可以提高仔猪的初生重；加强母猪妊娠后期的饲养，是提高仔猪初生重的重要环节，因为仔猪初生重的 60%是在妊娠后期生长的。母猪妊娠后期，胎儿生长发育快，必须供给营养全面的饲料。若蛋白质缺乏，会影响仔猪的初生重和泌乳量；若能量缺乏，会影响仔猪的初生重和生命力；若维生素、矿物质缺乏，会造成仔猪软弱和初生重低。

7. 降低分娩过程中仔猪的死亡率　分娩过程中的死亡主要是窒息引起的，降低分娩仔猪的死亡率，可采取以下措施：一是淘汰老母猪，定期更新母猪群，因为随着母猪年龄的增长，其子宫紧张度下降，导致分娩持续期加长，容易使仔猪缺氧而窒息。二是注射催产素，以促进子宫收缩，缩短分娩时间。三是对刚出生的“假死”仔猪，迅速擦净鼻、口中的黏液，倒提两后腿，拍打其胸部，直到仔猪发出咳嗽声为止；也可以握其两前腿做扩胸运动；或者进行人工呼吸，都可以救活“假死”仔猪。

五、哺乳仔猪的常见病防治

（一）仔猪黄痢

本病是由溶血性大肠杆菌引起的一种传染病，主要发生于 5 日龄以内的初生乳猪。发病猪急性腹泻，排出黄色或黄白色水样粪便，发病急，死亡率高。

1. 发病诱因　这种病较为普遍，所有养猪场都有发生。引起仔猪黄痢的致病性大肠杆菌有多种血清型，如O5、O8、O45、O60、O64、O115、O138、O139、O141、O147、O149、O157，K88、K99、K987p及F41等。不同地区的致病性大肠杆菌的血清型不同，同一个猪群或地区，一般有1～3个血清型起致病作用。

该菌对外界的抵抗力不强，50 ℃30分钟或60 ℃15分钟便可杀灭。一般的消毒药都可杀死该菌。

母猪是主要传染源，母猪的粪便中含有大量的大肠杆菌，污染地面、垫草、环境、母猪皮肤和乳头等，仔猪舔食就会感染。

本病的潜伏期只有数小时，仔猪出生后几小时至3日龄内发病最多，一年四季都可发病，阴雨天发病率更高。

2. 防治措施

(1) 在妊娠母猪产前40天和15天，分别肌肉注射一次仔猪大肠杆菌疫苗初生仔猪经哺乳从乳汁中获得抗体，产生被动免疫，达到预防本病的目的。

(2) 母猪分娩前，应清扫消毒圈舍和母猪体表。母猪的乳头用高锰酸钾水擦洗干净，使环境卫生、干燥、温度适宜。严禁潮湿、阴冷和脏乱。

(3) 仔猪口服恩诺沙星或庆大霉素等能有效防治仔猪黄痢。给初生仔猪口服乳酸菌制剂1～2毫升（有效活菌数达到10^8菌落形成单位/毫升)，利于仔猪胃肠道有益菌群的建立，抑制有害菌的存活，也达到预防下痢的目的。对于腹泻脱水的仔猪，口服补盐液或腹腔注射5%葡萄糖盐水可缓解症状。

(二) 仔猪白痢

仔猪白痢是由大肠杆菌引起的急性腹泻性疾病，发生于生后20天左右的仔猪。稀便为灰白色，并有腥臭味。在病理剖检上，以肠道炎症为特征。

1. 发病诱因　圈舍卫生条件差、长期不清理、仔猪喝脏水和母猪奶头太脏等，均易引发本病。气候聚变，阴雨连绵，圈舍潮湿，发病率上升；而天气转晴，圈舍干燥，发病率会降低。在严冬或盛夏时，容易引发本病，病程一般3～4天。

2. 防治措施　引起仔猪发生白痢的因素复杂，至今没有理想的疫苗，对本病必须采取综合防治措施。

（1）保持圈舍及母猪的清洁卫生，不能让仔猪吃到脏奶头，防止潮湿，冬季要保暖；保持良好的饲料质量，不要突然改变饲料。

（2）仔猪提早（5～7日龄开始）补全价颗粒料，增加养分来源，锻炼仔猪的消化机能，促健壮，少发病。

（3）疫苗预防和经常对环境消毒非常重要。

（4）药物预防与治疗：本病的治疗药物较多，治疗的原则一般是抑菌、收敛和助消化。一种药用一段时间后，换另一种药，这样灵活用药能够提高治愈率。

①哺乳母猪的饲料中添加金霉素，按0.02%配比。

②仔猪口服庆大霉素、新霉素、乳酸菌制剂等有良好效果，口服补盐液可防止仔猪脱水死亡。

③每头猪用磺胺脒0.5克，次硝酸铋0.5克，胃蛋白酶1克，龙胆末0.5克，混合散剂，一次口服，每日2次，连用3天。

④脱水严重的仔猪，可静脉注射等渗糖盐水和抗生素加维生素C。

（三）仔猪缺铁性贫血

仔猪缺铁性贫血是一种常见病，发病率为30%～50%，死亡率为15%～20%。多发生在1月龄内的仔猪，8～9日龄时常出现贫血。患病仔猪活动能力下降，精神不振，身体消瘦，皮肤苍白，背毛粗乱。有的食欲下降或停食，有的啃砖头、沙石、杂物或舔食墙壁。血红蛋白由正常值的10克/毫升下降到5克/毫升以下；红细胞由正常值的每500万个/毫米^3，下降到300万个/毫米^3 以下。

1. 发病原因　新生仔猪的生长速度快，每天的正常生长需铁 7 毫克左右，而从母乳中每天只能得到 1 毫克的铁，明显不能满足机体生长发育的需求。如果圈舍地面是水泥、木板或石板，仔猪不能从土壤中摄取所需要的铁，又没有及时地补充足量的外源性铁，就会影响仔猪的血红蛋白合成，发生缺铁性贫血。

2. 防治措施

（1）在圈舍内放些红黏土、泥炭土等，让仔猪自由拱食，可以一定程度上补充铁源。

（2）母猪料和仔猪料中必须添加铁制剂，如硫酸亚铁、柠檬酸铁、葡萄糖酸铁和酒石酸铁等。仔猪从 7 日龄开始补料，以便从饲料中摄取需要的铁。

（3）在仔猪 3 日龄时，注射铁制剂 1～2 毫升，如右旋糖酐铁注射液、富来血注射液、牲血素注射液、血多素注射液、葡萄糖铁钴注射液等。

（4）中药：党参 10 克，白术 10 克，茯苓 10 克，神曲 10 克，熟地 10 克，厚朴 10 克，山楂 10 克，煎汤一次内服。

(四) 仔猪白肌病

仔猪白肌病是由于缺硒和维生素 E 而引起的。20～60 日龄仔猪发病较多，最早的 3～7 日龄便可发病。若长期使用缺硒和维生素 E 的饲料喂猪，使仔猪不能得到正常需要量的硒和维生素 E 时，就会引起仔猪新陈代谢障碍。发病初期，病猪表现精神不振，心跳加快，体温无异常变化，病程 3～8 天；发病后期，四肢麻痹，站立困难，心肌衰竭，很快死亡。死后剖检，其骨骼肌和心肌发生变性、坏死，心脏容量增大，肌肉色淡、苍白。

防治措施：

（1）在母猪日粮中添加亚硒酸钠和维生素 E，添加比例为：每千克饲料中添加 0.1～0.2 毫克的亚硒酸钠和 22 国际单位的维生素 E，有条件的地方应多喂些青绿多汁饲料。

（2）仔猪 3 日龄时，用 0.1％的亚硒酸钠注射液 1 毫升，肌肉注射，有预防作用。

（3）用 0.1％的亚硒酸钠注射液 2 毫升，肌肉注射，20 天后再注射 1 次，有良好的治疗作用。

（4）用维生素 E 配合治疗效果更好，醋酸维生素 E 注射液，肌肉注射，每头猪 50～100 毫克。

（五）仔猪低血糖病

仔猪低血糖病常发生在出生 1～4 天的仔猪，往往造成全窝或部分仔猪发生急性死亡。其特征是血糖含量约为同龄健康仔猪 1/30。发生低血糖的原因比较复杂，一般认为，主要是由于母猪在怀孕后期饲养不当，母猪缺乳或无乳，造成仔猪饥饿而死亡。病猪表现为精神不振，四肢软弱无力，眼球不能活动，瞳孔散大，口流白沫，体温在 37℃左右。大部分仔猪一旦出现症状就停食，对外界事物无感觉，最后昏迷而死亡。一窝猪里有一头发病，其余仔猪相继发病，常在半天内全部死亡。

防治措施：

（1）加强怀孕母猪后期的饲养管理，保证在怀孕期有足够的营养，在仔猪出生后有充足的乳汁。一般能避免仔猪低血糖病的发生。

（2）当发现仔猪低血糖病时，应尽快补充糖。用 5％的葡萄糖生理盐水，每头仔猪每次注射 10 毫升，每隔 5～6 小时腹腔注射 1 次，连续 3～5 天，效果良好；也可以口服 20％的葡萄糖液（或白糖水）20～30 毫升，每天 2～3 次，连用 3～5 天。

（六）仔猪渗出性皮炎

本病的病原菌为葡萄球菌，破损的皮肤是葡萄球菌入侵的主要途径。仔猪渗出性皮炎多发生在 1～6 周龄的仔猪，以 10～20 日龄的仔猪最易感染，发生率并不高，但死亡率较高，通常为 20％～80％。主要特征为眼睛周围和头部面颊皮肤先出现炎症和红斑，之后病变扩展到全身，炎症处不断有组织液渗出。渗出液和溃疡使灰尘、皮屑及垢物凝集成灰色或黑色痂块，并伴有难闻的气味。病猪表现厌食、消瘦、脱水，若能及时正确地治疗，有痊愈的可能。

1. 发病诱因　圈舍的环境卫生差，母猪感染疥螨，打耳号、剪齿和断尾的器械消毒不严，分娩栏粗糙、仔猪咬架等引起的皮肤损伤，饲养管理不当等都是诱发本病的因素。

2. 防治措施

（1）注意猪舍的卫生消毒；圈栏、地板要平整，避免损伤仔猪皮肤；仔猪断脐、剪耳号、剪牙和断尾时要做好消毒工作，避免伤口感染；对已经出现的伤口要及时处理消毒，严重者用抗生素治疗，防止继发感染。一旦发现病猪，要及时隔离或淘汰，被污染的环境要进行彻底消毒。

（2）妊娠母猪进入产房前，全身清洗、消毒，分娩时外阴、乳房和产床用消毒水擦拭干净。

（3）选择对葡萄球菌敏感的抗菌药物治疗。通常注射头孢类、恩诺沙星等药物。若发现仔猪脱水，应及时补液，可口服或腹腔注射葡萄糖生理盐水。

（4）用温热的肥皂水清洗病猪患部，用毛巾擦干后涂抹磺胺类软膏或土霉素软膏。也可以用消毒药稀释沐浴，1天1次，连洗3天，有很好的治疗效果。

（七）主要传染病的症状、免疫程序和治疗方法

猪瘟、猪肺疫、细小病毒病、萎缩性鼻炎、气喘病和传染性胃肠炎，是猪场中主要的传染病，必须坚持“预防为主”的原则，严格按免疫程序操作。如果防疫失败，将会造成巨大的经济损失。

1. 主要传染病的症状

（1）猪瘟是一种急性、发热、高度接触性传染病，其发病急、死亡率高、传播快；各种年龄、性别、品种的猪均可感染，改良品种和仔猪更易感染；本病无季节性变化，呈地方性流行；

传染源主要是病猪、带毒猪等。猪场人员频繁往来，环境条件恶劣，消毒、防疫措施不合理，是造成本病流行的外界因素。

病猪初期，行动迟缓，四肢无力，体温升高（42℃），食欲不振，眼结膜潮红，眼屎增多；病猪后期，下腹部、耳、大腿内侧出现广泛性皮下出血，指压不褪色。本病的死亡率可达70%，药物治疗无效是本病的又一特征。

（2）猪肺疫是一种由多杀性巴氏杆菌引起的传染病。本病一年四季均可发生，通常是散发，极个别引起流行；传染途径是消化道和呼吸道，长途运输、气候剧变、拥挤、潮湿、寒冷、闷热、饲料突变和寄生虫等均可诱发本病。

本病的潜伏期1～5天。患猪体温高达41～42℃，食欲不振，呼吸困难，口鼻流泡沫状液体，气喘，窒息而死。

本病的潜伏期3天至数周。患猪体温高达41～42℃，食欲不振，下痢，粪便呈灰白或黄绿色水样，恶臭，混有大量坏死组织碎片。死前皮肤出现紫斑，死亡率高达25%～50%。

（3）细小病毒通过胎盘屏障侵害胚胎和胎儿，引起死胎、木乃伊、流产和新生仔猪死亡等。感染母猪由阴道分泌物、粪尿等排泄病毒，感染的公猪精液中含有病毒，经过配种，带病毒的精液进入母猪子宫，通过胎盘传染给胎儿，引起死胎和木乃伊等。据报道，妊娠64天以前感染细小病毒，容易引起死胎和木乃伊；妊娠64天以后感染细小病毒，则产出正常胎儿；成年猪感染细小病毒，不出现临床症状。

（4）萎缩性鼻炎主要是由支气管败血波氏杆菌引起的一种慢性、接触性传染病。该菌对外界的抵抗力不强，常用的消毒药都可以杀灭。传染途径是呼吸道，病猪呼出的飞沫含有病原体，被健康猪吸入而感染，各种年龄段都可以感染；饲养管理不善、圈舍潮湿、污秽、空气流通不畅和饲料营养水平不足等因素，能使病情加重。

最早的7日龄发生鼻炎，一般6～8周龄症状明显。病初打喷嚏，之后鼻孔流黏液，部分猪流鼻血。患猪不安，摇头，拱地，鼻甲骨发生萎缩。若一侧鼻甲骨发生萎缩，则鼻腔向严重侧歪斜；若两侧鼻甲骨发生萎缩严重，则鼻腔萎缩上翘。

（5）猪气喘病是由猪肺炎支原体引起的一种接触性传染病。病原对青霉素、链霉素、磺胺类药物不敏感，治疗无效；对土霉素、卡那霉素等敏感，治疗有明显的效果；常用的消毒药均能杀灭之。传染途径是呼吸道，感染本病的猪群，缠绵不断，接力感染，很难消除。饲料、管理、卫生条件好时，病势缓和；否则，病情加重，病程延长，猪只生长缓慢，死亡率升高。

慢性患猪以咳嗽和气喘为主，早晨、夜晚和站起活动之后咳嗽最多。随着病情的发展，呼吸出现困难，明显为腹式呼吸。患猪采食量减少，生长缓慢，给养猪业带来严重的经济损失。

（6）传染性胃肠炎是由猪传染性胃肠炎病毒引起的肠道传染病。10 日龄以内的哺乳仔猪发病率高，死亡率也高；断奶仔猪、育肥猪和成年猪也可以感染，但症状轻，且能自然康复。每年的 12 月至翌年的 4 月是发病高峰时间。本病是高度接触性传染病，病猪、人员和车辆是主要传染源。一旦发现，极容易在猪群中传播，呈地方性流行。

潜伏期 12～18 小时。10 日龄以内的哺乳仔猪发病率高，死亡率也高。症状是，突然发病，呕吐，腹泻，稀便为黄绿色，有的呈白色，患猪精神不振，极度渴感，背毛粗乱，1～2 天便可死亡，死亡率高达 95％以上。

（7）乙型脑炎是由乙型脑炎病毒引起的一种传染病，也是人、畜共患病。来苏水儿对此病毒有较强的杀灭作用，普通消毒药均有良好的消毒作用。本病主要流行于亚洲各国，最早在日本发现，所以也叫日本乙型脑炎。本病季节性较强，每年的 7 月至初冬均有发病。蚊、蝇是病毒的主要携带者和传播者。

患猪突然发病，体温达 41℃左右，精神不振，呼吸急促。公猪感染本病，除上述症状外，还发生一侧睾丸肿胀，有时两侧肿胀，体积比正常时大0.5～1倍，发热、发亮。消肿后，失去生精能力；病毒感染妊娠母猪，可通过胎盘屏障侵害胎儿，引起流产或胎儿死亡。

2. *主要传染病的免疫程序*　见表4-7。

表4-7　主要传染病的免疫程序

传染病	猪别	疫苗接种时间
猪瘟	仔猪	首次免疫在生后20～25日龄，剂量为2头份；二次免疫在生后50～60日龄，剂量为3头份；超前免疫的仔猪，应在40～45日龄进行二免，剂量为3头份
	种猪	每年的春、秋季各接种1次，每次4头份
猪肺疫	仔猪	生后50～60日龄接种1次
	种猪	每年的春、秋季各接种1次
细小病毒	种公猪	引进青年公猪时，要免疫1次，3周后重复免疫
	后备母猪	在配种前1个月接种1次
萎缩性鼻炎	仔猪	仔猪于3～7日龄和21日龄各免疫1次
	母猪	产前5周和2周各免疫1次
气喘病	种猪	每年2次注射猪气喘病疫苗
传染性胃肠炎	母猪	产仔前5周和2周各免疫1次
乙型脑炎	繁殖猪	每年的3～4月份接种乙脑弱毒疫苗1次

3. *主要传染病的治疗方法*

（1）猪瘟。各种药物对猪瘟均无效，但在发病早期，可用高免血清按每千克体重1毫升进行肌肉或皮下注射，有一定的治疗效果。

养猪场应坚持自繁自养的原则。即使要调剂品种，也应从健康猪场引种，并有免疫证明。新引进的猪只要隔离观察1个月以上，证明健康者方可进入猪场。对发生猪瘟的猪场或地区，对病猪要隔离、封锁，已确诊猪瘟，应就地捕杀后深埋或焚烧；全场进行彻底消毒，对受到威胁的猪应紧急接种疫苗，可有效地控制新病猪的出现。

（2）猪肺疫。可按以下方法治疗：①青霉素，按每千克体重

1万单位，肌内注射，每天2次，连用3天；②链霉素，按每千克体重10～20毫克，肌内注射，每日2次，连用3天；③20%的磺胺嘧碇钠注射液，育成猪10～15毫升，成年猪20～40毫升，肌内注射，每天2次，连用3天；④消毒王注射液，按每千克体重0.2毫升，肌内注射，每天2次，连用3天。

(3) 细小病毒病。目前尚没有特效药物用于治疗。只有给公、母猪注射细小病毒疫苗才能预防。

(4) 萎缩性鼻炎。可按以下方法治疗：①每吨饲料中加入土霉素100克、磺胺苯吡唑100克、普鲁卡因青霉素8 000单位、维生素A 200万国际单位，连喂7天；②土霉素盐酸盐，按每千克体重50毫克，肌内注射，每天1次，连用3～5天；③0.5%诺氟沙星注射液，按每千克体重0.5毫升，肌内注射，每天2次，连用3天。

(5) 气喘病。可按以下方法治疗：①泰乐菌素，按每天每千克体重5毫克，肌内注射，每天一次，连用3～5天；若内服，每升水中加本药0.2克，连用3～5天，效果良好；②土霉素+花生油，即土霉素细粉20克，加入100毫升花生油内，混匀，按猪每千克体重0.1毫升油剂，肌内注射，每2天1次，连用3次；③卡那霉素，按每千克体重4万单位，肌内注射，每天1次，连用3～5天；④北里霉素，每千克饲料中添加330毫克，连喂7天。

(6) 传染性胃肠炎。本病目前尚没有特效药物用于治疗。康复猪的全血或血清，给新生仔猪口服，有一定的预防和治疗作用。发生传染性胃肠炎的猪群，应立即隔离病猪，用2%～3%的火碱液消毒猪舍和车具等，把病区封锁在最小范围内。

(7) 乙型脑炎。可按以下方法治疗：公猪睾丸肿大、发炎，有全身症状时，用磺胺嘧啶、安乃近或安痛定等药物治疗，局部应冷敷。

第五章 保育猪的科学饲养

规模化猪场的仔猪一般在21～35日龄断奶。断奶后到70日龄这一阶段，为仔猪保育期。保育期内的仔猪称为保育猪。保育猪处在快速的生长发育期，消化机能和抵抗力还没有发育完全。仔猪由原来的依靠母乳生活，过渡到自己吃颗粒料或粉状料的独立生活；生活环境由产房迁移到保育舍，并伴随着重新编群，更换饲料、饲养员和管理制度等；这些变化给保育猪造成了很大刺激，引发各种不良应激反应。如果断奶时间、断奶方法合理，饲养管理周到，可将各种应激造成的损失降到最低点，使保育猪安全渡过这一非常时期，并能提高其成活率和生长速度，为生长育肥期打好基础；反之，如果饲养管理不当，各种不良应激反应的影响会很坏，引起保育猪生长发育停滞，形成僵猪，抵抗力下降，招致细菌、病毒的侵袭，引起疾病的发生，死亡率提高。因此，保育猪阶段是养猪生产中的一个关键阶段，应引起养猪者的高度重视。

一、保育猪饲养的目标

（1）过好断奶关，搞好饲养制度、饲料和环境条件的顺利过渡。尽量减轻各种刺激，使仔猪在断奶后保持正常的生长发育。

（2）保育期内成活率98%以上，或者说死亡率在2%以下。

(3) 保育期内，平均日增重 450～500 克，70 日龄体重 20～25 千克，料肉比为 1.4～1.8：1。

(4) 保育猪应健康、活泼，体形优美，毛色油亮，肢蹄健壮；群体整齐度高，无僵猪和弱猪。

要实现保育猪的饲养目标，需要从猪舍基本构造、保育猪生理特点、断奶时间与方法、饲料营养需要与配制、饲养管理及疫病防治技术等方面抓起。

二、保育猪舍的基本构造

保育猪圈舍的设计，既要考虑保育猪的生理特点和生物学习性，又要考虑经济实用。目前，在规模化养猪中，多采用网上饲养保育猪。这种饲养模式效果较好，猪的成活率高，长得快，但需要较高的投入，养猪者可以参考。

网床制作：网床是用直径 5～6.5 毫米的圆钢筋或钢丝焊接而成。网床钢筋或钢丝之间的距离为 10～12 毫米，网床面长 240 厘米，宽 165 厘米，围栏高 60 厘米，侧栏间隙 6 厘米，网床距地面 30～40 厘米。每个网床内设1个自动采食箱和1个自动饮水器水嘴(图5-1)。一个网床可饲养保育猪 10～14 头，正好可以原窝培育，减小了因重新组群而带来的应激反应。

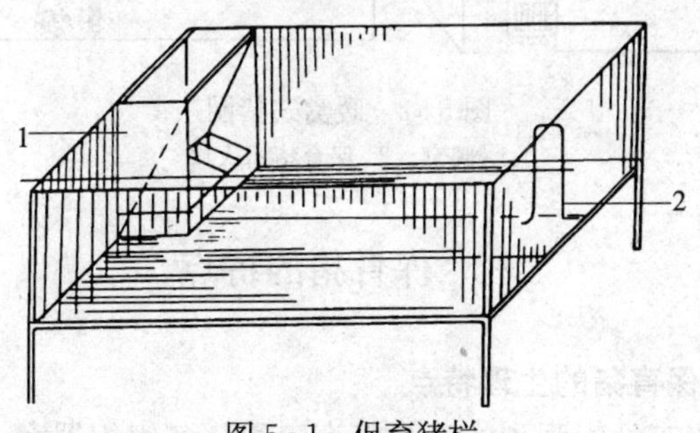

图 5-1　保育猪栏

1. 自动采食箱　2. 自动饮水器

保育猪圈舍建造时，应首先考虑取暖保温，这是影响保育猪成活率的最重要因素之一。在封闭式饲养的规模化猪场，采取通暖气、生炉子和高床饲养等措施，可以很容易地解决这个问题；而农村个体养猪者，由于经济原因不可能拿出很多钱来建猪舍，采用简易的暖圈养猪是一个既实用又经济的好办法。

暖圈的建造形式多种多样，单列一面坡式暖窝猪圈较常见。在敞开式猪圈内，砌一道挡风墙，墙下留有保育猪的出入口，装上自动关闭的小门或挂上门帘，暖窝的上面加盖；然后，将其周围用草塞严，里面铺上褥草，即成暖窝，如图 5-2 所示。垫草可以保温、防潮、吸收有害气体，保持圈舍清洁。采用垫草养猪，必须注意对猪只排放粪尿的训练，让猪的粪尿排到舍外，保持垫草的干燥卫生，这样才能取得良好的防寒、保温效果。除垫草以外，也可以采用其他保暖措施，如红外线灯保暖、电热保暖箱保暖和火炕保暖等。

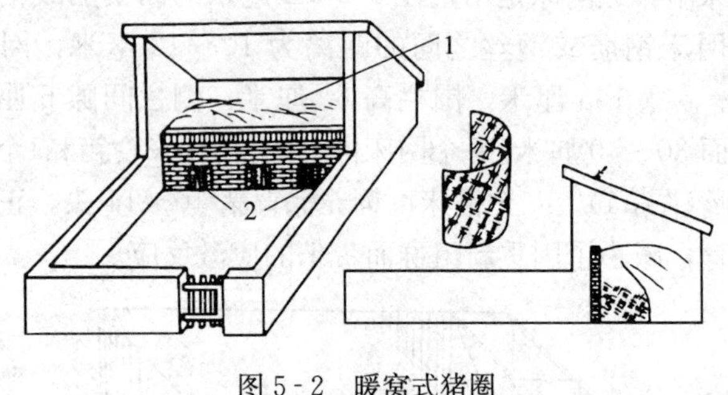

图 5-2 暖窝式猪圈

1. 暖窝 2. 保育猪出入口

三、保育猪的特点

（一）保育猪的生理特点

保育猪正处于强烈的生长发育阶段，各组织器官、消化机能和抵抗力还没有发育完全。胃酸分泌不足，内源消化酶活性低，免疫力低，肠道微生态系统失调，体温调节能力差。

1. 保育猪生长发育快　仔猪出生时体重小，一般在 1 千克左右，不到成年体重的 1%；到 10 日龄时，达到出生重的 2 倍以上；30 日龄达到 5～6 倍；60 日龄时，个体重可达 20 千克以上。从断奶到 10～11 周龄期间，保育猪的生长速度决定着育肥后期的生长速度。

2. 保育猪消化系统发育快　仔猪初生时，胃重仅 5 克左右，能容纳乳汁 40 毫升左右；小肠重 40～50 克，长度 3.5～4 米，能容纳 100 毫升的液体。而到 60 日龄时，保育猪的胃重大约为 150 克，容积可增至1 500～1 800毫升；小肠长度增长 4 倍左右，容积增大 50～60 倍；大肠长度增加 4～5 倍，容积增大 40～50 倍。断奶后，小肠形态结构也发生了较大变化，肠绒毛变粗、变短、变密集，隐窝也加深了。这些变化会导致肠道对营养物质的消化能力和吸收能力减弱。

3. 保育猪胃酸分泌不足　胃酸维持着胃肠道中酸性环境和消化酶的正常活性，并且具有抑制有害菌增殖的作用。胃蛋白酶消化的最佳 pH 为 2.0～3.5。28 日龄断奶后，保育猪胃酸分泌较少，每天仅分泌 20 毫升的盐酸，加之饲料中不同原料成分酸结合力的影响，采食后胃内 pH 可上升到 5.5 以上。

胃酸分泌不足，胃内 pH 升高，会导致胃中多种酶（胃蛋白酶、凝乳酶及乳糖酶）活力减弱，饲料中各种养分的消化利用率降低，也为大肠杆菌、沙门氏菌、葡萄球菌和梭菌等病原菌的繁殖提供了有利条件。因此，容易导致保育猪消化不良、腹泻和生长减缓。

4. 保育猪内源消化酶活性较低　仔猪在出生后的几周内，消化、代谢和免疫等方面发生着很快的变化。胃内的消化酶也有较大的变化（图 5-3）：乳糖酶以及与消化母乳有关的酶活性，在仔猪出生后 2～3 周时达到顶峰，然后很快下降；相反，胰淀粉酶、胃蛋白酶以及消化谷物中淀粉和碳水化合物的有关酶活性在出生时很低，在乳糖酶急剧下降时，其活性开始上升。仔猪断奶后，消化酶活性显著降低，需要 2 周时间才能恢复（脂肪酶除外）。因此，早期断奶仔猪的日粮中，应适当添加胃蛋白酶、淀粉酶和有机酸或稀盐酸。

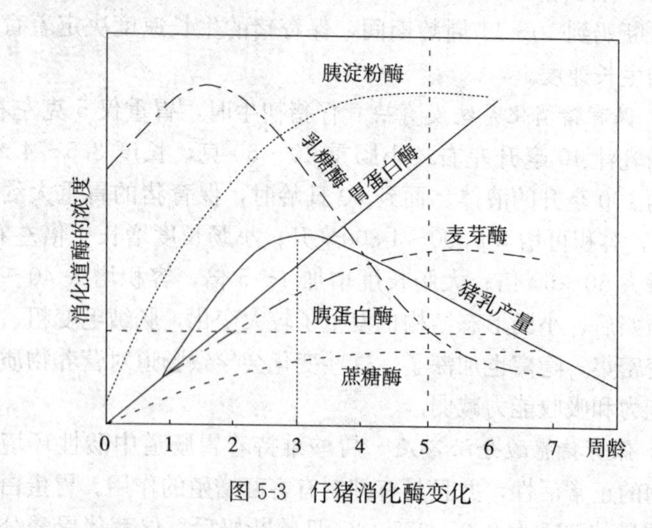

图 5-3　仔猪消化酶变化

5. *免疫力低，容易得病*　仔猪出生第一天吃到初乳，并从初乳中获得很高的母源抗体，获得很高的被动免疫力。从 10 日龄以后，仔猪自身才开始产生免疫抗体；4～5 周龄才开始起作用，但自身产生的抗体依然很少。断奶后不再从母乳中获得抗体，自身的免疫系统又发育不完全，再加上断奶、日粮和环境改变等因素影响，保育猪的抵抗力很低，容易得病，如腹泻、下痢等。

6. *肠道微生态系统失调*　初生仔猪肠道微生物主要来自母猪阴道、粪便以及环境中的微生物。哺乳仔猪以乳酸杆菌为优势菌群，pH 维持较低水平。而断奶后由于保育猪胃酸、消化酶分泌不足和肠黏膜损伤等原因，使肠道内有益的乳酸杆菌数量显著下降，大肠杆菌、链球菌、肠杆菌等有害菌大量繁殖，造成肠道微生态系统失调。

7. *体温调节能力差* 保育猪被毛稀疏、皮下脂肪少，对环境温度的要求较高。而且，日龄和体重越小，对温度的要求越高，见表5-1。

表5-1 保育猪所需的环境温度

断奶周龄	适宜温度（℃）
第1周	25～24
第2周	24～23
第3周	23～22
第4周	22～21
第5周	21～20

(二) 影响保育猪生产性能的因素

影响保育猪生产性能的因素包括断奶时日龄和体重、饲料营养、饲喂方式、疾病状况、环境条件、饲养人员素质等。这些因素共同影响保育猪的生长速度和成活率。

1. *断奶体重* 表5-2列出了断奶体重与生长速度之间的关系。断奶体重与断奶后生长性能之间有较强的正相关。仔猪28日龄以上断奶，体重超过7千克时，不容易腹泻，成活率较高，个体重较大，到10周龄时个体重在25千克以上。如果保育猪断奶日龄小，它对植物性蛋白质的消化能力就差，容易腹泻得病，影响正常生长。要想使体重低的仔猪保持较好的生长速度，需要采取一些特殊的营养策略和管理措施。

表5-2 断奶体重与生长速度之间的关系

断奶体重（千克）	78日龄体重（千克）	日增重（克）
6.14（n=1 000）	30.4	454
7.95（n=1 000）	35.6	529

2. *营养因素* 断奶前，仔猪每天吃奶16～24次，所有仔猪

在同一时间吃奶。以干物质计算，母乳中含有约35%的脂肪、30%的蛋白质和25%的乳糖。母乳极容易被仔猪消化吸收，其消化率可达100%。而断奶后，保育猪必须吃人工配制的饲料。此时，它们对饲料中植物性蛋白质的消化率还不高，对细菌、病毒以及不良环境条件的抵抗能力还较差，容易出现厌食、腹泻、生病和生长缓慢等现象。

大量试验证明，断奶日龄早于21天、体重小于5千克的保育猪，其增重速度与日粮中的消化能浓度成正比，直到每千克日粮含15兆焦为止。另外，在设计保育猪营养方案时，要尽量多选用消化率高的动物性蛋白质饲料，如奶粉、鱼粉、血粉和肉粉等，增加赖氨酸含量，少用豆粕等植物性蛋白质饲料。当然，配制这样的保育猪料成本要高些。但是，一般只在断奶后3周内使用这种饲料，用量较小，仅占整个饲料用量的4%～5%，对整体饲料成本的影响不大。

3. 疾病防治与保健　腹泻是保育猪的常见病，严重影响个体生长和成活率。刚断奶的仔猪，其食物由母乳变成了固体饲料，常发生拒绝进食现象。在饿了12～15小时后，又饱餐一顿。由于过量采食固体饲料，造成消化不良，导致腹泻。如果日粮配方不合理，豆粕等植物性蛋白饲料过多，会破坏保育猪的肠绒毛，导致腹泻。如果环境不卫生、有病原菌存在或室温过低时，也会造成猪只腹泻。

目前，国内的大多数猪场采用抗生素治疗保育猪腹泻。但长时间使用抗生素，往往造成动物肠道内菌群失调，并产生抗药性，带来一些负面影响。近几年，科技人员试图利用益生菌制剂来替代抗生素的使用，研制出的含有益生菌的添加剂，能竞争性地抑制病原菌，增加肠道有益菌数量，抑制有害菌生长，促进猪胃肠道内的菌群平衡，提高了机体免疫力，减少了保育猪腹泻率，提高生长性能。

4. 舍内环境　保育猪怕冷，对环境温度的变化很敏感。舍内温度每天变化3℃时，即引起猪只腹泻和生长缓慢。在初生至8周龄期间，尤其是3～4周龄刚断奶的保育猪，一定要提供适宜的舍内温度（29～27℃），可有效地降低腹泻率和死亡率。

空气流动速度、贼风、湿度、地面类型和饲养密度等，也能不同程度地影响保育猪的性能表现。

5. 饲养人员素质　素质高的老饲养员对猪的生理特性和饲养知识等了解得多，对猪有爱心；饲养行为规范，技术操作熟练；在日常工作中能够细心观察猪的行为规律，添加饲料适量，清扫粪污及时；能严格执行场方制定的消毒、免疫程序；有异常现象或疑难问题时，能及时发现、及时处理，处理不了的，及时上报场方，以寻求最佳解决途径，减少不必要的损失。相反，新饲养员或者责任心差的饲养员，工作中会有许多做不到的地方，应加强技术培训和思想教育。

四、保育猪的饲养与管理技术

（一）早期断奶

早期断奶是相对于传统的自然断奶而言的。以前，一般的种猪场是56～60日龄断奶，商品猪场45～50日龄断奶。随着养猪设备、营养和饲料科学的发展，目前许多规模猪场已普遍采用21～35日龄的早期断奶。

一般来说，生产中最好不要早于21日龄断奶，否则，会给仔猪的人工培育带来许多困难，影响保育猪的成活率。仔猪的适宜断奶时间，应根据各猪场的具体情况而定。猪场的生产设备、生产技术和饲料条件好的，可适当提前；条件差的，则应当推迟。

1. 早期断奶的优点

（1）提高母猪繁殖力。仔猪早期断奶可以缩短母猪的产仔间隔，提高母猪的年产仔窝数和年产仔总头数。

$$母猪的年产仔窝数=\frac{365天}{妊娠期+哺乳期+空怀期}$$

一年365天是个常数，妊娠期、哺乳期、空怀期之和为一个繁殖周期。妊娠期约为114天，没有多少变化；哺乳期和空怀期是可变的。也就是说，哺乳期和空怀期的长短，直接影响繁殖周期的长短。早期断奶就是缩短哺乳期，哺乳期缩短了，母猪的体能和体重消耗就少，断奶后能迅速发情、配种，因而又缩短了母猪空怀期。总之，早期断奶能缩短产仔间隔，提高母猪的年产仔窝数和年产仔总头数。

（2）提高饲料利用率。母猪吃料转化成乳，仔猪吃乳增加体重，在饲料转化成乳、乳转化成仔猪体重的过程中，饲料转化率只有20%。而采用早期断奶，保育猪直接摄取饲料，使饲料直接转化成体重，饲料利用率可达50%以上，大大提高了饲料利用率，降低了饲养成本。

（3）提高了保育猪的日增重和均匀度。从仔猪21日龄起，母猪的泌乳量一般已不能满足仔猪的生长需要。这时，根据保育猪的营养需要，饲喂全价的配合饲料，有利于促使其生长潜力的发挥，减少弱猪、僵猪的比例，从而获得体重大而均匀的保育猪。

（4）减少发病，促进生长发育。降低了母猪向仔猪传播疾病的概率，仔猪发病率减少。另外，由于保育猪日粮是根据生长需要设计的，能最大可能地满足保育猪的需求。因此，适应过来的保育猪生长发育较快。

（5）提高了分娩猪舍和设备的利用率。由于实行早期断奶，可以缩短母猪占用产仔栏的时间，从而提高了分娩猪舍和产仔栏的利用率。

2. *断奶方法* 常用的断奶方法有一次性断奶法、分批断奶法和逐步断奶法。在规模化猪场中，多采用一次性断奶法，便于全进全出的生产管理；在规模较小的猪场或农户，多采用分批断奶法或逐步断奶法。

（1）一次性断奶法。断奶前3天减少母猪的饲喂量，到断奶日龄时，一次性将仔猪与母猪全部分开，分别转至保育舍和空怀母猪舍；也可先转走母猪，仔猪在原圈饲养5～7天后再将仔猪转入保育舍。此种方法的最大优点是：简便易行，省工省时。缺点是：来得突然，对母猪和仔猪应激较大，易引起仔猪食欲不振，生长发育受阻以及母猪烦躁不安。

（2）分批断奶法。这种方法是将一窝中生长发育好、体重大、拟作育肥用的仔猪先断奶，体质弱、体重小、拟作种猪用的仔猪后断奶。也可将每窝中极瘦弱的仔猪挑出集中起来，挑选一头泌乳性能好的断奶母猪，再让其哺乳1周，可减少这部分仔猪断奶后的死亡。此种方法的优点是能减少母猪精神不安，预防乳腺炎的发生。缺点是延长了哺乳期，影响母猪的繁殖成绩，断奶后的保育猪也较难管理。

（3）逐步断奶法。在断奶前4～6天，减少母猪和仔猪的接触与哺乳次数，并适当减少母猪的饲喂量，使仔猪逐渐由少哺乳过渡到不哺乳，最后以吃颗粒料或粉状饲料为主。此种方法的优点是能保证母猪和仔猪的顺利断奶。缺点是操作起来麻烦，费时又费力。

（二）保育猪的营养需要与日粮配方

保育猪处于快速生长发育阶段，一方面对营养需求特别大，另一方面消化器官机能还不完善。断奶后，营养来源由母乳变成了固体饲料（颗粒料或粉状饲料），母乳中的可完全消化吸收的乳脂、动物蛋白质被谷物淀粉、植物蛋白质所替代，并且饲料中还含有一定量的粗纤维。

1. *保育猪日粮特点及原料的选择* 因为早期断奶仔猪日龄小，消化机能弱，抵抗力差。所以，要求保育猪日粮的原料必须新鲜、营养全面、适口性好、易消化和体积小。如果营养不良，会导致早期断奶失败。

在配合保育猪日粮时，要充分注意饲料原料的选择。

（1）能量原料。包括碳水化合物高的谷物、简单碳水化合物和油脂。能量水平能显著影响保育猪小肠绒毛高度和绒毛萎缩后的恢复程度。

保育猪对简单碳水化合物的利用率较高；玉米和小麦的适口性最好；另外，煮熟的谷物，如去皮燕麦、玉米、膨化玉米等，可提高其在小肠中的消化率。

保育猪可以植物性饲料为基础，适当添加乳糖等成分。由于猪在断奶时乳糖酶分泌量远大于淀粉酶，代谢后分泌产生乳酸，能降低 pH，调节肠道菌群，促进钙、磷、锰、铁等的吸收。因此，乳糖是保育猪较理想的能量原料，其功能效率高，易于消化。乳清粉的主要成分是乳糖，还有优质的乳糖球蛋白，在保育猪日粮中得到广泛的应用。断奶体重小于 7 千克的保育猪，添加乳清粉 20％～25％，生产性能表现最佳。随着体重的增加，乳清粉的添加量逐渐减少，适宜添加量为 10％～12％。

保育猪日粮，应有较高的能量浓度，一般为消化能 13.60～14.02 兆焦/千克。仔猪断奶后 1～2 周内对脂肪的利用效果较差，要达到这样的高能水平，必须向饲料中添加植物油。油脂的选择以豆油、玉米油、椰子油及棕榈油等为主，要求纯度高，并使用抗氧化剂。其中，豆油、椰子油的配合使用效果更好，一般添加 1％～5％。使用时，应注意高含量油脂对压粒的不利影响，断奶 2 周后保育猪对脂肪的利用率显著提高。

（2）蛋白质原料。为了满足保育猪的高氨基酸需要量，必须要考虑其可消化性、氨基酸平衡性、适口性以及免疫球蛋白是否丰富。目前，常用的蛋白源包括脱脂奶粉（粗蛋白 33％，乳糖 50％）、喷雾干燥血浆粉（粗蛋白 68％）、优质鱼粉、喷雾干燥血细胞粉、大豆浓缩蛋白、膨化大豆、膨化大豆粕等。它们营养丰富，易消化，适口性好。

脱脂奶粉在日粮中添加比例为 10％，可明显改善保育猪生产性能；血浆蛋白粉添加比例为 6％～10％；大豆浓缩蛋白添加比例为5%～15%；膨化大豆比豆粕更有利于保育猪消化，对于早期断奶的仔猪，膨化大豆取代豆粕的量可达100%；断奶较晚和体重较大的仔猪，可少用一些膨化大豆，以降低饲料成本。大豆粉的植物蛋白质含量较高，炒熟后有香味，可提高适口性；但一般的大豆粉和豆粕应在保育猪料中少加，因为过小的猪消化不了植物蛋白质，易导致猪腹泻，影响猪的健康和生长。

（3）其他原料。保育猪对常量、微量元素以及维生素的需求量较高，在生产实践中应综合考虑，以满足其需求。

为了增强保育猪的抵抗力，减少下痢，促进生长，日粮中经常加入抗生素、驱虫剂和促生长剂等。常用的抗生素有杆菌肽锌、硫酸黏杆菌素等。试验结果表明，添加抗生素，可以使保育猪的日增重提高12%～15%，饲料报酬提高5%～6%，见表5-3。

表5-3　抗生素对保育猪日增重及饲料报酬的影响

抗生素名称	重复次数	日增重提高（%）	饲料报酬提高（%）
四环素、磺胺二甲嘧啶、青霉素	333	22.5	8.5
美加斯（Mecadox）	292	18.6	8.6
泰乐菌素、磺胺二甲嘧啶	76	17.6	6.8
青链霉素	95	14.8	7.4
泰乐菌素	124	14.8	6.0
林肯霉素	8	11.1	7.6
维吉尼亚霉素	90	11.0	5.0
四环素	234	10.8	6.2
杆菌肽	54	9.7	3.3
青霉素	14	8.0	2.3

注：引自Hays和Muir，1979。

为了增加保育猪体内胃肠道的酸度，提高胃蛋白酶的活性，同时抑制有害细菌的繁殖，在保育猪日粮中加入1%～2%的有机酸（如柠檬酸、延胡索酸等）可促进生长。

在保育猪日粮中加入复合酶制剂，可帮助消化。适当加入调味剂，可改善日粮的适口性。但不要过量添加，否则，保育猪采食太多，易引起腹泻。

最新研究表明，有益菌制剂、植物提取物、合生素等能抑制有害菌生长，增加肠道有益菌数量，提高机体免疫力，减少保育猪腹泻率，提高猪的生产性能。

2. 保育猪饲料配制

（1）保育猪对蛋白质的需要。近几年的研究表明，18%～22%的粗蛋白质水平即可满足保育猪对蛋白质的需要，同时要求各种氨基酸的比例要平衡。保育猪理想氨基酸模式见表5-4。

表5-4 保育猪理想氨基酸模式

（赖氨酸为100，以总氨基酸为基础）

阶段	赖氨酸	精氨酸	异亮氨酸	亮氨酸	蛋氨酸＋胱氨酸	苯丙氨酸＋酪氨酸	苏氨酸	色氨酸	缬氨酸
保育猪	100	44	54	107	54	106	59	15	70

美国NRC（1998）确定，5～10千克体重的仔猪料中，赖氨酸的适宜水平为1.35%，欧洲的ARC比NRC还要高些。在试验中，采用19%的蛋白质、1.10%～1.25%的赖氨酸水平，饲养效果最好。保育猪对蛋白质和氨基酸的需要量见表5-5。

表5-5 保育猪对蛋白质和氨基酸的需要量

（自由采食90%干物质基础）

项　目	体重阶段（千克）		
	3～5	5～10	10～20
该范围的平均体重（千克）	4	7.5	15
消化能含量（兆焦/千克）	14.21	14.21	14.21
代谢能含量（兆焦/千克）	13.56	13.65	13.65
采食量估测值（克/天）	250	500	1 000
粗蛋白质（%）	26.0	23.7	20.9

(续)

项　目	体重阶段（千克）		
	3～5	5～10	10～20
氨基酸需要量（以总氨基酸为基础，%）			
精氨酸	0.59	0.54	0.46
组氨酸	0.48	0.43	0.36
异亮氨酸	0.83	0.73	0.63
亮氨酸	1.50	1.32	1.12
赖氨酸	1.50	1.35	1.15
蛋氨酸	0.40	0.35	0.30
蛋氨酸＋胱氨酸	0.86	0.76	0.65
苯丙氨酸	0.90	0.80	0.68
苯丙氨酸＋酪氨酸	1.41	1.25	1.06
苏氨酸	0.98	0.86	0.74
色氨酸	0.27	0.24	0.21
缬氨酸	1.04	0.92	0.79

注：引自 NRC（1998）。

（2）保育猪的饲料配方。下面介绍几个早期断奶保育猪的饲料配方，供参考。

①全国断奶保育猪配方协作试验中的统一配方为：无霉黄玉米（12%水分）62%，低脲酶豆粕（粗蛋白 44%）25%，低盐进口鱼粉（粗蛋白 60%）6%，食用油 3%，石粉 0.7%，磷酸氢钙 2%，食盐 0.3%，预混料 1%。日粮的粗蛋白质 19.5%、赖氨酸 1.1%。预混料中含有铁、铜、锌、锰、碘、硒和喹乙醇，在日粮中的含量为铁 150 毫克/千克，铜 125 毫克/千克，锌 130 毫克/千克，锰 5 毫克/千克，碘 0.14 毫克/千克，硒 0.3 毫克/千克，喹乙醇 100 毫克/千克。另外，每 100 千克日粮可再加多种维生素 10 克。

据《农业部办公厅关于加强喹乙醇使用监管的通知》（农办医〔2009〕23 号），喹乙醇作为抗菌促生长剂，仅限用于 35 千克以下猪的促生长。

②保育猪日粮配方见表 5-6。

表 5-6 8～22 千克保育猪饲料推荐配方（%）

饲料组成	配方 1	配方 2	配方 3
玉米	63.10	60.08	57.23
豆粕	22.00	25.00	28.00
鱼粉	5.00	5.00	5.00
乳清粉	5.00	5.00	5.00
豆油	0.80	0.80	0.80
赖氨酸	0.30	0.21	0.12
蛋氨酸	0.13	0.06	0.05
苏氨酸	0.07	0.02	0.00
磷酸氢钙	1.80	1.75	1.70
石粉	0.80	0.78	0.80
食盐	0.30	0.30	0.30
预混料	1.00	1.00	1.00
合计	100	100	100
粗蛋白质	18.10	19.16	20.22
消化能（兆焦/千克）	13.92	13.51	13.46
赖氨酸	1.21	1.21	1.20
蛋氨酸	0.46	0.41	0.41
苏氨酸	0.83	0.83	0.86
钙	1.00	1.00	1.00
总磷	0.78	0.78	0.79

③中国农业科学院畜牧研究所仔猪早期断奶饲料配方见表 5-7。

表 5-7 仔猪早期断奶饲料配方（%）

饲料成分	21 日龄断奶仔猪		42 日龄断奶仔猪	
	仔猪 1 号料（7～35 日龄）	仔猪 2 号料（35 日龄后）	仔猪 3 号料（7 日龄后）	
			所内小群试验	中间试验
白糖	5.0			
小麦	31.0	18.0		
麦渣				15.0
大麦			13.5	15.0
玉米	20.0	40.0	40.0	31.0
高粱		5.0	10.0	

（续）

饲料成分	21日龄断奶仔猪		42日龄断奶仔猪	
	仔猪1号料（7～35日龄）	仔猪2号料（35日龄后）	仔猪3号料（7日龄后）	
			所内小群试验	中间试验
炒黄豆	10.0	6.0		
豆饼	15.0	15.0	15.0	15.0
糠饼				3.0
麦麸			5.0	8.0
秘鲁鱼粉	12.0	10.0	10.0	10.0
槐叶粉	1.5	2.0	2.0	2.0
胃蛋白酶	0.1			
乳酶生	0.5			
饲用酵母粉	4.0	3.0	3.0	
食盐	0.3	3.0	0.5	0.2
骨粉	0.6	0.7	1.0	0.8
合计	100	100	100	100
饲料营养成分				
消化能（兆焦/千克）	14.43	14.39	13.81	13.05
可消化粗蛋白质（克/千克）	208	186	161	164
粗蛋白质（%）	24.75	22.30	20.51	20.24
粗纤维（%）	2.71	2.75	3.22	4.90
钙（%）	0.79	0.74	0.84	0.78
磷（%）	0.71	0.66	0.70	0.71
赖氨酸（%）	1.34	1.16	1.04	1.01
蛋氨酸+胱氨酸（%）	0.64	0.57	0.52	0.60

注：①在仔猪1、2号料中，每100千克混合料外加硫酸铜5克，硫酸亚铁、硫酸锌、土霉素碱及多种维生素各10克；②麦渣是指粉碎的麦粒。

④加拿大推荐的保育猪日粮见表5-8。

表5-8　加拿大推荐的保育猪饲料配方（%）

饲料成分	3～5周龄	5周龄以上
蛋白质含量	20	18
小麦	15	24.1
大麦	15	25
去壳燕麦粒	22	25

（续）

饲料成分	3～5周龄	5周龄以上
牛羊脂	2	3.0
大豆粉	15	11.4
青鱼粉	7	
油菜籽粉		7.5
乳清粉	20	
碘盐	0.5	0.5
磷酸钙	1.5	1.5
碳酸钙	1.0	1.0
维生素、矿物质	1.0	1.0
合计	100.0	100.0

⑤日本早期断奶仔猪补料日粮配方见表5-9。

表5-9　日本早期断奶仔猪补料饲料配方（%）

成　分	第一配方		第二配方	
	前期	后期	前期	后期
玉米	14.0	35.0	—	35～45
小麦粉	33.5	18.0	30～45	15～20
大麦粉	—	14	—	—
高粱	—	—	—	10～15
炒黄豆粉	—	5.0	8～12	—
大豆饼	—	7.0	8～12	8～12
优质鱼粉	12.0	6.0	8～14	8～14
脱脂奶粉	25.0	5.0	—	—
砂糖	10.0	2.0	—	—
糖蜜	—	—	0～3	0～5
葡萄糖	—	—	10～16	0～1
味精	—	—	0.2	—
动物油脂	2.5	2.0	—	—
维生素	1.5	3.0	0～2	0～1
矿物质	1.5	3.0	—	—
B族维生素	—	—	0.05	0.05

（续）

成分	第一配方		第二配方	
	前期	后期	前期	后期
维生素A、维生素D、维生素E	—	—	0.05	0.05
蛋氨酸	—	—	0.10	0.05
赖氨酸	—	—	0.15	0.10
碳酸钙	—	—	1.00	0.50
磷酸氢钙	—	—	0.50	0.70
微量元素	—	—	0.05	0.05
食盐	—	—	0.35	0.45
胃蛋白酶	—	—	0.20	0.06
抗生素	—	—	0.20	0.02
抗菌剂	—	—	0.13	—

⑥美国的仔猪三阶段饲养体系。美国的 Nelssen 博士于 1986 年提出了仔猪饲养的“三阶段饲养体系”，见表 5-10。在第一阶段（体重 7 千克以前），喂 40%的乳产品，饲料中的赖氨酸含量为 1.5%，料型为颗粒料。最近，科学家对第一阶段做了修正，即使用 8%～15%喷雾干燥血浆蛋白粉代替脱脂奶粉。第二阶段（7～11 千克），采用谷物—豆饼日粮，含有一定的乳清粉和一些高质量的蛋白饲料，如喷雾干燥血粉或浓缩大豆蛋白，饲料中的赖氨酸含量为 1.25%；第三阶段（11～23 千克），采用谷物—豆饼日粮，饲料中的赖氨酸含量为 1.10%。

表 5-10 仔猪三阶段饲养体系

	阶段 1	阶段 2	阶段 3
	高营养浓度日粮	乳清粉开食料	谷物—豆饼料
体重阶段（千克）	<7	7～11	11～23
粗蛋白质（%）	22～20	20～18	18
赖氨酸（%）	1.5	1.25	1.10
脂肪（%）	4～6	3～5	—
乳清粉（%）	15～25	10～20	—

（续）

	阶段 1	阶段 2	阶段 3
	高营养浓度日粮	乳清粉开食料	谷物—豆饼料
脱脂奶粉（%）	10～25	—	—
鱼粉（%）	0～3	3～5	—
铜（毫克/千克）	190～260	190～260	190～260
维生素 E（国际单位/吨）	40 000	40 000	40 000
硒（毫克/千克）	0.3	0.3	0.3
抗生素	＋	＋	＋
物理形态	1/8 颗粒料	颗粒料或粉料	粉料

注：喷雾干燥血粉和乳糖可以代替乳清粉或脱脂奶粉。喷雾干燥血粉（2%～3%）可以代替阶段中的鱼粉。预混料可为每千克全价日粮提供：维生素 A5512 国际单位，维生素 D_3 551 国际单位，维生素 E 22 国际单位，维生素 K_3 2.2 毫克，维生素 B_2 5.5 毫克，维生素 B_{12} 27.6 微克，D-泛酸 13.8 毫克，烟酸 30.3 毫克，胆碱 551 毫克，锰 15 毫克，铁 150 毫克，锌 150 毫克，钙 60 毫克，铜 260 毫克，钾 3 毫克，碘 4.5 毫克，钠 3 毫克，钴 1.5 毫克，硒 0.3 毫克。

⑦美国饲料谷物协会提供的保育猪饲料配方见表 5-11。

表 5-11　美国饲料谷物协会提供的保育猪饲料配方（%）

原料	体重范围（千克）			
	7～22.5	7～22.5	8～20	7～15
黄玉米	58.95	56.35	61.42	58.6（熟）
大豆粕	21.5	19.5	24.6	15.0
全脂大豆				5.0
鱼粉	5	5	4	7
脱脂奶粉	5	5		5
乳清粉	5	7.5	5	3.0
油脂	2	3.5	0.6	1.0
盐	0.4	0.2	0.4	0.4
磷酸氢钙	1.45	1.1	2.2	1.4
石灰石粉	0.4	0.3		0.3
葡萄糖				2.0
蛋氨酸			0.12	
赖氨酸			0.16	

（续）

原料	体重范围（千克）			
	7～22.5	7～22.5	8～20	7～15
ASP-250		0.25		
抗菌素预混料	0.1			
预混料	0.2	0.2	1.0	1.0
有机酸		1.0	0.5	0.3
酶制剂		0.1		
合计	100	100	100	100
营养成分				
粗蛋白（%）	19.7	20.1	19.5	20.1
消化能（兆焦/千克）	14.23	14.48	13.64	
代谢能（兆焦/千克）				13.43
钙（%）	0.95	1.17	1.01	0.92
磷（%）	0.77	0.71	0.68	0.80
赖氨酸（%）	1.18	1.23	1.33	1.30
粗脂肪（%）		5.7		4.6
粗纤维（%）		2.06		2.0

（3）饲料加工方式对保育猪生产性能的影响。饲料加工主要有蒸煮、膨化、颗粒料和干粉料等几种方式。无论采取哪种方式，必须以消除饲料中抗营养因子活性、提高饲料消化率和适口性为主要目标。大豆粉或豆粕等含植物蛋白高的饲料，不适宜生喂日龄小或体重小的保育猪。

研究表明，保育猪采食颗粒料比采食粉状料效果好，表现在长得快、饲料报酬高，见表5-12。给保育猪使用直径为2.5毫米的颗粒料，可获得最佳的生长性能；对月龄大的猪，颗粒的大小不那么重要。

表5-12　饲料加工方式对保育猪生产性能的影响

项　目	粉　料	颗粒料
试验猪数（头）	80	80
日增重（克）	330	350

（续）

项　目	粉　料	颗粒料
日喂量（克）	480	420
饲料报酬（料肉比）	1.48∶1	1.22∶1

注：引自《饲料博览》，2011。

3. 科学合理地使用饲料添加剂　从饲料配制上，要提高易消化性和适口性，需要添加促进消化的特殊因子，如有机酸化剂、复合酶制剂、微生态制剂、高铜和抗生素等。

（1）有机酸化剂。保育猪胃内酸度随年龄增长而提高，且受饲粮的刺激，盐酸分泌量会增加。在早期断奶的保育猪日粮中，适当添加有机酸化剂，有利于维持胃内酸度，提高饲料消化、吸收率，减少腹泻。已知效果好的有机酸有柠檬酸、延胡索酸、丙酸、乳酸和甲酸钙等，以延胡索酸和柠檬酸效果最理想。有机酸化剂在保育猪日粮中的添加量一般为1.5%～2.0%。据报道，将0.5%的柠檬酸和0.5%的乳酸混合后添加到保育猪日粮，日增重增加14%，饲料利用率提高11.7%。

（2）复合酶制剂。复合酶制剂可以弥补胃蛋白酶、胰脂肪酶、淀粉酶等消化酶的不足，促进各种营养物质的消化与吸收，降解抗营养因子（如凝集素、单宁等），降低肠道的黏稠度，保持正常的消化吸收功能。这是防止和减缓保育猪应激现象的主要措施，能促进保育猪的生长。研究证实，在早期断奶的保育猪中，49日龄前添加纤维素酶、半纤维素酶、果胶酶、淀粉酶和耐酸性蛋白酶等复合酶制剂，可以提高保育猪对谷物基础日粮中的蛋白质、淀粉以及非淀粉多糖的消化利用率，提高日增重和饲料转化率，还可降低猪群的腹泻率。

（3）微生物添加剂。微生物添加剂是指是饲料中添加或直接饲喂给动物的微生物或微生物及其培养物，能够对胃肠道病原菌起到抑制作用，从而改善胃肠道微生态平衡，对动物生长健康及减少粪污排放起到有益作用。按其所用的菌株类型可以分为乳酸菌类、酵母类和芽孢杆菌类。在仔猪断奶、换料、季节变化等关键时期，提前使用益生菌制剂有利于建立或恢复动物肠道微生态平衡，能取得显著效果。可连续使用，也可阶段性使用。据报道，保育阶段使用微生物添加剂，保育猪生长速度提高5%～6%，腹泻率降低10%～15%。

（4）高铜。目前仔猪饲料中普遍采用高铜作为促生长剂，因为铜参与调节体内肽的合成与释放，进而提高猪只的生长速度。一般在每千克仔猪饲料中添加125～200毫克铜（以硫酸铜形式提供），效果较好。但应该注意，长期饲喂高铜会引起猪的胃溃疡。所以，在高铜日粮中，要提高铁和锌的添加量，以抑制高铜的毒副作用。在保育猪后期日粮中，应逐渐降低铜的添加量。另外，过量添加铜制剂是不可取的。一则会造成猪只中毒，二则会对环境造成的污染，也应引起大家的高度重视。

（5）抗生素类药物。腹泻对保育猪的生产性能和存活率都有不利的影响。在保育猪日粮中，适量添加抗生素，可以预防和治疗保育猪的腹泻。如在保育猪饲料中添加100毫克/千克泰乐菌素，可提高猪的日增重34.4%，料肉比降低12.7%。抗生素在日粮中添加的适宜时间取决于每个猪场的具体情况，需要得到兽医人员的建议。研究表明，采用定期轮换的方式使用抗生素，可以避免产生耐药性。如添加杆菌肽锌一段时间后，可换用黄霉素或其他药物。这些药物添加剂在使用时，一定要预先混合均匀，然后再混合到全价料中去，这样的混合更均匀，效果更好。但是，随着抗生素应用范围的扩大和种类的增加，其安全性越来越受到人们的关注。人们提倡使用安全的替代品，做到“无抗生素”生产。生产中如果使用抗生素类药物，就必须注意添加量及其停药期的规定。在安全、合理的范围内使用，以达到理想的效果。

（6）硒和维生素E。硒和维生素E参与机体的抗氧化体系，可增强保育猪的免疫力，降低保育猪的死亡率，预防保育猪水肿病和肝营养不良的发生，减轻保育猪应激。实际应用中，饲料中亚硒酸钠的添加量为0.3克/吨，维生素E的添加量为40～60克/吨。

（三）保育猪的管理

1. 断奶前的管理

（1）断奶前2～3天给母猪减料，人为减少哺乳次数，迫使仔猪采食较多的乳猪料，以增加仔猪采食量。

（2）保育猪的圈舍，在使用前要彻底清扫、消毒、干燥后，至少空圈7天方可重新装猪。

2. 断奶后的管理　仔猪断奶后，要训练定时、定量吃料，让其知道什么时候吃，一次吃多少，一天吃几次。每天应少喂勤添，饲喂易消化的日粮，尽可能减少应激，保障猪只安全顺利地度过这一阶段。

断奶后的第一周内，由于生活条件的突然改变，保育猪往往情绪不安，食欲不振，腹泻，增重缓慢，体重减轻。一般需要5～7天的缓冲，猪只才能恢复正常的采食和生长发育。要养好保育猪，必须在以下几个方面做好工作：

（1）控制好环境条件。要求保育猪舍环境安静，温湿度适宜，光线充足，面积合理，无贼风。

刚断奶的保育猪，体表面积大，散热快，再加之保育猪的活动量大，饲料摄入量低。因此，刚断奶的保育猪对寒冷非常敏感。猪的日龄越小，需要温度越高、越稳定。每日的温度变动超过3℃时，将会引起保育猪腹泻，降低生产性能。保育猪舍的适宜环境温度为25～20℃，其中断奶后第1周25～24℃，第2周24～23℃，第3周23～22℃，第4周22～21℃，第5周21～20℃。冬季要采取保温措施，最好安装取暖设备，如暖气、热风炉或煤火炉等，也可采取火墙供温。在炎热的夏季，要防暑降温，可采取喷雾、淋浴和通风等方式降温。

保育猪适宜的相对湿度为60%～70%。过于潮湿，会引起多种疾病，甚至造成死亡。

饲养密度应合理，每头保育猪合适的占有面积为 0.3～0.5 米^2。低密度饲养的保育猪，其增重、饲料利用率方面都优于高密度饲养。在保育猪舍，最好的做法是一窝猪占有 1 个保育栏，同窝的猪相互了解，和平相处；反之，如果大群饲养，需要不同窝的猪并圈，猪与猪之间容易打架，产生应激，影响生长。

限制保育猪躺卧处的空气流动速度，对猪群健康很重要。保育猪舍冬季风速应小于 0.20 米/秒，夏季应小于 0.60 米/秒。研究表明，与暴露在贼风条件下的保育猪相比，不接触贼风的保育猪生长速度要快 6%，饲料消耗要少 16%。所以，要加强管理，尽量避免贼风。

保育舍内氨气浓度应低于 20 毫克/米^3，硫化氢浓度应低于 8 毫克/米^3，二氧化碳浓度应低于1 300毫克/米^3。应做好通风换气工作，尤其是在冬天，人们往往只注意保暖，却忽略了通风换气。应在中午、天气晴好的时候，适当开窗换气，保持空气新鲜。

保持适宜的光照。阳光能使保育猪皮肤温暖，血液循环加速，皮肤代谢加快。阳光中的紫外线能促使保育猪体内的 7-脱氢胆固醇转变成维生素 D，以调节钙磷的代谢。圈舍被阳光照射，可杀死或抑制部分病毒和有害细菌，减少疾病的发生机会。在舍饲条件下，夜间应有 3～5 小时的光照时间。一则可以加强光照；二则可以让保育猪夜间采食，提高生长速度。

（2）采取适宜的饲喂方法。断奶后，为了尽快使保育猪适应新更换的饲料（颗粒饲料或粉状饲料），减少断奶应激，在断奶后 1 周以内，应饲喂哺乳期内的补料，并适量添加抗生素、维生素，以减少应激反应；1 周以后，用乳猪料和保育猪料混合饲喂，并逐渐加大保育猪料的比例；到第 10～15 天，全部换成保育猪料。应在断奶后 3～5 天内采取限量饲喂，平均日采食量 160 克左右；5 天以后再实行自由采食。在断奶后 15 天内，应保证有较多的饲喂次数，每次饲喂量不宜过多，以防发生腹泻。夜间，应坚持饲喂，以免停食过长。有经验的农户，一般每天的饲喂次数在5次左右，即每天清晨和夜晚各喂1次，白天为3次。要求每天每次喂料间隔尽量一致。随着保育猪日龄的增长，则可适当减少饲喂次数，早、中、晚各1次。保育猪拱出去的料，要及时回收，严禁浪费饲料。

在供给充足营养的同时，还要注意提供充足的饮水。可在猪舍放置鸭嘴式（或乳头）式自动饮水器，使保育猪随时能够饮到充足的清洁水。对于下痢脱水的保育猪，可在饮水器内添加钾、钠、葡萄糖等电解质以及维生素、抗生素等药物。冬季应供应30～40℃的温水；高温季节，饮水量应根据饲料量和周围温度而变化，通常是饲料量的2～3倍。要求每8～10头保育猪有1个饮水器，水流速度为250毫升/分钟。同时，还应注意保育猪有充足的运动，增加光照，以促进肌肉和骨骼的生长发育。

（3）合理分群、认真调教。仔猪断奶后，一般在产仔房饲养3～5天。观察仔猪适应了独立采食环境后，转入保育猪舍。断奶仔猪转群时，一般采取原窝培育，即将原窝仔猪转入培育舍的同一栏内饲养。如果原窝仔猪过多或过少时，可将体重基本一致的放在一栏内，同栏内的猪只体重相差不应超过2千克；个别弱小的，要单独组群，进行特殊护理。

平常要认真调教保育猪在特定的区域内吃料、睡觉和排泄，靠近食槽的一侧为睡卧区，安装饮水器的一侧为排泄区。这样既可保持栏内卫生，又便于清扫。训练办法是，排泄区的粪便暂不清扫，诱导保育猪来排泄；而其他区域内的粪便要及时清除干净。经过1周的训练，可建立起定点睡觉和排泄的条件反射。同时，为防止猪出现咬尾、咬耳等现象，可在猪栏上绑几个铁环，供其玩耍。

（4）做好卫生、消毒、防疫和驱虫工作。猪圈经常保持干燥的清洁卫生，定期消毒，切断传染病传播途径。消毒时间要固定，一般3天消毒1次；每次消毒前，先将圈舍清扫干净，一般不用水冲洗，以防保育舍潮湿。养猪场（户）至少要选购两种以上消毒剂，按消毒说明配成消毒液，进行带猪消毒。

仔猪断奶后，由于环境、饲料、密度、免疫系统及本身胃肠道的发育等因素，极易造成仔猪的应激、腹泻和呼吸道等疾病的发生。为避免因此带来的不必要损失，可在饮水中添加保健药物，如补充多种维生素，可减少应激；添加黏杆菌素和杆菌肽锌，可控制消化道疾病；添加支原净和阿莫西林，可有效控制呼吸道及神经系统疾病。

场内应严格执行消毒、免疫程序。按要求进行灭菌消毒，注射器和针头，要坚持一猪一针，在猪耳后颈侧肌肉注射。

保育猪体重在 15 千克左右时，要进行一次驱虫。常用的驱虫药有阿维菌素、伊维菌素、左旋咪唑、丙硫咪唑等。具体用药量可根据猪的体重，按药物说明，将驱虫药拌入饲料内，让猪一次性采食完成。驱虫的好处是增进动物健康，提高饲料利用率；也可以增强疫苗免疫效果。寄生于猪小肠内的寄生虫有蛔虫、姜片吸虫、棘头虫和杆虫；寄生于大肠内的有结节虫、鞭虫；寄生于胃内的有胃虫。

（5）加强饲养员的责任心，提高饲养管理水平。对保育猪的饲养是否适宜，要注意观察保育猪的采食、排粪和活动情况。

一是观察采食情况。给保育猪喂料后，要及时检查采食情况，看饲槽有无剩料。如果有剩料，则表明喂量过大；如无剩料，则说明喂量不足。

二是观察粪便情况。仔细观察保育猪粪便是否正常，并根据不同情况及时调整投料量。仔猪出生时，粪便呈黄褐色筒状。断奶 3 天之内，粪便由粗变细，由黄色变成褐色，这是正常的。观察排粪时间，一般在每天的 12～15 时。如果粪便变软、油光发亮、色泽正常，则投喂量不用改变；如果圈内有少量零星粪便呈黄色，表明个别猪抢食过量，下次投料量应减少；如果发现粪便呈糊状、淡灰色，并由零星黄色，内有未消化饲料，这是全窝仔猪发生下痢的预兆，应停食一顿。

三是观察活动情况。喂食前，保育猪听到响声蜂拥到槽前，叫声不断说明饥饿，应投量多些；给料10分钟左右，饲料被抢食一空，保育猪仍不回窝，在槽边拥挤，表明饲料不足；保育猪对投饲料没有多大反应，叫声小而弱，表明不太饿，可以少喂料。

五、保育猪的常见病防治

1. 保育猪腹泻　断奶后，保育猪腹泻是一种常见病，对养猪业的危害很大。其发病率在40%以上，死亡率在7%以上。本病多发生在断奶后3～7天的保育猪。患猪症状为精神不振，食欲减退，排黄绿色水样稀粪，体温正常，继发感染后体温达40℃以上，最后因脱水、虚脱而死亡。

发病原因：断奶后应激是保育猪腹泻的直接原因，保育猪开始拒绝采食，饿急了又采食过量，本来就不健全的消化系统无法适应大量摄入的饲料，导致腹泻；大肠杆菌感染是保育猪腹泻的继发性原因；饲养管理不善，比如低温、潮湿、饲喂发霉变质饲料、饮用被细菌污染的水等，都能促使腹泻，使病情加重。

防治措施：

（1）加强断奶前仔猪的补料。断奶后腹泻的保育猪，多数在哺乳期内补料不足。因此，加强哺乳期内仔猪补料，对预防断奶后保育猪腹泻具有重要意义。在仔猪1周龄时，就要开始人工强制性补料，让仔猪在21日龄以后能大量吃料，断奶后的腹泻率才会降低；反之，如果断奶前补料不充分，断奶后的腹泻会加重。

（2）降低饲料中的植物性蛋白质含量。因为植物性蛋白质是仔猪日粮中的主要抗原物质，植物性蛋白质含量过高会导致保育猪腹泻。

（3）保育猪在断奶后的几天里限制采食量，能降低腹泻发生率。但最近的研究结果表明，限制饲喂比腹泻本身对保育猪的刺激更大。所以，在实际工作中，只有发生持续性的腹泻才限制采食。

（4）在保育猪料中添加有机酸制剂、微生态制剂、复合酶制剂、沸石、微量元素和维生素时，能预防和减轻保育猪的腹泻发生率。据报道，保育猪料中添加0.5%的柠檬酸和0.5%的乳酸，可降低保育猪腹泻发生率30%；保育猪料中添加2.5%的沸石，可使保育猪腹泻发生率降低50%以上；饲料料中添加泛酸、维生素和锌时，也能有效地预防和减轻保育猪腹泻的发生；最新试验证明，饲料中添加0.3%～0.5%的益生菌制剂，也可有效防治保育猪腹泻。

2. 水肿病　保育猪水肿病是一种急性、致死性疾病。表现为保育猪全身或局部麻痹，运动平衡失调，胃壁、肠系膜、淋巴结、大脑和肺部水肿，猪群中经常突然发病，很快死亡。一般来说，本病主要发生于刚断奶的保育猪，生长快、肥而壮的保育猪先发病。有的保育猪表现不安，发出尖叫声，口吐白沫，肌肉颤抖，做转圈运动，几小时后倒地死亡；有的前一天晚上没有任何异常，第二天早晨死在圈内。大多数患猪，体温稍高（40℃）或正常，心跳加快，每分钟150～220次。

保育猪水肿病主要是由溶血性大肠杆菌引起的。保育猪因各种应激如转群、与母猪分开、饲料改变和气候突变等，都可促进本病的发生。本病发病季节不明显，流行较为广泛，给养猪业造成较大损失。

防治措施：目前尚无有效的免疫预防措施，采取单一措施难以达到预防保育猪水肿病的目的。只有采取综合防治措施，才能有效地抑制保育猪水肿病的蔓延。

（1）加强饲养管理，尽量减少应激反应；在断奶前后的仔猪饲料中，添加适量的抗生素；更换饲料不要太突然，适当喂一些青绿饲料；保持圈舍卫生，经常消毒。

（2）0.1%亚硒酸钠注射液1～2毫升，肌内注射，每2天1次，共2次。

(3) 链霉素，每千克体重 10 毫克，维生素 B_{12} 每头猪100～200 微克，肌内注射，每天 2 次，连用 2 天。

(4) 对有症状的病猪直接灌服盐类泻剂，硫酸钠或硫酸镁 15～30 克，加水适量，灌服 1 次；或者在有症状的病猪饲料中，加入硫酸钠或硫酸镁 30 克、大黄末 6 克，分 2 次喂服。

(5) 20%磺胺嘧啶钠注射液 15～20 毫升，50%葡萄糖注射液 50 毫升，维生素 C 注射液 10 毫升，静脉注射，每天 2 次，连用 2 天。

(6) 在 16～18 日龄时，注射仔猪水肿病多价蜂胶灭活疫苗，可取得良好效果。

3. 僵猪　僵猪又叫“小老猪”或“小赖猪”。僵猪多发生在 10～20 千克体重的保育猪，表现在毛乱、毛焦，身体瘦小，大脑袋，尖屁股，圆肚子，精神尚好，也吃也喝，但采食量小，生长发育受阻。有的 6 月龄体重才达 20～30 千克。

僵猪发生的原因较复杂，种母猪未到体成熟时就配种，所生后代生长缓慢，部分猪变成僵猪；近亲交配，造成后代生长停滞，容易形成僵猪；母猪营养不足，饲料长期单一化，蛋白质缺乏，泌乳量少，保育猪容易变成僵猪；胎儿先天性发育不良，生后易变成僵猪；若没有做好奶头固定工作，一些保育猪长期吃不到奶水，易变成僵猪；若保育猪吃不好料，长期饥饿，易形成僵猪；患猪喘气病、仔猪副伤寒、慢性胃肠炎、蛔虫、鞭虫、虱子、疥癣等疾病，阻碍了保育猪的生长发育，变成了僵猪。

防治措施：

(1) 加强饲养管理，按系谱安排配种计划，避免近交。后备母猪必须达到体成熟后，方可配种繁殖。国外引进的瘦肉型猪种，一般体重要在 100 千克以上、月龄在 8 月龄以上才可初配；我国国内品种的初配月龄可稍提前，体重可稍小一些。母猪在妊娠期间，日粮中的蛋白质、脂肪、矿物质、微量元素和维生素等要充足。有条件的猪场，给予一定量的青绿多汁饲料，有利于胎儿的正常发育，有利于产后奶水充足。对弱猪或体重较小的保育猪，应精心护理，以防产生僵猪。

（2）对僵猪要集中起来，单独饲养，喂给硫酸钠（或硫酸镁）5克，缓泻，清理肠道，恢复食欲。日粮应易消化，营养丰富，蛋白质、矿物质、微量元素和维生素等营养全面。

（3）注射维生素A、维生素D，每次肌内注射2毫升，每天1次，连续注射2～4天。

（4）维生素B_{12}注射液1毫升（含0.5毫克），肌内注射，5天后再注射一次。

（5）对患皮肤病的保育猪，应及时对症治疗，彻底驱除体内、外寄生虫。

4. 咬尾和咬耳综合征　在保育猪中，咬尾和咬耳的发生率在10%左右，断奶日龄早的猪发病率更高。本病是由于饲养密度过大、环境和气候变化、饲料营养改变等引起的。患猪大多数对外界刺激敏感，表现为好动，食欲不振。当猪群中有一个发生时，则可引起连锁反应。保育猪之间相互咬尾或咬耳，常被咬得流血不止，容易继发感染而死亡。

防治措施：

（1）改善饲养管理条件。如果是饲养密度过大，就要想法降低密度；如果是饲料营养失调，就要调整好饲料配方；发现有咬尾、咬耳现象时，可适当增加矿物质和复合维生素的添加量；如果是其他饲养管理问题，要马上完善。

（2）在猪栏内悬挂玩具。为了分散保育猪的注意力，可以在圈舍上放玩具球、铁链或红砖等，最好在栏杆上悬挂两条铁链，高度以保育猪仰头能咬到为宜。这不仅可预防咬尾、咬耳现象的发生，也能满足保育猪好动、贪玩的需求。

（3）对已发生咬尾或咬耳的猪只，要及时调圈、隔离，以免发生“一个咬尾或咬耳，其他猪只也效仿，相互咬之”的连锁反应。尽量把问题控制在最小范围内，以减少损失。

第六章　生长育肥猪的科学饲养

一、生长育肥猪的饲养目标

增重速度、饲料转化率、死亡率和胴体瘦肉率是衡量生长育肥猪的主要指标。一般情况下，生长育肥猪的水平应达到或超过表6-1的数值。如果低于表中数值，应认真分析研究，找出其中问题，加强饲养管理，进一步提高生产水平。

要实现生长育肥猪的饲养目标，需要从圈舍环境、猪苗、饲料、防病和饲养管理技术等方面抓起。

表6-1　生长育肥猪生产水平

指标名称	指标数值
成活率（%）	≥98
日增重（克/天）	≥650
料肉比（千克/千克）	≤3.0
170日龄体重（千克/头）	≥90
生长育肥期饲养日（天）	90～100
胴体瘦肉率（%）	≥58%
背膘厚度（毫米）	≤20

二、生长育肥猪的圈舍设计

1. 防寒隔热性能好、饲养密度适当和清洁干燥的床面　现代养猪不管规模大小都属于商品猪生产，而不是养猪过年。因此都应常年饲养，这就涉及四季不同的气温对生长育肥猪生产性能的影响。一般春、秋气温对生产影响小，但冬、夏就不同了，过热或过冷的温度都会使增重降低、饲料转化率下降和发病率升高，这会使生产效益大幅度下降。因此在设计生长育肥猪圈舍时，应充分考虑冬季防寒采暖、夏季防暑降温的要求。要求夏季通风良好，没有阳光直射，温度最好控制在27℃以下，必要时应采取喷雾等降温措施；冬季要控制在13℃以上，必要时设计采暖设备，提高猪舍的温度。生长育肥猪舍适宜的相对湿度为65%～75%，最高别超过85%，最低别低于50%，否则不利于猪群的健康和生长。

猪群适当密度对于养好生长育肥猪是非常重要的。适宜的密度使猪只容易形成强弱次序，不持续出现相互攻击现象；适宜的密度还使猪群容易形成定点排便的好习惯；适宜的密度有利于冬季保暖和夏季防暑。因此，设计生长育肥猪圈舍时，应合理安排圈舍面积及每圈猪数。一般每圈猪数不超过10头，每头猪占床面积不小于1.0米^2。

生长育肥猪应有足够的躺卧休息时间，这有利于猪只的增重和健康，也有利于减少饲料消耗。因此，应为猪只考虑适合的躺卧床面。床面应有一定坡度，以便于排水、排尿，保持干燥；但坡度又不能过大，一般不超过2%～3%；漏缝地板面积占猪床面积比例不要太大；冬季如有垫料，最好不要猪只直接躺卧水泥地面。

2. *能够方便地供给猪只清洁的饮水*　充足的、清洁的饮水是生长育肥猪生长发育取得良好生产性能的必要条件。因此，圈舍设计应充分考虑这一要求，同时不要造成水资源浪费和圈舍潮湿污秽。目前猪场多使用自动供水系统。这个系统由水塔或水罐、管道、自动饮水器组成，用少量投资即可使猪群得到充足、清洁的饮水。但应考虑冬季防冻，否则冬季使用将有很大麻烦。

3. 方便猪只采食，但不浪费饲料　猪只只有获得应有的饲料，才能达到理想的增重，这是不言而喻的。但怎样饲喂猪群才能使猪群获得应有的饲料又不会造成浪费，这是在圈舍设计时就应充分研究的。猪群能否获得充分采食的关键因素是食槽宽度（或槽位多少），及饲喂时间的长短。如果采用自由采食，可每2～3头猪设置一个槽位；如果分顿饲喂，则应每头猪一个30厘米长的槽位。饲料浪费多少，最重要的因素是饲槽设计是否合理。一般应考虑栏外加料、栏内采食。食槽内沿低、外沿高，槽上设置防拱护栏。根据猪体大小确定饲槽的深度（一般在25厘米左右）。自由采食的猪只也可以采用专用自动落料食槽。食槽有水泥的和金属的，可根据需要选购。

4. 少用水，又能方便及时地清理粪尿　圈舍设计中应考虑在生产管理过程中少用水。少用水至少有两项优点：①节约水资源，尤其是我国北部和西部地区，水是短缺的、非常宝贵的资源，节约用水是非常必要的；②减少污染，同时减少污水处理费用。所以主张使用小粪沟排污，结合人工清粪。

5. 设置测定圈　设置测定圈可以对饲料或猪种生产性能进行动态监测，进而做出科学评价与决策。规模猪场在对猪种、饲料和饲喂方法以及整体生产水平进行评估时，需要得到某些生产性能实际数据，这对正确的决策很重要；猪场在对生产情况进行统计核算和经济核算时，需要某些技术性参考数据，以对生产经营做出更准确的评价。这些都需要数据参数，而且这些参数应可以较方便地获得，这就需要设置测定圈。其要求是称重方便，计料准确，数据在阶段性猪群中有代表性。

6. 饲养管理人员操作方便　饲养管理操作的方便性是生长育肥猪圈舍设计优劣的重要指标，因为方便的操作可以使每个饲养员多养几十头或上百头猪而不增加工作量。方便性主要体现在喂料方便、保持卫生和清粪排污方便、猪群转入和转出方便、洗刷消毒方便、打针治病和疫苗注射方便以及设备维修方便等。例如，工人每天清理粪便时都要进出猪栏两次，圈栏的门应该开关自如、关闭牢靠、门上方没有横梁，人员进出时不应有钻、跳等动作，这样即安全，又减少工作量，提高工作效率。具体做法根据不同猪场的情况有所不同，但应围绕这些原则设计较为实用的生长育肥猪舍。

7. 节约资金，科学合理，因陋就简　生长育肥猪对饲料、环境等有较强的适应力，一般情况下，成活率很高。因此，在能满足生长育肥猪生长需要的前提下，圈舍的建造避免贪大求阔，应尽力减少圈舍资金投入，以减少固定资金占用，以最大可能地获得经济效益。

三、优质小猪的选购

对于规模化猪场，我们主张自繁自养的生产方式，生长育肥猪从保育猪群转来即可。除种猪更新外，不得从外面选购小猪，这样有利于猪场内的卫生防疫和疾病控制，能减少疫病暴发的风险。但对于农村的个体养猪户，尤其是专养生长育肥猪的专业户来讲，他们的经济实力有限，须从外面选购小猪育肥。应选购健康无病、品种优良、发育良好的小猪，至少要注意下列三点：

1. 选购地点　选购地点关系到小猪的健康和品种。一般来说，市场上的猪品种杂，容易携带传染病，还有卖主为增加小猪重量而喂给小猪大量饲料或一些不健康食物的现象。因此，在集市上购买小猪具有很大的风险。如果养猪场长期经营育肥猪，建议不要到集市上去购买小猪。可以去较好的猪场或养猪户直接联系并购入小猪，并在购入之前应做到对猪源情况有所了解。购入之后，应与原猪群隔离饲养 5 周以上。在此期间，应进行防疫注射。个别健康状况不良的，应及时进行治疗。

特别说明的是不要从疫区选购小猪，所购猪应有当地兽医部门的检疫证明。

2. 选购猪种　选购何种猪种应视购猪目的而定。如果目的是育肥出栏商品猪，应选择两元或三元杂交猪，如长大、大长、杜长大和国外引进猪种与当地新培育猪种的杂交后代等。这样可获得较好的增重、饲料转化率和瘦肉率。如果是作为种母猪使用，则应考虑其繁育性能及与哪些父本公猪配套使用，最好含有一定繁殖性能较好的猪种的血液，以获得较高的受胎率、产仔数和成活率。

3. 日龄与外观　购买小猪进行育肥，应根据自身条件和技术水平，参照市场上小猪的价格，确定购入的品种和小猪日龄。一般以 5 周龄左右为宜。

小猪外观应符合品种要求，根据外观和行为可初步判断其健康状况。猪只健康的标志是：无外伤，无跛行，皮肤无异常斑点，被毛光亮，眼睛明亮有神，鼻端湿润，精神良好，活动正常，发育良好，无气喘、咳嗽症状；同批小猪应大小一致，均匀度好。

小猪体形要优美。头大小适中，体长，背平，臀部丰满，这样的小猪生长快，瘦肉率高，出栏时的价格高；体态短圆，肚子大或两头尖的猪，生长速度慢，瘦肉率低，出栏时价格低。

四、生长育肥猪的饲养管理技术

(一) 饲养管理要领

(1) 先对生长育肥圈舍进行打扫、清洗和消毒，空圈 7 天以上方可转入新的一批生长育肥猪。

(2) 转群后的前 3 天，要认真做好猪群的调教工作，实现猪群吃料、排粪和睡觉三点定位，以便于以后的卫生和饲养管理。

(3) 生长育肥阶段猪的饲料营养应符合标准需要；变换饲料时，宜有 5～7 天的转化期，使猪群逐渐适应，这样有利于健康和生长性能的提高。

（4）每天上午、下午两次加料，及时回收撒到地上的饲料，每周清理料槽一次，防止饲料变质；要经常检查饮水器，保证猪只饮水充足；有条件的猪场，可在冬、春季提供温水，夏季供给凉水，这样有利于猪群健康。

（5）圈舍要经常清扫，每周带猪消毒1～2次，保持环境卫生。

（6）病猪要及时隔离，在猪场的下风口设立隔离圈，单独饲养、观察和治疗；禁止出售病、死猪。

（7）结合出栏时间，严格执行《中华人民共和国兽药典（二〇一〇年版）》中休药期的规定，不到停药期的猪不能出栏；未规定休药期的药物，其休药期不得少于28天。

（8）在生长肥育期内，要做好疫苗注射、驱虫和相关记录工作。

（二）创造适宜的生长环境

猪群的生活与生长环境，应该引起猪场管理者的高度重视。良好的环境条件，有利于生长育肥猪的健康成长，从而获得出良好的生产水平和经济效益。饲养管理者应重视猪舍温度、湿度、空气质量、地面卫生、噪声和人性化管理措施。

1. 温度　温度是最重要的环境因素之一。生长育肥猪舍在冬季最低温度不应低于13℃，夏季温度不要超过27℃。当舍温低于13℃时，应采取加热、保温措施。敞开型猪舍应加盖防寒薄膜。水泥猪床应铺垫适当垫料。封闭型猪舍应关闭窗户，定时通风。如仍不能保证适宜温度，就应采取适当的加温措施。夏季温度超过27℃时，敞开式猪舍应加盖遮阴棚，不使阳光直射猪床和猪体。适当向猪舍喷水降温，拆除不利于通风的设施。封闭式猪舍应打开所有窗户，以利于通风。如有通风设备，应使其运行良好。还可以增加喷水雾化，湿润空气结合通风降温等。总之，应保证猪群得到较适宜的温度。

2. 相对湿度　猪舍适宜的相对湿度是65%～75%。不适宜的湿度对生长肥育猪生产性能影响很大。主要体现在：湿度过大有利于病原微生物的繁殖，易造成疾病流行；冬季湿度过大，可加大空气的导热系数，使猪体散热增加而感到更加寒冷。而湿度过低可造成空气中悬浮物大幅度增加，使猪群呼吸道疾病的发病率增加，对饲养人员的健康也不利。所以，湿度过大时，应尽量减少冲刷圈舍，提高水的利用率。冲刷的污水应及时排到猪舍以外较远的地方，不要在猪舍内洗衣刷鞋等。湿度过低时，应适当向猪舍喷水，或者使用专门设备喷雾，增加湿度。总之，应保证猪舍有适当的相对湿度。

3. 空气质量　猪的呼吸、排泄及排泄物的腐败分解，不仅会使猪舍空气中的氧气减少，二氧化碳含量增加，而且产生氨气、硫化氢、甲烷等有害气体和臭味。猪舍内氨气、硫化氢、二氧化碳和空气悬浮物等影响空气质量，关系到猪群和饲养员的健康。高浓度的氨气和硫化氢可引起猪的中毒，发生结膜炎、支气管炎、肺炎等；二氧化碳含量过高时，会使猪精神萎靡，食欲下降，增重缓慢。影响这一指标的主要因素是湿度、饲料饲喂方式和清扫卫生的操作。湿度大时，粉尘较少；喂颗粒料、潮拌料时粉尘少，喂干粉料时粉尘较大；饲养员喂料时动作大，则粉尘大。在清扫走道时，动作要轻，尽量减少舍内的粉尘量。

在通常情况下，舍内有害气体虽然达不到中毒程度，但对猪的健康和生产力有不良影响。通过试验发现，生长育肥猪舍内氨气≤25 毫克/米^3、硫化氢≤10 毫克/米^3、二氧化碳≤1 500毫克/米^3、细菌总数≤6 万/米^3、粉尘≤1.5 毫克/米^3 比较适宜。

为了保持猪舍有良好的空气质量，应进行适宜的通风。对于生长育肥猪而言，猪舍适宜的通风量为冬季 0.35 米^3/（小时·千克），春秋季 0.50 米^3/（小时·千克），夏季 0.65 米^3/（小时·千克）。猪舍适宜的空气流速是冬季 0.30 米/秒，夏季 1.00 米/秒。对气流速度的调节，可通过控制猪舍的通风换气来实现，根据生产实际情况，采取自然通风或辅以机械通风，而在寒冷季节要降低气流速度，更要防止“贼风”。

4. 地面卫生、噪声和人性化管理　地面要保持干净和干燥，每天上午、下午清理粪污2次，可以提高猪的舒适感，有利于清除粪污所带的病原菌，有利于猪群的健康。噪声是猪只的应激源之一，猪舍应保持安静，有利于减少应激所带来的增重和饲料效率方面的损失。因此，不要在猪舍内大声喧哗、打闹。所谓人性化管理是指饲养员对猪群应尽量做到温和，尤其在供水、喂料、转群和防疫注射时，饲养员或兽医直接与猪只接触，应和善待猪，尽量减少由此引起的应激。

（三）合理配制饲料

饲料成本是决定养猪效益的重要因素。通常，经验不足的饲养者会选择价格低的饲料，其实这只是其中的一个因素，我们必须同时考虑饲料价格、增重速度和料肉比这三个因素，来全面判定饲料的合理性。

1. 饲料营养水平　生长育肥猪饲料日粮的消化能为13.39兆焦/千克，生长阶段（20～60千克）饲料蛋白质水平为16%～18%，在育肥阶段（60～90千克）饲料蛋白质水平为14%～16%，同时要注意必需氨基酸的平衡，赖氨酸占0.70%～0.90%，苏氨酸占0.48%～0.58%，色氨酸占0.13%～0.16%，粗纤维水平6%～8%，钙0.49%～0.62%，总磷0.43%～0.53%。

2. 饲料合理配置　首先在营养上，要考虑能量水平、蛋白质水平、氨基酸水平、粗纤维水平和钙、磷的搭配，然后要注意配合饲料的多样性、适口性和经济性。现列出生长育肥猪饲料配方，仅供参考（表6-2）。

表6-2　育肥猪饲料配方示例（%）

原料	玉米	豆粕	麦麸	菜粕	棉粕	预混料
前期配方	65	15.5	11	3	2.5	3
后期配方	69	8	13	3	4	3

注：预混料应按产品说明的使用方法添加。

3. 选择合理的饲喂方式　生长育肥猪可以采用自由采食法，可以获得较高的增重速度，但相对胴体较肥，瘦肉率和饲料效率较低；也可以采用分顿限量饲喂法，其增重速度相对较低，但瘦肉率和饲料效率较高。对瘦肉猪的饲喂方式，可以在生长育肥的前期采用自由采食法，在生长育肥的后期采用分顿限量法，这样可以获得较高的生长速度、瘦肉率和饲料报酬。

（四）选择适宜的出栏体重

不同的出栏体重对生长育肥猪的增重速度、饲料报酬和胴体瘦肉率影响很大。而这三个指标对养殖效益又影响很大。所以，生长育肥猪饲养者必须重视出栏体重的确定。研究表明，当商品猪体重小于90千克时，饲料效率和胴体瘦肉率较高，增重速度较慢；当体重大于110千克时，增重速度较快，而饲料效率和胴体瘦肉率偏低。瘦肉型的商品猪一般以90～110千克体重出栏为好。但如果市场对出栏体重的要求变化很大时，就要对不同的出栏体重进行调整，以获取最佳经济效益。如2007年受高致病性蓝耳病的影响，仔猪的成活率较低，商品猪和猪肉出现全国性不足，猪价较高，为了充分发挥生长育肥猪的潜力，提高猪肉产量和养猪效益，有的养殖者将出栏商品猪的体重调至120～130千克，获得了满意效果。

五、生长育肥猪的普通病防治

正规猪场的种猪阶段、仔猪阶段和保育猪阶段，都有严格的防疫免疫程序，按要求注射猪瘟疫苗、口蹄疫疫苗和高致病性蓝耳病疫苗等。到了生长育肥猪阶段，除了特殊情况下，一般不再注射这些疫苗。生长育肥阶段的猪免疫力强、生长速度快，需要注意一些普通病的影响，如寄生虫病、饲料中毒病等，以保障猪群的健康生长。

（一）猪蛔虫病

猪蛔虫寄生于猪的小肠中，是一种大型线虫，发病多为

2～6月龄的猪。发病原因是猪吃了被蛔虫卵污染的饲料和饮水等。

1. *主要症状* 感染蛔虫的病猪逐渐消瘦、贫血、背毛粗乱，有时磨牙，生长发育缓慢，有的变成僵猪。蛔虫多时可扭结成团而阻塞肠道，病猪出现腹痛，甚至可导致肠穿孔。如果蛔虫上行到胆管或胆囊，使胆管阻塞、胆囊肿胀，引起阻塞性黄疸和神经障碍性痉挛。

2. *防治措施* 第一，保持饲料、饮水、用具等卫生，减少蛔虫卵感染。第二，定期驱虫。用兽用精制敌百虫片，每5千克体重1片，研成粉末后混拌于饲料中喂猪；或用驱蛔灵片，每千克体重0.11克，内服，连服2次；也可用伊维菌素，每千克体重0.3毫克，一次性皮下注射，效果较好。

(二) 猪囊虫病

猪囊虫病是由钩绦虫（猪带绦虫）的幼虫——猪囊尾蚴引起的。成虫寄生于人的小肠中；幼虫寄生于猪和人的肌肉组织中，有时也寄生于实质器官和脑中。肉眼所见的幼虫是白色透明的小囊泡，长6～10毫米，宽约5毫米，包埋于肌纤维间，像散在的豆粒和米粒，故常称有囊虫的猪肉为“豆猪肉”或“米心肉”。

1. *主要症状* 猪患囊虫病一般无明显症状。只有特别严重的感染，才可见到症状，多表现为营养不良、生长受阻、贫血和水肿等。如果侵害肺及喉头，则出现呼吸困难，叫声嘶哑和吞咽困难。侵害眼内可使视觉发生障碍，甚至失明。如果囊尾蚴寄生在大脑时，出现癫痫症状，有时产生急性脑炎，还会造成突然死亡。

2. *防治措施* 目前尚无治疗猪囊虫病的有效办法。可试用吡喹酮，按每千克体重75毫克，肌内注射，连用3天。由于人是囊虫病的中间寄主，因此治疗人的绦虫病，对防治猪的囊虫病传播有密切关系。消除传染源的最有效办法是严格管理，防止猪吃人的粪便。

（三）猪疥螨病

猪疥螨病，俗称长“癞”。在饲养管理和卫生条件较差的猪场和猪群中，最易发生疥螨病，尤以冬、春季节发病较多。

1. 主要症状　猪疥螨病通常发生在头部、面部、眼下窝及耳部，其次是背部、躯干两侧及四肢内侧。患部皮肤粗糙，瘙痒，猪经常在猪栏、墙角处摩擦。严重者出现皮肤裂纹、小结节，破溃结痂；影响到猪的食欲和生长发育。

2. 防治措施　第一，保持圈舍的干燥清洁，天气寒冷时应经常更换垫草。对于发病猪应及时隔离治疗。第二，药物治疗。用1%～2%的敌百虫水溶液直接涂抹患部；或用喷雾器喷淋，一般2～3次可获得较好效果；或用废机油、烟草叶梗煮水涂抹患部，每天1次，也能达到较好的效果，但在寒冷季节此法慎用；也可用伊维菌素，按每千克体重0.3毫克，一次性皮下注射，效果最佳。

（四）异食癖

异食癖是由于盐类代谢紊乱，特别是钠盐代谢失调所致。如果饲料中长期缺乏钾、钠、钙和磷等元素，都可引起猪舔食或咀嚼各种异物。

1. 主要症状　病猪喜食各种异物，如小石块、小砖头、煤渣、木屑和土块等；或舔食圈墙、栏杆、地面等。由于缺乏必要的营养素，从而影响猪的食欲和生长速度。

2. 防治措施　改善猪的饲养管理，合理配制饲料，使饲料中含有足量的矿物质微量元素。按饲料总量的0.5%～1%加入食盐，搅拌均匀后喂猪。农户个体饲养的猪，如长期饲养在水泥地上，应适当放出运动，补充青绿饲料；或在圈舍地面上放些新鲜泥土，让猪舔食。

（五）中暑

在炎热的夏季，猪长时间在烈日下照射，或天气闷热、猪舍通风不良，或长途运输、拥挤等都可以发生中暑。

1. 主要症状　猪突然发病，呼吸急促，心跳加快，体温升高到 42℃以上。眼结膜充血，口吐白沫，呕吐不食，站立不稳。一般数小时内死亡。

2. 防治措施　在炎热的夏季，要注意防暑降温，让猪多饮用清凉的水，做好猪舍的遮阳和通风，防止猪长时间接受太阳光直射。如果发现猪中暑，应立即转移到凉爽、通风的地方，并用冷水喷洒头部和剪耳尖、尾尖放血；可以给中暑的猪内服十滴水和清凉饮料；严重缺水时，可用生理盐水灌肠；静脉或腹腔注入葡萄糖生理盐水 200～500 毫升；当中暑的猪过度兴奋不安时，可肌内注射氯丙嗪 2～4 毫升或内服巴比妥 0.1～0.5 克。

（六）猪消化不良

猪消化不良也叫猪滞食。主要是由于猪食欲上升，食量过大，造成猪胃内食物聚积而发病；也有的是由于多吃了易于膨胀和发酵的饲料，例如，大豆、豆饼及霜后的苜蓿等，食后又大量饮水引起发病。此外，饲料突然变换，或喂给不易消化的饲料，也可引起消化不良。

1. 主要症状　病猪一般体温不高，精神不好，不想吃食。有的猪喜欢饮水，有的猪表现为腹胀、腹痛和呕吐，粪便内有未消化的饲料。病猪有时粪便干硬，有时腹泻。

2. 防治措施　加强饲养管理，保证饲料质量，定时、定量饲喂；不突然变换饲料，饲喂易消化的饲料；发现消化不良的猪，可用醋 100 毫升，食盐 25 克，混合后灌服或拌入饲料中饲喂。对于腹泻的猪，可用磺胺胍片 5～10 克内服，每天 2 次。

（七）食盐中毒

使用酱渣、酱油渣和盐腌物的汁等喂猪时，由于含盐量大，使用时又没有适当调配，猪吃后往往会引起中毒。

1. 主要症状　猪食盐中毒后主要表现为极度口渴，流涎，呕吐，便秘或下痢；神经错乱，怕光，呼吸急促，有时转圈，有时发呆，有时低头抵住墙；全身发抖，阵发性痉挛。一般体温正常，但有的猪痉挛后体温上升，行走困难，心脏衰弱，最后四肢麻痹、瘫痪，卧地不起。一般1～6天死亡。

2. 防治措施　在利用含盐量较多的酱渣、酱油渣及其溶液喂猪时应控制喂量，并应与其他饲料混合饲喂，保证足够的饮水。猪食盐中毒后，先用0.5%～1%的单宁酸洗胃，再用0.5%～1%硫酸铜内服催吐；也有的在猪中毒后大量灌服黄泥土水（取地下1米深处的黄泥土，拌水澄清后备用）或大量红糖水。

（八）马铃薯中毒

马铃薯的嫩绿茎、叶和外皮都含有马铃薯毒素，这种毒素叫龙葵苷。在马铃薯的嫩芽中龙葵苷含量最高，可达4.76%。

1. 主要症状　当猪吃了发芽的马铃薯后，一般4～7天出现中毒症状。发病轻者，呈现胃肠炎症状，严重下痢；食欲减退，体温升高，低头站立，无精神，喜卧。严重者，出现神经症状，兴奋不安，狂躁，向前乱撞，兴奋过后精神沉郁，四肢麻痹，走路摇摆，呼吸微弱，大口喘气，死亡率高。

2. 防治措施　①不用已发芽的或腐烂的马铃薯喂猪，如必须用时应切除发芽或腐烂部分，并高温煮熟后饲喂。②发现猪吃马铃薯中毒，立即用0.1%的高锰酸钾或5%双氧水洗胃；也可内服1%硫酸铜液50毫升催吐；还可内服硫酸镁等盐类泻剂，并配合用5%～10%的苏打水灌肠。

（九）有机磷中毒

猪误食了被乐果、敌百虫等杀虫药或磷化锌等灭鼠药污染的饲料、蔬菜、瓜果以及饮水等，均可引起猪有机磷中毒。

1. 主要症状　猪吃了或触及有机磷类药剂1～3小时后就会表现中毒症状，最快的30分钟左右，最长不超过8～10小时。轻度中毒者表现为精神不振，肌肉震颤，不爱吃食，全身无力，站立不稳，眼结膜呈暗赤色，瞳孔缩小；重度中毒者会出现呕吐，吐白沫，精神不安，呼吸困难，呼吸道分泌物增多，全身肌肉抽搐，昏迷，大小便失禁，经1～3天死亡。

2. *防治措施* 第一，加强对有机磷药剂的保管和安全使用，不让猪接触这些药剂。对喷洒过有机磷农药的农作物和蔬菜类青绿饲料7天内不能刈割喂猪。第二，猪中毒时，应立即用硫酸铜1克溶于100毫升水中，服用以催吐，同时用阿托品解毒，每千克体重1毫克剂量，肌肉或皮下注射；中毒后可用1%～2%苏打水或1%食盐水等洗胃，然后投喂盐类泻药。

（十）氢氰酸中毒

主要由于猪大量采食含氰苷的饲料后，在胃内由于酶的水解和盐酸的作用，产生氢氰酸而引起中毒。富含氰苷的植物饲料有高粱、玉米的幼苗和叶子、亚麻叶及其饼和木薯等。

1. *主要症状* 氢氰酸中毒严重时症状很快出现，吃食后突然倒地死亡。轻度中毒的猪一般表现兴奋、流涎，轻度下痢和痉挛。稍严重者张嘴伸颈，强直性痉挛，牙关紧闭，癫痫，呼吸困难，呕吐死亡。

2. *防治措施* 主要防止饲喂过多的富含氰苷的饲料。猪一旦中毒，可用1%～2%的美蓝溶液，按每千克体重1毫升，静脉注射；或先用1%亚硝酸钠，按每千克体重1毫升，加入10%～25%葡萄糖注射液内注射，再用5%～10%硫代硫酸钠溶液，按每千克体重1～2毫升给药。两种药的给药次序不可颠倒。

（十一）亚硝酸盐中毒

亚硝酸盐中毒俗称饱潲症，是农户个体养猪者常见的饲料中毒病。猪常吃的青绿饲料如白菜、萝卜叶、牛皮菜、包心菜等及一些野菜、青草等都含有硝酸盐。当上述饲料用锅未煮熟透或煮时不揭开锅盖、不搅拌，焖煮在锅内时间过长（有些地方是晚上焖煮在锅内，第二天清晨出锅就喂猪），致使饲料中所含的硝酸盐迅速转变为有剧毒的亚硝酸盐，猪吃后就会引起中毒。另外，青绿饲料发霉腐烂也会使硝酸盐转变为亚硝酸盐，猪吃后也会引起中毒。

1. *主要症状* 一般在猪饱食后2小时内发作，最快的发生在吃食后的20～30分钟。中毒猪表现狂躁不安，呕吐流涎，张嘴伸舌，呼吸困难，心跳加快，走路摇摆、乱撞，就地转圈；皮肤先呈灰白色，逐渐变成青紫色；四肢痉挛或全身抽搐，最后窒息死亡。在猪群中，越健康、食欲越好的猪，由于采食量大，中毒也越重，死亡率相对较高。

2. 防治措施　第一，推广饲料生喂和提倡喂新鲜的青绿饲料，防止用堆积发热或霉烂腐败的青绿饲料喂猪。用新鲜、青绿饲料喂猪，既可以保持青绿饲料的营养成分，也可以防止亚硝酸盐中毒。如果一定要用煮熟的青绿饲料喂猪，必须现煮现喂，切不可焖在锅内过夜，更不可盖锅煮。第二，一旦发现亚硝酸盐中毒，立即按每千克体重1毫升静脉注射1%～2%的美蓝溶液，并同时灌服泻药和呕吐药；可静脉注射葡萄糖溶液100～500毫升，并迅速断尾、剪耳放血。

（十二）猪发霉玉米或发霉饲料中毒

玉米等饲料遇潮湿后，容易发霉，产生毒素。霉菌及霉菌毒素被称为饲料中的隐形杀手，可以导致饲料变质，猪吃了发霉饲料会引起中毒，导致猪只免疫机能抑制，生产力下降，繁殖机能障碍，严重者可造成死亡。同时，霉菌毒素还可在畜产品中残留，给人类健康安全带来隐患。

1. 主要症状　猪慢性中毒时，表现为精神不振，走路呈现僵硬步态，没有食欲，头低垂、拱背、腹部蜷缩，体温一般正常。猪急性中毒时，精神委顿，停食，后肢无力，步态蹒跚，眼结膜苍白，体温正常。病程较短，2～3天死亡。

2. 防治措施　预防玉米等饲料发霉，减轻霉菌毒素的负面影响，可采取以下措施：一是严把饲料采购、储存关，防潮、防霉；二是在配制饲料之前，过筛，除去杂质和污染可疑物；三是合理使用脱霉剂，如市场上的百霉清、霉可吸和可立吸等脱霉剂产品，均有较好的脱毒效果，脱霉剂在饲料中的添加量一般为0.05%～0.25%。若发现发霉玉米或发霉饲料中毒，应立即更换饲料，改喂易消化的青绿饲料。对病猪应立即内服盐类泻剂硫酸钠（硫酸镁）50克，并静脉注射40%乌洛托品20毫升。

六、生长育肥猪饲养中常见问题及解决办法

（一）饲料浪费

饲料浪费的问题每年给猪场造成的损失是很大的。100头基础母猪的养猪场每年可浪费饲料20～30吨，约占总用料量的4%～6%。饲料浪费是猪场存在的常见问题，也是重要问题。

解决饲料浪费问题，可从三个方面着手。首先是解决饲槽结构的不合理性。实践证明，具有一定规模、一定密度的规模养猪场饲料浪费的主要原因是饲槽结构不合理，所以作为经营者一定要在食槽上肯投入。自由采食饲喂时，饲槽的槽位应不少于每3头猪一个，分顿饲喂时每头1个。其次是选择较合理的饲喂方法，例如自由采食一般比分顿饲喂浪费要多，干粉料比湿拌料浪费要多，因此，采用自由采食的方式时对饲槽的防饲料浪费性能要求更高。第三是加强管理，任何事情都离不开人员的操作，尤其是分顿饲喂方式人为的因素影响较大，关键是饲喂量的掌握，既不过多也不过少，以使猪群吃到最适宜的量为好。

（二）猪群生长不均匀

如果猪群的生长发育大小不一、体形变化很大，这样的猪群不会有很好的生产水平，同样也不会有好的经济效益。造成这一现象的原因很多，主要有以下几个方面：

1. 购入或转群过来的小猪不整齐　如果是购入的小猪不整齐，大、小差距很大，或者为了便宜购入了有病猪，导致猪群在整个育肥期内的生长不整齐，这个问题只能在购猪时解决。有条件的，应考虑自繁自养。如果是本场转群过来的小猪不整齐，则应调整好均匀度后，再并圈生产。

2. 饲料质量低劣或饲槽槽位不足　现在饲养育肥猪一般应

采取直线育肥方法，而不应采用吊架子、再催肥的方法。因此，必须提供质优、量足的饲料喂给猪群。有些饲养者只贪图饲料价格低，不顾饲料质量；有的总想少喂饲料，以节省饲料。如果出现这样的问题，一定要尽快解决。另外，应注意饲槽长度或槽位是否够，有部分猪只不能采食到足量的饲料，这可以通过观察猪群的采食行为和计算用料量得到证明。

3. 饲养密度过大　密度过大，会造成猪群拥挤，影响猪只躺卧休息和猪群强弱位次的形成，影响猪只的定位排便造成环境污秽，夏季时影响通风散热。所有这些都会长期使猪群处于高度的应激状态，进而影响其生长发育，造成猪只大小、强弱参差不齐，最终影响经济效益。一般舍内饲养，每头猪占床面积不应少于0.9～1.2米^2。圈栏最好为长方形，而不是正方形。

4. 饮水不足或猪群健康状况不良　现在的规模猪场由于普遍采用自动饮水器供水，保证了猪群的饮水卫生。但饮水器有时会出现故障（如被一些杂质堵塞或中间的水管破裂），造成供水量减少或完全无水的现象。如不及时发现，猪只得不到足量的饮水，会对其造成很大影响。所以平时应要求饲养人员注意观察猪群饮水情况，遇到问题及时解决。猪群患某些疾病时，同样会出现生长不匀的现象。

（三）增重速度慢

生长育肥猪的增重速度是猪场生产的重要指标，此指标关系到猪舍、设备、人工和饲料利用率，因而对经济效益影响很大。猪只增重速度慢的主要原因有以下几方面：

1. 品种差异　大白猪、长白猪、杜洛克等外来猪种的增重速度较快，而我国地方猪种增重速度较慢，杂种猪增重速度介于二者之间。我们在选购小猪或选配公、母猪时，一定要注意此问题。如果增重慢是由于猪种所致，应及时调换品种。

2. 苗猪不良　在购入小猪育肥时，这样的问题是常见的。购入的小猪个体大小不齐、带有慢性疾病或某些传染病，导致生长肥育猪的生长发育不良，引起增重速度缓慢。如果是自己繁育的小猪，则主要是仔猪或保育猪阶段由于疾病或饲料等原因导致苗猪不良或生长受阻，引起生长育肥期的增重减慢。这些问题要靠平时的精心饲养和科学管理，以及扎扎实实搞好猪群的自繁、自养和自育，做好每个环节的工作来解决。

3. 环境不良　有的养猪场投资较少，猪舍设备简陋，冬天温度过低，夏季温度过高；有的养猪场管理不善，造成粪污排泄不畅；有的养猪场饲养密度过大，通风换气不畅；这些不良环境使猪群长期处于应激状态中，导致猪群不健康，增重速度减慢。解决办法就是改善条件，如改造圈舍，美化环境，增加升、降温设备，通风设备和粪污清除设备等，为猪群尽可能创造好的生活环境。

4. 饲料或饮水不合理　饲料营养不良是导致猪群增重速度慢的主要原因之一。猪场应定期或不定期地对猪群生长性能和饲料质量进行检测，判断猪的性能和饲料质量如何。发现问题时，应及时采取措施。如果是购入的全价料，应立即更换；如果是自配饲料，应该详细检查饲料配方、各种原料质量（包括购入的预混料）、饲料加工及贮存过程，发现问题及时解决。

如果发现猪只总在饮水器处饮水，或采食量明显下降，又没有发现其他问题时，则可能是饮水不足。饮水不足可能是因供水管道水压不足，或者饮水器堵塞造成的。如果采用水槽喂水，则每天的供水量不应少于供料量的 4 倍。每次供水时，应清理上次剩水，以保证饮水清洁卫生。

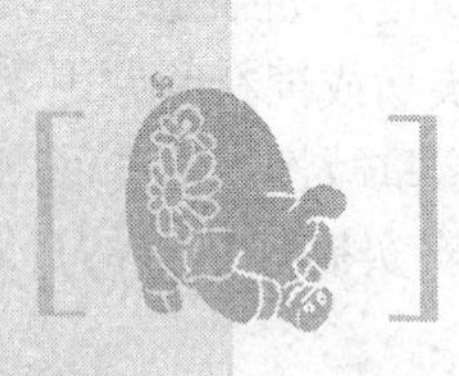

第七章　猪群的季节性饲养管理

我国北方地区每年6～8月为高温季节，11月到第二年3月为寒冷季节；南方地区每年的夏季为高温季节。其余时间为养猪温度适宜季节。

不管是在北方地区，还是在南方地区，湿热、寒冷都影响着种猪、仔猪及生长育肥猪的生产性能。因此，猪场的生产管理要根据不同季节的特点，对猪群进行有针对性的科学饲养，这样才能取得理想的饲养效果和经济效益。

一、春季饲养管理注意事项

春季，天气逐渐变暖，温度上升，养猪生产将进入比较适宜的阶段。由于温度的回升，各种病菌也将会大量繁殖。同时，经历了冬季，猪的体质下降，抗病能力减弱。因此，在春季养猪过程中，应有针对性地改善环境，加强免疫，平衡营养，避免发生疫病，造成经济损失。另外，春季是一年之首，应规划好年度生产和销售计划。

（一）春节前、后的管理工作

春节前后，职工忙于休假，猪场内人手紧张，生产与管理粗放，而这个时候，又是重要疫病的多发期。如果管理不当，猪场将造成极大的经济损失。所以，春节前后猪场应做好以下工作：

1. 有计划地安排场内工作　春节前，应储备好饲料、兽药和相关物品。饲养员可以轮换休假，保证猪场内各项工作的顺利开展。场长及技术人员要深入猪舍，发现问题及时解决。

2. *严格执行消毒、防疫程序* 按免疫程序注射各种疫苗，加强圈舍的卫生、消毒，圈内应勤换垫料，圈舍周围常用草木灰水、石灰水或火碱水等消毒。

3. *增加饲料营养，提高猪的抗病力* 要保证猪的健康，"养重于防"。应加强猪各阶段的饲养水平，提高其对疾病的抵抗力，减少疾病发生。饲料要多样化，多喂一些胡萝卜和白萝卜等青绿、多汁饲料。或者在饲料中添加微生态制剂（如乳酸菌制剂）、植物提取物（如黄芩多糖）或中草药添加剂，可以改善猪的胃肠道功能，增强免疫能力，既能防病又能促生长。

4. *注意天气变化* 春节期间，天气变化多。一旦降温，应及时采取取暖保温措施。特别是哺乳仔猪和保育猪，昼夜温差大，容易受凉，导致腹泻、死亡。

（二）加强消毒防疫，平衡饲料营养

春季病菌活跃，容易发生疫病。常见的疾病有腹泻、霉形体肺炎、流感、仔猪水肿病、伪狂犬、猪瘟和口蹄疫等，要注意做好传染性疾病的预防工作。各猪场应根据自己猪群的健康状况，结合当地疫病的流行规律，制定出适合本猪场实际的免疫程序。然后按照免疫程序，按时、保质地做好免疫注射工作。

保持好猪舍的环境卫生，定期对猪舍进行彻底消毒。除带猪消毒外，还应定期用20%～30%的石灰乳或2%～3%的火碱溶液对圈舍地面、墙壁及周边环境等进行洗刷或喷洒；定期用3%～5%的来苏儿消毒液浸泡生产用具，然后用清水冲洗干净、备用。

在严格消毒、免疫的同时，还要保证猪群日粮的营养均衡。注意不使用发霉、变质的饲料。特别是玉米在配合饲料中比例大，对饲料质量影响也大。由于水分含量高，杂质含量高，发霉、变质等造成玉米的营养成分差异大。所以，对杂质含量高的玉米要过筛、去杂；对有个别发霉的玉米，要添加霉菌毒素吸附剂，严重发霉变质的玉米要避免使用；对高水分玉米要调节配方比例，保证饲料的营养含量。有条件的应喂些青绿多汁饲料，以改善口感，刺激猪的食欲，增加采食量，增强体质，提高抗病力。

（三）改善环境，加强猪群管理

春季天气虽然逐渐变暖，但气温变化大，还要注意猪舍的保温，尤其是产房和保育猪舍。因为小猪的体温调节功能还不成熟，缺乏获得性免疫力，抗寒、抗病能力差。因此，在气温变化大的春季，要特别注意猪舍的温暖、干燥和通风。白天阳光好时，可打开门窗通风换气；夜晚天冷，要注意关好门窗，以防猪舍温度过低。

另外，春季是配种的好时机，配种受胎率比较高。因此，应抓好种公猪和空怀母猪的配种工作，有针对性地加强营养，增加运动，尤其是户外运动。让配种公、母猪多接触，多运动，多见阳光。对哺乳母猪、仔猪和保育猪，也应特殊照顾。做好哺乳母猪的饲养和管理工作；使仔猪顺利度过新生关、补料关和断奶关；护理好保育猪，避免其出现断奶综合征。

（四）精心规划，科学管理

一年之计在于春。一年之首，应该做好全年的生产计划。主要包括种猪的更新、圈舍改造或扩建、饲料和兽药等物品的品种和需要量、员工技术培训、产品销售策略、猪群饲养与管理的改进和完善等，精心规划，科学管理，将措施落到实处，猪场会得到稳步发展。

二、夏季饲养管理注意事项

夏季天气炎热，雨水多，空气湿度大，给猪场生产带来不少问题，如猪群产生热应激、采食量下降、增重减慢、繁殖障碍等。因此，猪场在夏季应重点做好防暑、降温工作。

（一）猪群的适宜温度

猪的最适温度随体重和年龄的增加而下降。初生仔猪的适宜温度为35℃，哺乳仔猪为28～32℃，保育猪为20～25℃，生长育肥猪为15～23℃，妊娠母猪的适宜温度为15～20℃，哺乳母猪为18～22℃，种公猪为15～20℃。当环境温度高于32℃时，猪群会出现热应激。

（二）猪群的热应激表现

1. *公猪的热应激表现* 公猪性欲减退，精液品质下降，出现少精、死精增多甚至无精等病症。一般认为30℃以上时，公猪睾丸的生精机能就产生障碍；相对湿度85%时，遭受高温的公猪精液品质会降低，导致随后4～6周时间内的繁殖力下降。

2. *母猪和哺乳仔猪的热应激表现* 在高温下，母猪发情推迟或表现不规律，返情率增加；排卵数降低，流产、死胎数增加，产仔数下降。特别是对妊娠早期（30天以内）及妊娠后期（100天以后）的母猪影响最大。有试验证明，母猪受精率在20℃时为85%～90%；在33℃下曝晒72小时后，仅为50%～60%。在32℃左右的温度下饲养的母猪，配种25天后的胚胎数比15.5℃下的妊娠母猪少3个。哺乳母猪子宫炎—乳房炎—泌乳综合征的发病率增加，并因采食量下降，泌乳量下降，猪体失重增加。

哺乳仔猪由于受母猪影响，发育不良、死亡率升高；断奶体重减轻。

3. *保育猪的热应激表现* 采食量下降，生长迟缓；疾病发生率上升，死亡率上升。

4. *生长育肥猪的热应激表现* 生长育肥猪饲料利用率降低，采食量减少，饮水增加，日增重下降，严重时出现负增长。当环境温度比最适温度高5～10℃时，猪的采食量会降低6%～21%，日增重比正常降低20%，严重影响生产性能。

（三）高温季节猪场的特点

1. 猪群发病率升高　随着环境温度的上升，猪舍的温、湿度升高，细菌、病毒滋生快，中暑、猪应激综合征、便秘、黄白痢、弓形虫病、附红细胞体病、衣原体病和链球菌病等发病率升高。

2. 饲料霉菌毒素中毒发生率上升　湿热天气，饲料更容易发霉变质，猪霉菌毒素中毒现象增加。

3. 蚊、蝇滋生，传染病发生率升高　蚊子、苍蝇等大量滋生，不仅干扰猪只的休息，还传播疾病，以昆虫为传播媒介的传染病发病率升高。

（四）防暑降温的措施

1. 加强猪场场区环境建设

（1）猪场应建在开阔地带，猪舍朝向应兼顾通风和采光，最好呈阶梯式排列；前后间距在 8 米以上，左右间距应大于 5 米；宜选用有窗式或敞开式猪舍，有利于通风降温。

（2）绿化环境，改善场区小气候。在场区空闲地种植花、草和树木，来降低地面温度，减轻热辐射。

2. 加强猪舍内降温设施及设备的完善　根据不同猪只的饲养要求，在猪舍内配备风机、大功率电扇、滴水和喷水设施、建造水池和水帘或安装中央空调等降温系统。并经常检查和维护，保证实际的降温效果。

3. 加强饲养管理，改变饲喂方式　高温季节加强饲养管理、改变饲喂方式，不仅可提高猪只的采食量，减轻应激反应，还可以保证生产的顺利进行。具体做法：

（1）适当降低猪群饲养密度，扩大猪只占圈面积，改善猪舍空气质量。特别是群养的妊娠母猪，如果密度过大，会因炎热烦躁打架，引起流产，一般 4～5 头一圈比较适宜；育肥猪占圈面积要达到 1～1.2 米^2/头，一般每圈 8～10 头为宜。

（2）公猪配种和采精、妊娠母猪临产上床的时间宜在早、晚凉爽时进行，尽量避开高温时段。

（3）调整母猪产仔时间，尽量缩短产程。母猪分娩时间长，胎儿停留在产道时间就长，会造成胎儿窒息死亡。因此，可在预产期前2天的清晨注射氯前列烯醇0.2毫克/头，24～28小时后分娩，产下3～5头后，再注射缩宫素3～5毫升。这样既可诱导母猪在清晨分娩，又可缩短产程，减少死胎。

（4）保持哺乳母猪和仔猪圈舍干燥，在降温的同时要注意仔猪的保温，减少冷风袭击。

（5）猪只饲喂、称重、转圈、清扫、消毒和疫苗注射等日常工作宜在早、晚进行。

（6）采用潮拌料或稀料的饲喂方法，可提高猪只的采食量。但要饲喂适度，并及时检查饲槽剩余饲料的情况，防止其酸败变质；同时，加喂青绿饲料，对各个阶段的猪只都大有好处。

（7）调整饲喂时间，增加饲喂次数。饲喂时间宜在清晨和傍晚凉爽时进行，夜晚加喂夜饲，也是提高猪只采食量的好办法。特别是哺乳母猪由每天的3次应增加到4次，宜在3：00～8：00和16：00～21：00饲喂，效果最佳。

（8）保证充足清凉饮水。高温季节，清凉的饮水对猪群是至关重要的。要随时注意猪只的饮水情况，并及时检查供水系统。如发现堵塞、泄漏等问题，及时维修，保证供水充足。饮水器要有足够的压力，流量要稳定。同时，在饮水中适量添加人工盐、小苏打或电解多维等，可调节猪只体内的电解质平衡，减少热应激发生。

4. 调整饲粮营养水平，提高猪只采食量

（1）增加哺乳母猪营养摄入量。高温环境下，哺乳母猪采食量下降，饲料的营养浓度如不做调整，母猪由于泌乳体重损失过大，不仅影响哺乳仔猪的生长，还影响其再次发情配种。所以，应根据哺乳母猪的采食量，适当调高饲料的营养水平。主要是提高能量和优质蛋白饲料的比例，增加维生素和微量元素的添加量。如添加 2%～5%脂肪、2%～4%优质鱼粉及 0.1%的合成赖氨酸等。并且尽可能地提高采食量，母猪产前 4 周的日采食量应达到 2.5～3.2 千克，旺乳期达到 6 千克以上最佳。

（2）对待配母猪实行优饲。对于断奶母猪或配种前 2 周的后备母猪，应以哺乳料短期优饲，以促进发情排卵，日喂量应保证在 2.2～2.5 千克以上。

（3）减少妊娠母猪饲料中粗饲料比例。在高温环境下，猪的消化能力降低，应适当减少妊娠母猪饲料中粗饲料的比例。因为粗饲料营养浓度低，难消化。如麦麸、苜蓿粉和草粉等。

（4）应用专门公猪料。种公猪应饲喂专门配制的公猪料，并且增加优质动物蛋白饲料（如鱼粉）和维生素的添加量（维生素 E），或者每头公猪每天增喂 2 枚鸡蛋，以满足配种需要的营养。

（5）哺乳仔猪除采食母乳外，还要饲喂优质的教槽料。喂料采取少喂勤添，并及时清理食槽，防止仔猪采食发霉饲料。

（6）提高保育猪、生长育肥猪的采食量。选用优质新鲜、适口性好的原料，避免使用陈粮、发霉和杂质多的原料；添加甜味剂、香味剂等诱食剂，以提高保育猪、生长育肥猪的采食量，使其保持较高的生长速度。

（五）常用的降温方法

防暑降温的方法很多，通常使用的有通风、用水降温、安装遮阳网和空调等。

（1）通风降温。就是打开猪舍所有门窗和通风孔，采用电扇、风机等设备加强舍内空气流动，降低舍内湿度，带走热量。

（2）用水降温。简单实用，主要是人工洒水、喷雾和冲淋、滴水、水浴和水帘等方式。

人工洒水是指把水撒在地面上，水分蒸发，带走热量，达到降温的目的，可根据实际情况，确定洒水次数，这种方式适用于所有猪舍。

喷雾和冲淋降温就是用喷雾器或喷淋器向猪舍或猪体喷水，

适用于妊娠母猪舍、生长育肥猪舍和公猪舍，每间隔40分钟左右喷雾1次，每次5分钟，淋浴时不能用冷水突然喷淋猪头部，配完种1小时内的公猪禁止冲淋。

滴水降温适用于限位栏及哺乳栏中的母猪，多采用颈部滴水，每间隔1小时滴1次（滴水量为1.9～3.8升/小时），能够自动控制最好。试验表明，滴水降温不仅对哺乳母猪起到良好的降温作用，还能对仔猪保持干燥，而且母猪采食量显著提高。

水浴降温就是在运动场的阴凉处建水池，让公猪和断奶母猪自由洗浴。

水帘降温就是猪舍墙壁安装水帘，用风扇对水帘吹风，水蒸发带走热量后，吹入的空气温度低于舍温，达到降低舍温的目的。一般可降低舍温5～8℃。

值得注意的是，用水降温时必须和通风结合起来，才能有效地蒸发水分，带走热量，达到降温的目的。反之，会造成猪舍高温、高湿，不仅达不到满意的降温效果，还会加剧猪只的热应激反应。

(3) 遮阳网降温就是在猪舍屋顶及太阳直射处安装防晒网或者种植遮阳植物（如爬山虎、葡萄等），以避免阳光直射。

(4) 空调降温就是安装畜、禽舍专用空调。这种降温方式设备投入较大、能耗也高，比较适用于种猪场和采用人工授精猪场的公猪舍。

总之，在实际生产中，降温方式不是单一的。猪场可根据具体情况，结合各种降温方法，建立自己的降温系统，达到理想的降温效果。

(六) 高温阶段猪群的管理要点

1. 保持猪舍的清洁，定期消毒　高温多湿季节是细菌生长与繁殖十分活跃的时期。应定期对猪舍内、外环境，包括栏舍、场地、用具、器械、排水道、空气以及母猪体表等进行消毒，还应特别注意一些卫生死角，如装猪台、污水沟、粪沟、粪堆、储水池、食槽等场所的消毒。

2. 保证饲料新鲜，防止饲料发霉　高温、高湿容易引起饲料发霉，因此要经常检查饲料的质量，保证饲料新鲜；及时清理料槽，禁止饲喂发霉饲料。

3. 防止中暑　气温太高，猪群容易出现中暑现象。所以饲养员要经常检查猪群，当发现中暑征兆时，应立即采取措施。用冷水将猪全身（除头外）淋透；或者灌肠；并打开风扇，以降低猪的体温。当发现猪狂躁不安时，应注射氯丙嗪5～10毫升。

在饲料中添加清热解暑的中草药或抗热应激类添加剂，是防止中暑的一项有效措施。开胃健脾、清热消暑功能的中草药有大黄粉、大青叶、板蓝根、山楂、苍术、陈皮、槟榔、黄芩、大曲等，制成粉末，和饲料混合均匀即可，添加量为0.8%～1%；适当提高维生素的用量特别是维生素C和维生素E，当温度超过32℃时，每千克饲粮添加维生素C400毫克和维生素E200国际单位，能很好缓解热应激；另外，添加有机铬，能有效提高猪的抗热应激能力。市场上销售的品种有吡啶羧酸铬和烟酸铬，添加微量，注意混匀。

饲料中添加小苏打也是一种常用的方法。主要作用是缓解呼吸性酸中毒，提高抗热能力。猪群不同添加量有别，一般育肥猪为0.3%；妊娠母猪和空怀母猪为0.4%～0.6%；哺乳母猪和公猪为0.6%～0.8%。注意小苏打不能与维生素C同时添加。

4. 防病保健工作

（1）加强免疫工作。严格按照免疫程序注射各种疫苗，并做好记录，确保免疫到位。

（2）做好猪群保健工作。针对高温季节的多发病，如母猪子宫炎-乳房炎-泌乳综合征、仔猪黄白痢、球虫病、弓形虫病、附红细胞体病、衣原体病等特点，在饲料中适量添加抗生素、益生菌制剂和植物提取物等，如支原净、金霉素、乳酸菌制剂和黄芪提取物等，可降低疾病的发生率。

(3) 防止便秘。在炎热的环境里，猪易发生便秘，尤其是妊娠后期母猪和哺乳母猪。可在饲粮中添加0.1%的硫酸镁或0.3%大黄粉，也可补充适量青饲料。

(4) 防止母猪产后感染。做好分娩舍的环境卫生和消毒工作。母猪须经刷洗和消毒后，才可转入分娩舍；在母猪产前产后，用0.1%高锰酸钾水溶液擦洗阴户及乳房；母猪分娩前3天，应逐渐减料；产仔当天只喂适量的麸皮、盐水，以后逐渐增加喂料量，以免引起消化不良；对分娩母猪进行静脉注射，从产出第2头仔猪后，开始对母猪进行静脉滴注输液，使用5%葡萄糖生理盐水500～1 000毫升，鱼腥草20毫升，维生素C20毫升，复合维生素B20毫升，先锋霉素（Ⅵ）4克，在最后100毫升时，可加入缩宫素3毫升。这对预防母猪子宫内膜炎和提高泌乳量有明显效果。

5. 做好驱虫和防蚊蝇工作　夏季，猪的体内外寄生虫，以及蚊子、苍蝇、蜘蛛等昆虫都容易大量繁殖。因此要保持环境卫生，勤清扫、冲洗，清理积水，处理好猪粪。要对猪群定期驱虫。

(1) 在母猪分娩前2周及仔猪断奶后2周，使用伊维菌素预混剂，按每千克饲粮添加2毫克（按有效成分计）混饲，连用1周，以驱除体内外寄生虫。

(2) 夏季高温多湿季节，易发仔猪球虫病。因此哺乳仔猪应考虑用抗球虫药，如百球清、三字球虫粉等。

(3) 每2周用敌百虫喷洒猪舍墙壁、屋顶天花板、沟渠、粪堆等寄生虫滋生地。

(4) 防蚊蝇。防蚊蝇的方法较多，主要有安装纱网门窗；舍内悬挂防蚊灯；及时清理料槽剩料；粪便发酵腐熟和种植驱蚊花草等。

三、秋季饲养管理注意事项

秋季，天高气爽，温度适宜，是养猪生产的适宜阶段。应重点抓好配种、秋季防疫和肥猪增重等工作。

1. 认真抓好配种工作　秋天，气候宜人，光照充足。公、母猪的精力更加充沛，更易发情；母猪配种后，受胎率较高；妊娠后产仔数较多。因此，养猪生产中，一定要抓住这个有利时机，狠抓公、母猪的配种工作。

夏季不发情的母猪，可能到秋季会出现大批发情的现象。如果不节制地配种，会在春节期间出现产仔高峰。春节期间人员频繁流动，人心不稳，再加上产仔高峰的大工作量，就容易出现疾病的流行，给猪场带来损失。多配的猪，并没有带来多出栏的结果。所以，秋季配种也不能过多，应按计划开展配种工作。没有计划的猪场，应尽快制定出配种、产仔计划，并认真执行。

2. 狠抓秋季防疫工作　为了防控好猪瘟、口蹄疫等重点传染病，保证猪群平安度过寒冷的冬季，有经验的猪场一般会在冬季来临之前，对种猪群进行 1 次加强免疫，这就是人们常说的“秋防”。猪瘟、口蹄疫、呼吸道病、传染性胃肠炎和流行性腹泻等疾病，都曾给许多猪场带来重大损失。

应保证猪体内有足够的抗体水平，以能抵抗一些重大传染病的侵害。所以入秋以后，应加大猪瘟、口蹄疫等重要疫病的疫苗注射剂量，增加注射次数，或使用高效疫苗等，以提高猪群的免疫效果。

呼吸道病的预防，主要是考虑改善环境和必要的药物预防。职工应时刻注意天气变化，注意窗户适时开关，合理调整通风量的大小。

另外，在天气变冷之前，应该准备好加温设施，搞好锅炉维修，准备好煤炭，准备好封堵窗户的物品。

3. 抓好生长育肥猪增重工作　秋季气温适宜，为肉猪生长提供了良好的生活环境。此时饲料资源充足，猪苗源充足，经过快速育肥，肉猪正好赶上元旦、春节上市，可望取得较好的经济效益。

猪场生产管理者应抓住这个有利时机，采取有力措施，提高生长育肥猪的增重速度。

如果要到集市或猪场选购仔猪，要了解所购仔猪的健康和疫苗注射情况。还应了解清楚是什么品种，育肥猪最好是杂交后代，这样的猪生长快，饲料利用率高，经济效益大。千万不能从疫区购买猪。

购买的仔猪最好能满足以下条件：皮毛光亮、红润；眼睛有神、无眼屎；鼻镜湿润、嘴短扁；背腰长、胸宽深；四蹄健康、整齐；尾巴活动自如；肛门干净，无稀粪；行动自如，食欲强。为了加快育肥速度，新购回的仔猪应隔离观察 1 个月以上，做好免疫、驱虫工作。

配制优质饲料，使之营养全面、适口性好；新玉米上市后，应注意新、旧玉米营养成分的差异。及时调整饲料配方，以免由于饲料成分有变化，导致猪群生产的不稳定。

饲养密度不宜过大，每头占地面积 0.8～1.2 米^2 为宜，每圈饲养 10 头左右。进圈后 1～3 天，要调教猪群定点排粪、定点采食和定点睡觉，使之养成好的生活习惯。圈舍每天都要清扫，保持卫生；带猪消毒每周 1～2 次。

总之，健康、长得快，是生长育肥猪秋季管理的重点工作目标。

4. 注意中秋节前后的饲养管理　中秋节是传统节日，也是北方农民秋收的时间。许多自家有地的职工会请假回家，这是人之常情，但对猪场却带来了难题。气候多变、人员缺乏，猪场任务又多，如果处理不好，秋冬季的病根会在这个时期留下。因此，应教育职工，避免不必要的请假，保证猪场的正常生产。

四、冬季饲养管理注意事项

冬季来临，外界气候发生了巨大变化，寒冷的天气给猪群带来严重的冷应激。如果工作有漏洞，或者不到位，会使猪群生长速度减慢，抵抗力降低，甚至患病，对养猪生产影响很大。

在冬季，防寒、保温是应重点抓好的工作。与此同时，还应保持猪舍内的通风换气，保持空气新鲜和环境卫生。饲养员在打扫猪圈和添加饲料时，动作应轻，以减少舍内的粉尘，保证空气质量。

冬季，还应提高饲料营养水平，做好各种防疫工作。尽量不要从外地购买猪种，以免诱发传染病。

下面就介绍一下冬季养猪生产中应该注意的一些问题。

（一）冬季低温对猪群的影响

冬季猪场常见的问题有：哺乳仔猪和保育猪的成活率低；育肥猪生长速度缓慢，饲料转化率低；呼吸系统、消化系统疾病困扰；繁殖母猪膘情差，体况下降，常处在“亚健康”状况。

仔猪在冷应激状态下，血管收缩、猪毛竖立肌肉颤抖，较少吮乳或不吃乳，影响成活率。仔猪如果初乳摄入量低，得不到足够的母源抗体保护，其自身又缺乏抗原，就容易得病，特别易发生腹泻等消化道疾病。另外，体温降低，仔猪会变得迟钝，活动力差，易被母猪压死。

保育猪对环境温度也很敏感。温度低时，猪群易扎堆，不爱活动，体质变弱，抵抗力下降，死亡率升高。

生长育肥猪受到冷应激后，被毛竖立，相互拥挤而卧，活动减少。低温时，猪的采食量增加，而日增重降低。见表7-1。

表 7-1　低温与猪的采食量

体重阶段（千克）	每低于舒适温度 1℃需要增加的采食量（克/天）
5～7	25
8～15	35
16～30	65
31～60	100
60～110	160

妊娠母猪在受到严重冷应激后，母猪全身血管收缩，血液循环速度降低，胃肠蠕动缓慢，功能紊乱，导致不同程度的“便秘”出现。妊娠母猪在长时间冷应激下，可能会引起自发性流产；膘情过瘦，体况会下降，抗病能力降低，诱发疾病发生。

种公猪在轻微的冷应激环境下，繁殖性能一般不会降低。但在恶劣的饲养条件下，如露天圈舍饲养，会使公猪体况下降，睾丸冻伤，精子和精液数量减少，质量下降，导致母猪的配种率降低，产仔数下降。

（二）冬季猪群的饲养管理

1. 整修猪舍　在寒冷的冬季到来之前，应该对猪舍进行全面的检修和维护，对有损坏的圈舍、墙壁、顶棚进行修理。在北方地区，为了增加保温效果，开放式猪舍应该搭建塑料保温棚，封堵窗子及多余的通风口；在门口挂上棉帘或草帘，防止冷风进入，以利保温。

2. 加强舍内环境的控制　冬季，室外严寒，舍内温度也随之降低。而过低的舍温，会给猪群带来很大的寒冷应激，使猪群的健康水平下降，并诱发一些疾病。寒冷的环境会使仔猪腹泻病情加剧，导致仔猪死亡率升高。

在冬季来临之前，就应该做好预防工作，如修理门窗，堵塞墙壁漏洞，检查保温设备等，产房和保育猪舍的防寒、保温尤为重要。猪舍内的适宜温度为：1～7 日龄仔猪为 35～28℃；8～30 日龄为 28～25℃；保育猪舍 25～22℃；生长育肥猪为 20～

15℃。相对湿度控制在60%～75%为宜。

提高圈舍温度的方式多种多样，热风炉、煤炉、暖气、空调等设备可提高舍内温度。仔猪保温箱内，可用红外线灯、电热保温板等加热。产房夜间应安排好值班人员，负责接产和仔猪护理工作，可实行联产计酬或增加夜班的补助费，来提高饲养员的责任心，以提高仔猪的成活率。

另外，加大饲养密度可提高猪舍温度，但应注意通风换气。否则，会导致舍内湿度过高，有害气体滞留，诱发猪呼吸道疾病。所以，在冬季，应该勤打扫猪舍，及时清扫粪便，保持环境卫生和空气质量。以煤炭为燃料供暖时，煤炭应燃烧充分，烟道应通畅，否则，一氧化碳过多滞留于舍内，会导致猪群中毒。

3. 饲喂营养全面的日粮　在寒冷季节，要提高日粮的能量水平，如对小猪料及哺乳母猪料添加脂肪；加大多种维生素的添加量；添加预防性药物，防止仔猪下痢，提高仔猪的增重效果。

尽量饲喂干粉料，或采用温热水拌料饲喂。有条件的，提供清洁的温水，供猪饮用。

冬季，昼短夜长。猪群应加喂1顿夜食；或者夜间开灯1～2小时，为猪自由采食提供方便。这样可以帮助哺乳母猪多产奶，仔猪、保育猪和生长育肥猪长得快，饲养期短，经济效益高。

冬季饲料配方，应适当调高营养水平，见表7-2。

表7-2　冬季猪群的营养表

日粮	哺乳仔猪	保育猪	生长猪	育肥猪	妊娠母猪	哺乳母猪
消化能（兆焦/千克）	13.63	13.17	13.17	12.95	12.75	13.58
粗蛋白质（%）	20	18	17	16	14	18
赖氨酸（%）	1.4	1.1	0.9	0.85	0.7	1.0

另外，冬季饲料中适当使用小肽含量较多的原料，因为小肽具有抗应激、增强猪的免疫应答能力。饲料中适当添加微生态制剂、酶制剂和植物提取物等，可以减少粪便中的臭味，改善猪舍

空气质量，降低冬季呼吸系统疾病发生。仔猪、哺乳母猪和育肥猪后期日粮中添加2%～3%的大豆油，可改善饲料适口性，提高猪采食量，满足猪体对高能量的需求，增加御寒能力。

4. 冬季疾病的防控　猪瘟、口蹄疫、蓝耳病、猪传染性胸膜肺炎、支原体肺炎、猪流行性感冒、流行性腹泻等，是冬季常见病。在冬季气候骤变时，猪舍内若没有做好保温防寒工作，或者空气质量较差时，会造成猪群抗病力下降，引发这些病的发生。因此，在寒冬季节，既要做好保温防寒工作，还要兼顾通风换气。做好猪群的饲养管理、消毒和疫苗免疫、抗体监测等基础工作，以确保免疫合格率。

第八章　规模猪场的建设与管理

一、规模猪场的类型、规模和特点

(一) 规模猪场的类型

在养猪实践中，由于受投入资金、占地面积和技术水平等因素的制约，形成了不同类型的养猪场。根据养猪过程中生产工艺的差异，我们将其分为三种类型，即自繁自养型、繁育仔猪型、生长育肥型。

1. 自繁自养型　自养种猪、自繁仔猪、自育商品猪的养猪场被称之为自繁自养型猪场。其优点是利于疾病防控，可以较好地掌握猪群的健康、品种组成和整齐度；其缺点是猪场建设投入较高，工艺较复杂，管理难度较大。

2. 繁育仔猪型　为了减少投入，缩短生产周期，发挥技术优势，养猪场采用饲养种猪、繁育仔猪、出售猪苗的生产工艺，我们称之为繁育仔猪型猪场。其优点是资金占用少、周转快，经营较灵活；缺点是技术要求较高，每头仔猪的利润较低。

3. 生长育肥型　为了减少投入、简化工艺、缩短生产周期、降低风险，猪场购入仔猪（猪苗），只饲养生长育肥猪，出栏商品猪，我们称之为生长育肥型猪场。其优点是投入少、周转快、猪舍简单，技术要求较低，养猪风险低；其缺点是购入的猪苗成本较高，每头商品猪的利润较低，且猪苗的质量不易控制，易引入疾病，增加了疾病防疫的难度。

（二）养猪场的适度规模

衡量猪场规模的指标主要有两个，即基础母猪存栏量和年产商品猪头数。我们将基础母猪存栏量达到100头（或年出栏商品猪1 500头以上）以上的猪场称之为规模猪场；而将小于该数值的猪场称为小型养猪场或养猪户。在我国，猪场的适度规模一般认为是：饲养基础母猪300～600头，或年出栏商品猪5 000～10 000头，这种规模猪场的综合效益较高。

（三）规模猪场的特点

规模猪场可以发挥生产经营与新技术应用上的规模优势，提高生产效率和效益。可以更多地利用现代养猪技术，实现更专业的分工管理、环境控制和流水线作业。如全年均衡生产，母猪同期发情、配种与分娩，有节律地组织生产过程，全进全出的生产工艺，利用三品种杂交优势等；同时还具有市场销售的优势，大批量、快速地生产猪肉，可产生良好的经济与社会效益。规模化养猪代表了我国养猪生产方式的发展方向。

规模猪场由于其规模大，所以投入资金量较大、对技术与管理水平要求高，同时增加了疾病防控的难度和风险。另外，产生的大量粪便污水，容易对环境造成污染，粪污无害化处理成为发展规模猪场的瓶颈因素之一。

二、规模猪场建设规划的程序与原则

规模猪场建设事项繁多，涉及许多技术参数和建设规划的逻辑关系，应遵循一定的程序和原则进行。

（一）确定猪场建设的性质和规模

首先应根据建设目的和市场需求确定猪场建设的性质和目的，如建设一个种猪场（原种猪场或祖代猪场）还是商品猪场，因为不同性质的猪场其建设要求是不同的，甚至差别很大。其次应根据投资能力、管理能力、技术水平，以及区域市场容量等因素确定猪场建设的规模。对于自繁自养的规模猪场，代表其规模的指标一般是饲养基础母猪的存栏头数，确定了基础母猪存栏头数后，就可以确定年出栏种猪或生猪的头数规模，也为进一步确定其他各类参数，如占用土地面积、饲料消耗量、供水总量、排污总量等提供了计算依据。假设要建设一个300头基础母猪存栏量、生产商品生猪的规模猪场，我们可以在附录1《规模猪场建设》（GB/T 17824.1—2008）中查阅到相应的技术参数作为参考，再结合实际情况应用到实际规划设计中。

（二）规划设置不同功能区

规模猪场应考虑如下功能区设置：

1. 生产区　是猪场的主体区域，主要包括各阶段猪舍、猪病防疫室、工作人员饮水间和厕所等。如果条件具备，可采用分点式布局，即将种猪饲养繁育、保育猪饲养和生长育肥猪饲养区，分别设置为母猪区、保育猪区和生长育肥猪区，分布在3个不同平面区域，这3个分区之间的距离可在200～1000米，根据具体情况做出选择，这种布局更有利于疾病控制和猪群健康生长。

20世纪90年代初，美国开始实施了“两点或三点式”隔离养猪模式，即把配种妊娠、分娩、保育、生长育肥各饲养阶段的猪群各自集中，分别饲养在不同的平面区域。两点式布局中，配种妊娠猪舍、分娩猪舍为同一区域，保育猪舍和生长育肥猪舍为同一区域。三点式布局则是再将保育猪饲养区域独立出来，由两点变为三点，并用水渠、绿化带或围墙隔离开来。各区之间的道路，只有在猪只转群时启用，平时严禁通行，确保各区的生物安全。

1997年PIC公司在我国张家港建设的原种猪场，是我国首次采用三点式布局建设的猪场，随后在辽宁、陕西、四川、江西等地新建的一些大型种猪场也采用了两点或三点式的隔离布局模式。广西农垦系统对下属的20多个老猪场按两点或三点式隔离饲养模式进行了改造，并取得了良好的饲养效果。由表 8-1 可见，两点式和三点式猪场设计布局要比一点式好，三点式最好，每头母猪年提供商品猪数增加了，达 100 千克日龄、生长育肥期料肉比、死亡率、每头猪的药费等指标均优于一点式。宁河种猪场也采用三点式工艺新建了种猪场。三点之间相互距离大于 500 米，与老场间距离大于1 000米，各点之间种植了隔离林带，建立防疫围墙，执行了严格的消毒制度。从生产实际效果看，每头母猪年出栏猪数增加了 0.5 头，出栏日龄提前了 3 天。表 8-2 为其部分统计数据。

表 8-1　广西农垦系统 2004 年多点隔离饲养工艺生产结果对比

饲养工艺	猪场数（个）	每母猪年出栏猪数（头）	育肥猪料肉比	达 100 千克日龄（天）	哺乳仔猪死亡率（%）	保育猪死亡率（%）	全群死亡率（%）	商品猪药费（元/头）
三点式	2	19.58	2.59	153	1.87	1.57	3.05	13.98
两点式	8	18.76	2.69	160	3.02	2.79	5.45	20.79
一点式	15	17.5	2.78	168	5.50	4.31	8.48	26.71
三与一相差		2.08	−0.19	−15	−3.63	−2.74	−5.43	−12.73
二与一相差		1.26	−0.09	−8	−2.48	−1.52	−3.03	−5.92

表 8-2　采用一点式与三点式饲养工艺猪场生产数据对比

饲养工艺	窝产仔数（头）	断奶成活率（%）	21 日龄窝重（千克）	35日龄个体重（千克）	70日龄个体重（千克）
一点式	9.77±1.45	92.49	57.23±5.92	8.67±1.06	25.82±2.62
三点式	9.82±1.56	95.02	60.22±6.52	8.82±1.42	27.68±2.38

2. 隔离观察区　主要用于种猪引进和病猪隔离观察，应距离生产区 200 米以上。

3. 饲料区　主要用于饲料贮存加工以及检测分析。

4. 管理、生活区　主要为管理人员提供工作、会议、休息场所，为其他驻场人员休息、用餐等提供条件。

5. 辅助建筑设施区　主要用于建设水、电、暖、气等基础设施建筑，燃煤存放等。

6. 粪污无害化处理区　所有粪污及污染物无害化处理的场所，应与生产区间隔较远距离。

（三）确定生产工艺流程及参数

生产工艺流程的确定，是规模猪场建设生产区规划的主要依据，只有确定了该流程，才能为猪场合理的规划和设计奠定良好的技术基础。生产工艺流程的主要内容包括区分猪场类型、确定饲养阶段数、阶段饲养时间（或周数）、断奶时间、是否实行全进全出管理制度、是否以周为单位组织猪群周转等。一般饲养规模达到 100 头基础母猪或以上的规模猪场，采用以下的基本工艺流程：种猪每年的淘汰更新率 25％～35％；后备公猪和后备母猪的饲养周期 16～17 周；母猪配种妊娠期 17～18 周，母猪分娩前 1 周转入哺乳母猪舍，仔猪哺乳期 4～5 周，断奶后，母猪转入空怀妊娠母猪舍，仔猪转入保育舍，保育猪饲养期 6 周，然后转入生长育肥猪舍，生长育肥猪饲养 14～15 周，体重达到 90～100 千克时出栏。具体生产指标参数可参看表 8-3，以及附录 1 和附录 2 的相关数据。

（四）确定粪污减量及无害化处理工艺

生猪养殖产生的粪便、污水已经成为与工业废水、生活污水并列的三大污染源之一，成为发展养猪生产的瓶颈因素。因此，必须重视选择合理的粪污减量化措施、无害化处理工艺和综合利用方法。其原则如下：生产过程应采用多种方法减少粪污排出量；必须建立配套的无害化处理工艺机制，严格遵守国家相关的法律、法规和标准；实现综合利用。基本的措施应包括科学饲料配方减少氮、磷排放；粪尿污水应干湿分离，雨、污分离，建立合理的收集和贮存防渗设施；选择适合的无害化处理方式，包括发酵床饲养工艺、堆肥发酵处理、沼气发酵处理，农田、果园或菜地施肥消纳等。具体到猪场建设中，无论采用何种处理工艺或综合措施，均应达到国家排污标准。确定了粪污无害化处理工艺后，才能为建设设施、设备，以及占用土地面积等提供具体的参数。

（五）确定猪场人流与物流交换流通的路径

在平面布局规划时，应全面考虑场区内部道路布局。人流与物流交换流动是猪场生产过程的实际需要，又是造成交叉污染的重要原因。人员进出、饲料运输、猪群转运、粪污转运，以及病死猪走向等应安排合理。外部与场区之间的人流、物流路径，主要涉及猪场外部道路的分布及其与猪场之间的关系，并由此确定猪场的出入口位置。原则上，人员出入口应与饲料出入口分开，并位于猪场总体的上风向，生猪和粪污出入口应位于下风向，两口之间应有一定距离；不同功能区之间的出入口在保持一定距离的基础上，由专用的道路连接，污道和净道之间不产生交叉以防止污染。功能区之内不同设施、猪舍的出入口设置和连接，应避免交叉污染，入和出应单向，不产生往复交叉现象。将净道和污道分开，净道宜设置在生产场区的中间，污道宜设置在两侧，所有道路长度距离应尽可能缩短，使用方便。

（六）选择适合的场址

适宜的场址首先应有足够的面积和清洁的水源。同时符合以下要求：场址应位于法律法规明确规定的禁养区以外，地势高燥，通风良好，交通便利，电力供应稳定，隔离条件良好；场址周围3 000米内无大型化工厂、矿区、皮革加工厂、屠宰场、肉品加工厂和其他畜牧养殖场；场址距离干线公路、城镇、居民区和公众聚会场所1 000米以上，并应位于居民区常年主导风向的下风向或侧风向；具备适合粪污处理与综合利用的良好条件，如周围有菜地、果园、农田、鱼塘等消纳无害化处理后的粪便和污水，能够和有机农业种植相结合则更为理想，同时地理环境不存在自然灾害的威胁，如洪水、泥石流、山体滑坡、滚石等。

（七）规划猪场布局

猪场在总体布局上应将各功能区分开，相对独立。按夏季主导风向，生活管理区应置于生产区和饲料加工区的上风向或侧风向，隔离观察区、粪污处理区和病死猪处理区应置于生产区的下风向或侧风向，装猪台应设置在下风向，并有赶猪通道和称重设备相连接。中部位置一般为主体生产区，建设各类猪舍。各类猪舍的顺序，由上风向到下风向：公猪舍、空怀妊娠母猪舍、哺乳猪舍、保育猪舍、生长育肥猪舍，有条件的可将母猪、仔猪和生长育肥猪作为生产区内部相对独立的饲养区，保持较远距离分布。各功能区之间用围墙和绿化带隔开，并设置专用通道和消毒设施。猪场四周设围墙，大门口设置值班室、更衣消毒室和车辆消毒通道；生产人员进出生产区要走专用通道，该通道由更衣间、淋浴间和消毒间组成。猪舍朝向兼顾通风与采光。两排猪舍前后间距应大于 8 米，左右间距应大于 5 米。

（八）猪舍独立单元的设置

实行猪群全进全出管理制度，有利于切断病原累积与传播的途径，有利于猪病预防。但实行全进全出制度则必须建设独立的猪舍单元。独立的猪舍单元就是该猪舍的空间、供水、供料、猪群管理操作、粪便和污水排除路径等与其他猪舍相互独立、互不影响，猪群在转群时，实行全进全出制度，即一次性全部转出或转入，且留出 1 周空圈消毒时间。独立单元猪舍的数量一般为阶段饲养周数加 1。例如，仔猪保育阶段饲养 6 周，则用于饲养保育阶段仔猪的独立单元猪舍数为 7。

三、规模猪场猪群管理参数与指标

为便于规模猪场的管理，现将有关参数与生产指标列出（表 8-3），仅供参考。

表 8-3 规模猪场管理参数与生产指标

饲养阶段	指标	单位	数值
公猪	占栏面积	米^2/头	12.0
	日耗配合饲料量	千克/天·头	3.0
	本交配种适宜的公母猪比例	公：母	1：20～25
空怀、妊娠母猪	日耗配合饲料	千克/天·头	2.5～3.0
	断奶后第一情期受胎率	%	90
	受胎分娩率	%	96
	窝产全仔数	头/窝	11
	窝产活仔数	头/窝	10.5
	窝产健仔数	头/窝	10
	年均产仔窝数	窝/年	2.1
分娩母猪	日耗配合饲料	千克/天·头	4.5～6.0
	断奶成活率	%	92
	断奶日龄	天	28
	断奶体重	千克/头	7
	哺乳期补料量	千克/头	4
保育猪	耗料量	千克/头·天	0.6
	成活率	%	95
	增重速度	克/天·头	430
	料肉比	耗料：增重	1.8
	70日龄体重	千克/头	21
生长育肥猪（70～170日龄）	耗料量	千克/头·天	2.1
	死亡率	%	2
	料肉比	耗料：增重	3.0
	日增重	克/天	650～850
	出栏日龄	天	165～170

四、规模猪场的生产工艺

（一）流水线均衡生产

养猪生产过程从公、母猪配种开始，经过母猪妊娠、分娩产仔、哺乳仔猪、仔猪保育和生长育肥等一系列阶段，到商品猪出栏结束。每一个阶段都有先后顺序和严格的时间衔接，全过程需要大约10个月的时间。为使配套的建筑、设施和设备得到高效利用，使商品猪均衡上市，规模猪场将生产过程所需要的猪舍、猪栏、设备及其他辅助设施设计成流水式生产线，实现每周或每月均衡生产商品猪的目标。

（二）分段饲养与早期断奶

由于各阶段猪群具有不同的生理特点和需要，因此，进行分段饲养，分为空怀配种阶段、妊娠阶段饲养、待产哺乳阶段（仔猪4周龄断奶）、仔猪保育阶段、生长育肥阶段，每个阶段配置不同的猪舍、设备、饲料以及管理措施，保证最佳的饲养效果。为了提高母猪的繁殖率，规模养猪场一般实行早期断奶，断奶时间在3～5周龄。

（三）全进全出制度

全进全出制度是指同一批次猪同时进、出同一猪舍单元的饲养管理制度。这种制度便于对使用过的猪舍与设备进行清洗、消毒和空置，有利于阻断猪舍的病原微生物传播，确保猪群安全。一般需要1周的时间，进行消毒空圈工作。

（四）猪群周转节律

为了生产管理的方便，规模猪场一般以周为时间单位组织配种及转群，例如300头基础母猪的规模猪场，每周配种14头，分娩12头，产仔12窝，断奶和保育12窝，每周出栏商品猪95～100头。生产管理过程，可以细化到周一至周五，周六和周日则尽可能安排简单的工作，使职工休息日与生产节律相适应。

（五）饲料加工

规模猪场由于猪多，需要饲料品种多、消耗量大。根据我国饲料业实际情况，中、大型规模猪场可配置饲料加工车间，外购饲料原料自己配制全价饲料。同时也可利用当地特殊饲料资源优势，降低饲料成本，满足自身对饲料的需求。这在技术上是可行的，经济上是合算的。

（六）粪污处理

规模猪场养猪数量大，产生的粪尿、污水量也大，如不妥善处理，将会造成严重的环境污染。所以，一般中、大型养猪场都建有粪尿、污水处理设施。我国在2001年发布了《畜禽养殖业污染物排放标准》（GB 18596—2001）及相关的实施办法，可见粪污处理问题必须得到重视。

五、规模养猪场的管理制度与规程

（一）生产例会与技术培训制度

猪场制定例会制度是为了定期总结生产上存在的问题，及时研究、提出解决方案，有计划地布置下一阶段的工作，使生产有条不紊地进行。

要想提高全场生产水平和管理水平，就要对饲养人员和管理人员定期进行技术培训，建立技术培训制度。这样不但提高了人员素质，还增加了全场员工的凝聚力。

（二）物资与报表管理

物资管理首先要建立进、出账簿，由专人负责。物资凭单进、出仓库，货单相符，不准弄虚作假。药物、饲料和生产工具等生产资料的采购，要定期制订计划。各生产区（组）根据实际需要领取，不得浪费。职工要爱护公物，损毁者按场内奖罚条例处理。

猪场的生产数据报表是反映猪场生产管理情况的有效手段，也是统计分析和指导生产的依据。因此，规模猪场应根据管理特点和实际情况，设计完整、配套的报表与上报程序，并认真对待填表工作。各生产组长填好的生产记录应交到上一级主管，经查对核实后，及时送到场部专管人员手中。其中配种、分娩、断奶、转栏及出栏等报表应一式两份。

（三）管理规章制度

规模猪场的管理规章制度包括员工守则、奖罚条例、考勤制度、请休假制度、替班制度、饲养员管理制度、出纳员与电脑员岗位制度、水电维修工岗位制度、机动车司机岗位责任制度、保安员岗位责任制度、仓库管理员岗位责任制度、食堂管理制度和消毒更衣房管理制度等。

（四）技术管理规程

猪场应根据自己的实际条件，编制本场的生产管理技术操作规程，内容包括：隔离猪舍管理规程；后备种猪、种公猪、空怀母猪、不发情母猪、妊娠母猪、分娩母（仔）猪、保育猪和生长育肥猪的饲养管理规程；人工授精技术操作规程；兽医临床技术操作规程；猪场卫生防疫制度；猪场驱虫程序和猪场消毒制度等。要不定期检查和落实。

六、规模猪场的环保措施

随着养猪规模的扩大和现代养猪技术与设施的应用，饲养场地越来越集中。大量使用的高蛋白饲料及各类饲料添加剂，造成猪粪尿等排泄物中氮、磷和一些重金属元素超标，超过了周围环境对粪污的消纳能力，造成环境了污染。目前，对于猪场粪污的减排和环境治理，主要措施有高温堆肥、沼气发酵、减排、建造氧化塘和人工湿地等。

我国各地的条件不同，粪污处理应根据猪场所在地具体条件，选择适宜的治理方法，经济有效地削减污染物，使空气、土壤和水体免受污染。

（一）减排模式

减少粪便、污水排放量是防止养猪场污染环境的第一个环节，也是最应值得提倡的方法，减排模式大致有以下几种：

1. 实施“干清粪”管理工艺　实行“干清粪、粪水分离”

的猪群卫生管理制度。这种方法是将猪舍圈栏中的粪便及时清理、转运到粪便贮存处理场所；尿液和少量冲圈污水排放到猪舍外沉淀池进行下一步处理。其优点：一是将含水率较低的粪便与污水及时分开，极大地减少了污水的处理难度；二是与水冲粪工艺相比可以减少污水量60%以上；三是降低猪粪处理的费用。这是猪场减排污水产量、提高粪污处理效率的有效方法。

2. 应用“减排饲料”喂猪　主要是调整饲料配方及某些添加剂的使用量。如利用理想氨基酸模式和可消化氨基酸模式理论，设计低蛋白含量饲料配方，提高蛋白质消化利用率，降低粪氮和尿氮排放量；在饲料中添加植酸酶，减少无机磷添加量，降低粪磷排放量；不使用高铜、高锌等促生长方法，可以大幅度降低猪粪中铜和锌的含量；使用益生素、酶制剂、酸化剂和植物提取物等，代替或减少抗生素的使用量，降低抗生素造成的残留和污染。

3. 实施“雨、污分开”的排水系统　雨季会产生大量的雨水排放。传统设计是将雨水和粪水一同排放，加大了污水排放量，增大了处理难度和成本。而实施雨水和粪水分开排放，使它们不产生交叉混合，可以大幅度减少污水量。一般采用的方法是将雨水收集到专用的排水系统直接排放；而粪水被收集到专用的粪水排放系统或直接运输到粪水储放池。

（二）资源化处理与利用模式

1. 储存与还田　采用“干清粪”和“雨、污分开”的管理工艺，将含水量少的固态粪便，高温发酵后还田，污水经过“过滤、沉淀与曝气好氧发酵”后，灌溉农田。此种方法适于农田广阔和远离城市的地区。据测算，要达到不造成污染的程度，一个年产5 000头商品猪的规模猪场，需要配置10 000米^2 的农田和一个1 200～1 800米^3 的粪水储存池。粪水储存池的深度可以达到6米，但不应低于当地的地下水位，同时池底和池壁应作防渗处理，以免污染地下水源。储存期一般4～6个月。

2. 生产专用肥料　通过固液分离机将粪水分离，固体灭菌、干燥无害化处理后，按照配方将其制成颗粒型肥料用于花卉、蔬菜与果树等栽培；废水经无害化处理后排放或灌溉农田。

3. 生产沼气与沼肥　建设沼气发酵装置，厌氧发酵生产沼气和沼肥。这种方式投资额度较大，运行费用较高，适合于规模较大、距离城镇较近和周边农田较少的猪场使用。

七、规模猪场的计划管理

有序的生产计划是将众多的生产要素、生产环节按照养猪的生产规律、经济规律，科学地组织起来，为养猪生产服务，达到预期的生产水平，获得理想的经济效益。

（一）计划管理体系及其基本内容

一个养猪场的计划从时间上划分有三类，即长期计划、年度计划和阶段计划。三种形式的计划各有侧重。每类计划中包括生产计划、劳资计划、物资供耗、成本计划、财务计划和产品销售计划。

（二）计划的编制过程

1. 编制计划所需的资料与依据　编制计划需要猪场内部资料与外部资料。外部资料主要是国家养猪政策和农业政策、饲料行情与商品猪市场预测资料、同行业的生产水平、经济指标和发展趋势等；内部资料主要有本场近年生产指标、经济指标和各项原材料消耗定额等。在编制计划的过程中，各项生产指标都是根据定额计算和确定的。

猪场生产定额一般有以下几个方面：

（1）猪舍及设备利用率定额。完成一定数量的任务所需配备的猪舍面积和设备数量。例如，每平方米饲养量、出栏头数、产值和利润等。不同的生产方式和规模，此定额有很大的差距，其数值应根据具体情况而定。

（2）劳动力配备定额。在一定生产和技术条件下，从事某项工作所规定的人力占用标准。即人均养猪头数、不同阶段人均养猪头数、人均生产商品猪头数和后勤人员配备标准等。

（3）劳动定额。完成一定工作量所需的劳动力消耗标准。如生产每头商品猪所消耗的劳动力工时数。

（4）物资消耗定额。每生产一定数量的产品或完成某项工作任务应消耗的原材料数量。如每生产一头育成仔猪消耗的饲料总量、某生长阶段的饲料增重比。

（5）工作质量和产品质量标准。按工作岗位或饲养阶段制定的有关指标。如受胎率、产仔数、成活率、增重速度、出栏率和产品等级等。

（6）财务定额。为完成一定的生产任务应消耗或占用财力的标准及应达到的财务指标。如固定资金占用额、流动资金占用额和各阶段产品的成本、利润、产值等。

2. 编制计划的具体方法　编制计划前，应明确编制计划的目的、确定定额水平、定额标准，使得编制的计划有针对性和客观性。生产计划是根据生产任务、特定的工艺流程和实际生产条件来确定的。制订当年的生产计划时，应首先了解本场现存猪群数量、结构和往年的生产水平，再确定当年的生产指标及原料消耗指标。

编制生产计划时，首先从猪群存栏计划开始，然后是出栏计划，有了这两个计划就有了编制其他计划的基础。存栏和出栏计划主要受猪场设计生产能力、实际生产能力、现存猪群数量及结构、商品猪销售合同的影响。例如，某百头母猪规模的猪场，实际生产能力1 500头商品猪，上年末存栏1 000头，本年度销售任务1 500头，那么该猪场的存栏应保持稳定。为保证完成任务及存栏平衡，根据母猪数、窝产仔数、各阶段成活率指标计算出应产仔猪窝数，再根据产仔间隔、分娩率、受胎率、待配母猪配种率计算出应保持可配母猪数及各月或各周配种头数，根据出栏任务计算出要求猪只的增重速度，并由此计算出各阶段饲料用量及资金周转计划时间表。

3. 计划的贯彻与落实　编制猪场生产计划是一项科学而严谨的工作，要尽力做到既符合客观实际又利于提高生产水平和经济效益。但作为一种计划，它毕竟是一种设想，仅仅是计划管理的开始，大量的工作是计划的贯彻与落实。在计划实施的过程中，及时总结经验教训、努力克服薄弱环节是计划管理不可缺少的组成部分。

猪场各项计划是由生产全过程中各阶段的计划组成的，只有各阶段计划得到充分的保证，总计划才能得到贯彻落实，而这要依靠猪场全体职工的努力才能达到。具体的方法是：将总任务目标按生产工艺阶段分解，并与各具体的工作岗位相结合，落实到具体的职工，规定各项指标的完成情况怎样与岗位收入挂钩，也就是实行岗位经济责任制。具体过程如下：

（1）计划指标层层分解落实。指标分解就是将总任务按科学计算与实际条件分解成各阶段的指标，具体指标的完成就可以保证总任务完成。例如，将全年出栏商品猪的头数分解为应配种的母猪数及受胎率、分娩率及应产仔的窝数、各阶段的成活率、增重速度；将全年饲料消耗量分解为种猪、仔猪、保育猪、生长猪、育肥猪的饲料消耗量及相应阶段的料肉比；将全年生产总成本分解为各阶段的饲料成本、疫苗及兽药成本、工资及福利成本和销售成本等；分解后的指标任务明确地落实到各岗位人员。

（2）实行严格的考核分析制度。考核就是按计划的时间表检查任务完成情况，并进行分析对比，衡量任务完成的程度，找出差距，并分析原因、解决问题。考核要尽量做到全面客观。一般在经济责任制中，应明确具体的考核指标及项目，并尽可能使用量化的数据来描述。例如，考核种猪繁殖情况，要用受胎率、分娩率、产仔数、成活率和断奶重；考核生长育肥猪情况，应使用增重速度（实践中可使用饲养天数与出栏体重）、料肉比（可使用测定圈定期测定）和本期饲养成活率等。

（3）坚持奖惩原则。在严格考核的基础上，分清优劣，总结经验。对成绩优秀者，给奖励；对未完成任务者，给予适当的批评，并诚心给予帮助教育，使之成为努力工作者。只有这样才能调动积极性，产生凝聚力，促进计划的完成。

4. 计划的检查与调整　检查是顺利完成计划的重要手段。制订计划的目的是明确生产过程中的具体目标，以便对生产情况比较与分析。检查的目的是分析目前的生产情况及其与计划的符合程度，得到客观综合的评价，以便于总结经验，找出差距，解决问题。必要时调整计划指标。只有经常进行检查、改进和提高，才能使生产经营运转正常，处于良好状态，保证计划的完成。

一般建议对于反映生产水平、计划任务的主要指标每月检查一次；对于包括生产水平和经营状况的全面指标可每季度检查一次；半年进行一次全场经营状况的总结，并向职工分析汇报、提出解决问题的具体措施。

八、规模猪场的人力资源管理

规模猪场的人力资源管理主要包括人才招聘、辞退管理、组织机构建立与管理、岗位分工与职责设计、岗位责任与待遇和业绩考核与评价等。人力资源管理的目标是充分发挥人才优势及其积极性，为养猪场的高效运营提供优质服务，使得职工与猪场获得双赢发展的结果。

（一）人才招聘与辞退

规模猪场是一个具有一定科技含量的企业，要搞好内部生产与外部市场竞争就需要从生产到市场的各类人才。因此，必须面向社会招聘，选择适合规模猪场使用的各类人才。当在猪场工作一段时间的人员，因各种原因不适合或不愿意在其岗位上继续工作时，应及时解聘，以免造成生产损失。人才的招聘和辞退，均应有相应的制度和方法，以保证规模猪场能够留住合适的人才，促进猪场的发展。

（二）组织机构与岗位分工

规模猪场应建立合理的组织机构。每个机构内要有明确的岗位设计，机构与岗位应有明确的功能与职责，以及相应的待遇与业绩考核标准等。一般中、大型规模猪场设置的机构应包括总经理办公室、财务部、技术部、生产部、后勤部和销售部等。财务部设置的岗位应有会计、出纳和统计；技术部设置的岗位应有主管技术的副经理、畜牧技术员、兽医技术员等；生产部应设置主管生产的副经理和各阶段猪群管理组，如种公猪管理组、妊娠母猪管理组、哺乳与保育猪管理组、生长育肥猪管理组等，每组根据需要配置适宜的饲养员岗位；后勤部应包括饲料生产组、物资管理组、设施设备维修组和安全保卫组等，每组中设置适合的岗位；销售部应设置相应的销售员岗位。中、小型规模养猪场则可根据自身情况对机构与岗位进行适当的归类与合并。主要岗位的基本职责如下。

（1）总经理或场长。在国家政策和猪场规章范围内，对猪场生产与经营活动进行全面的经营管理。行使其管理权、决定权和指挥权，以及对规模养猪场的生产水平、经济效益、产品的安全性、猪场环境的和谐与安全负有管理和社会责任。

（2）会计。按会计业务要求与猪场财务的相关规定，负责猪场所有经济活动的报账、记账和结账；资金管理与核算、生产成本管理与核算、生产成果与利润核算；在分析的基础上，向场长提供有关财务信息、提出合理化建议等。

（3）统计。负责全场物资流动的各种报表及其统计分析工作，并定期向总经理或上级相关部门汇报，提出改进管理工作的建议。

（4）技术员。负责全场日常技术工作，包括确定饲料配方、技术管理规程、防疫制度、生产计划、技术措施及其落实；生产中技术问题的研究与解决；并定期向上级主管或总经理汇报工作，提出技术上的合理化建议等。

(5) 猪群管理组。各猪群管理组按照制定的猪群管理制度和技术规程，管理相应的猪群。

总之，各岗位均应按照规模猪场制定的管理制度和操作规程，完成自身的工作职责。

(三) 工资制度与经济责任制

1. 工资制度　工资制度制订的是否合理，关系到猪场生产能否高效运转。目前较适合我国规模猪场实际的工资制度是：基础工资＋岗位工资＋奖励工资的结构组成（即固定部分和变动部分两部分组成）。基础工资是固定数额，凡在猪场工作的人员基本一样，其作用主要是使职工产生向心力；岗位工资也是相对稳定的收入，但数额要根据其岗位职责与要求而定，不同岗位应存在一定差距，其目的是使职工追求更理想的工作岗位；奖励工资是工资的变动部分，数额主要根据其岗位工作完成的数量和质量、全场经济效益的大小而定，体现了所有工作岗位对猪场都具有重要性，都会影响到猪场的生产效率和效益。每个岗位的固定部分的工资数额应在年度之初给予确定，目的是使职工心中有数，激发劳动积极性；变动部分的数额应确定与岗位工作完成情况、全场经济效益大小的关系，也就是明确计算的方法，而不明确数额。

2. 岗位经济责任制

建立经济责任制的基本要求如下：

(1) 明确岗位工作内容及责任范围。制定每个岗位的经济责任制要明确其工作内容和责任范围，主要从4个方面来考虑，即职责范围、管理要求、协作关系和保证条件，并依次制定出明确的工作标准。内容要具体，指标要量化。

(2) 确定岗位工作任务指标。不同阶段、不同部门的生产都有不同的要求，要对各阶段的工作提出具体而明确的质量与数量指标。制定指标要注意合理性、先进性及简洁性，否则就不能发挥其作用，就失去了建立经济责任制的意义。

（3）建立健全严格的岗位工作考核制度。严格的考核制度是落实经济责任制的关键。没有完善的考核制度，再科学的责任制也会流于形式。可每月组织一次统计及现场考核，半年奖金兑现一次，全年结算奖励工资。

（4）建立合理的奖励制度。基础工资和岗位工资是相对稳定的收入，其数额应是总收入的60%～70%，当然不同的岗位其数额是不同的。这项收入的变动主要依据岗位或职务的变化，换句话说不适合某岗位的人要及时调换，其稳定部分的收入将随岗位的调换而变动；奖励工资占总收入的30%～40%，但具体数额最低是零，最高可不封顶。这项收入的变动主要依据是工作完成的数量、质量及协作性。

具体制定岗位经济责任制时可按照以下四项内容详细制定。即岗位名称、岗位工作与责任、考核指标和奖励办法。

九、规模猪场的财务管理与成本核算

（一）财务管理

猪场财务管理是根据国家政策、法令和企业的具体经营特点与环境，按照资金周转的规律对资金的筹集、运用、回收和分配进行科学而有计划的组织和控制，并正确处理由此而引起的经济关系。财务管理的目的是正常高效地运转资金，并据此加强生产过程的综合管理，争取最大的经济效益。

1. 财务管理的原则

（1）确定岗位责任。为了建立科学的财务工作秩序，必须注意分别确定会计工作中的财务管理与会计核算的岗位职责。会计核算是运用专门的方法对企业资金及其变化情况进行连续、系统、完整的记录和核算，并反映、监督其变化过程，也就是记账、算账、分析和报账；财务管理是根据生产经营需要对资金及其变化进行组织、计划和控制，及时筹措和合理使用资金。

（2）综合平衡。财务管理具有综合管理的特点，任何一项生产经营活动都反映为资金的增减变化。通过对生产经营活动的各环节进行资金上的增减控制，实现各项活动的协调，平衡财务收支。

（3）责权利相结合。养猪生产与经营必须以一定的资金为基础才能进行。总经理或场长拥有对资金的使用权，同时承担一定的经济责任，也得到一定的经济利益，三者必须相结合才能使资金发挥最大的作用，使生产和效益协调发展。

2. 财务管理的基础工作　为搞好财务管理工作，企业应重点抓好财务管理的各项基础工作。否则将造成核算数据不真实，资金利用效率低，账面失真，提供错误信息，导致决策失误，造成经济损失。

（1）建立财务管理制度。财务管理制度是财务收支活动的依据，是处理各种财务关系的准则和管理生产经营活动的规范。这些制度一般包括固定资金、流动资金、专用资金、成本和利润管理方面的财务管理制度，以及财务计划、预决算、原始记录、物资出入库手续、计量与验收、财务收支标准与审批、财务检查与分析等。

（2）建立健全必要的原始记录项目。原始记录是按照一定的要求和表格形式，连续记载生产经营活动各环节真实情况的最初书面文件，是反映猪场生产经营全面情况的第一手资料，是其他一切检查、核算、分析判断的基本依据。没有真实完善的原始记录，猪场的财务管理将是混乱和无效的。

（3）建立健全科学的定额管理。财务上的定额管理是猪场进行生产经营活动管理的基本方法。例如，每生产一头商品猪所应占用的猪舍和设备、人工、饲料数量和饲料成本、其他成本，每出栏一头商品猪应得的利润等。这是猪场财务管理的基础和依据，没有定额的猪场财务管理就会失去其合理性，使管理水平和经济效益受到很大的影响。

（4）做好计量工作。计量工作是猪场一项重要而经常的工作。对生产过程中各种投入和产出进行准确的计量，不仅为生产管理、科学试验及先进技术的推广应用提供了依据，同时也是财务管理的经常工作。猪场使用或消耗的财产物资、各种消耗性原材料都必须进行实物计量，才能确定其价值。没有完善的评价计量制度就不会有真实可靠的原始记录，同时也不会有整理分析结果，这会使财务管理失去其真正的意义。尤其是小型养猪场一般不重视此项工作，这应引起猪场经营者的注意。

做好计量工作的关键是有专门制度、专人负责、专用工具和专用表格，并经常检查。

（二）产品生产成本核算

1. *成本核算的基本概念* 成本核算是企业进行产品成本管理的重要内容，是猪场不断提高经济效益和市场竞争能力的重要途径。猪场的成本核算就是对猪场生产仔猪、商品猪、种猪等产品所消耗的物化劳动和活劳动的价值总和进行计算，得到每个生产单位产品所消耗的资金总额，即产品成本。成本管理则是在进行成本核算的基础上，考察构成成本的各项消耗数量及其增减变化的原因，寻找降低成本的途径。在增加生产量的同时，不断的降低生产成本是猪场扩大盈利的主要方法。

为了客观反映生产成本，我们必须注意成本与费用的联系和区别。在某一计算期内所消耗的物质资料和活劳动的价值总和是生产费用，生产费用中只有分摊到产品中去的那部分才构成生产成本，两者可以是相等的也可以是不等的。

2. *生产成本核算的方法* 进行生产成本的核算需要完整系统的生产统计数据，这些数据来自于日常生产过程中的各种原始记录及其分类整理的结果，所以建立完整的原始记录制度、准确及时的记录和整理是进行产品成本核算的基础。通过产品的成本核算达到降低生产成本、提高经济效益的目的。

3. 成本核算的基本步骤

第一步，确定成本核算对象、指标、计算期。成本核算对象可以是仔猪、种猪或者商品猪；核算指标一般以元/千克或元/头为单位；计算期可以以月、季度或年度为单位。

第二步，确定构成养猪场产品成本的科目。一般情况下将构成猪场产品成本核算的费用项目分为两大类，即固定费用项目和变动费用项目。变动费用项目是指那些随着猪场生产量的变化其费用大小也显著变化的费用项目，如猪场的饲料（包含饲料的买价、运杂费和饲料加工费）、药品、煤、汽油、电和低值易耗物品费等；固定费用项目是指那些与猪场生产量的大小无关或关系很小的费用项目，如管理费、人工费用、福利费用、固定资产折旧、维修费和种猪折旧费等，其特点是一定规模的养猪场随着生产量的提高由固定费用形成的单位成本显著降低，从而降低生产总成本。因此，降低固定费用是猪场提高经济效益的重要途径之一。

第三步：成本核算过程。①饲料成本的归集。将饲料买价、运输与贮存、饲料加工损耗等各项费用归集到饲料成本中，计算出饲料总成本价，根据各种饲料用量计算出全场年度饲料总成本费用额；②其他变动费用总额计算。③固定成本费用总额计算。④全年出栏商品猪的头数与重量。⑤成本核算结果的计算。

商品猪生产成本（元/头或元/千克）=（①+②+③）÷④

通过成本核算，我们明确了养猪的成本构成情况，定量了产品中各种成本在总成本中的比例，同时得到了年度生产产品的总成本及单位产品的成本，如将每年或各季度的成本进行如此核算并进行比较，我们会发现企业存在的问题及提高效益的潜力，这对降低成本将有巨大作用。

4. 成本核算的意义　通过产品成本核算，明确了产品成本构成的项目，加强了财务管理；通过产品成本核算，明确了产品的总成本及单位成本；通过比较分析发现问题或优势，提高生产效率，可以整体降低固定成本及变动成本。

所以，加强企业成本核算，并对核算的结果进行细致的分析是提高猪场经济效益最重要的途径之一。很难想象一个没有进行严格的成本核算的企业、一个不能对成本结构进行经济分析的企业，能够采取有效的措施使企业产生良好的经济效益。因此，对猪场进行成本核算和成本管理，学会对核算的结果进行科学分析，并适时作出正确决策是未来猪场进一步提高市场竞争能力的重要措施。

十、提高规模猪场生产水平与经济效益的关键措施

提高养猪场的生产水平与经济效益所涉及的因素十分广泛，但从生产技术的角度讲其关键技术主要是如下几个方面，即猪种与杂交优势、饲料及其配制、设施与环控技术、兽医防疫和计算机管理等。

1. *猪种及杂交优势的利用*　猪种代表了养猪生产过程中所表现繁殖、增重、饲料报酬和瘦肉率等生产性能的遗传基础，同样的生产条件会产生不同的生产效果。因此，根据生产条件和产品要求选择适宜的猪种并利用杂种优势，对提高生产性能与经济效益具有十分重要的意义。三元杂交生产商品肉猪，是最好的杂交优势利用方法；二元杂交生产杂一代母猪的母本品种最好选用国内培育品种，父本选择外来品种，终端父本应选择瘦肉率最高、增重速度快的品种。这样既可以得到较好的繁殖性能和适应性，又可以得到较高的瘦肉率、增重速度和饲料报酬，最终取得较好的经济效益。

2. *饲料配制与饲喂方式的选择*　在商品猪生产成本结构中，

饲料成本占总成本的70%～80%，提高饲料利用效率对降低生产成本很重要。所谓饲料配制是规模猪场使用几种饲料原料，每种饲料确定何种营养水平。饲料品种配制应可满足分段饲养对饲料的要求，有条件的猪场可以将饲料品种分得更细一些，但不要过多给管理操作带来不便；确定每种饲料的能量和蛋白质水平时，应考虑猪品种和生理阶段的营养需要、饲料原料市场的价格变动、猪场所在地的饲料资源等因素。应充分利用当地饲料资源，并与市场资源相配合，同时根据营养理论与配方技术的发展制定科学合理高效率的配方；还应考虑饲料加工工艺和方法对提高饲料转化率的作用，选择高效的饲料加工设备和方法。饲料配制得当对规模养猪场的生产起到很大的作用。

饲料来源方式可以有以下几种选择：其一是从饲料厂购入全价饲料，这种方式简单、占用资金少、对猪场管理人员技术要求低，但从现阶段看，饲料成本较高，难以根据饲料与生猪行情及时调整饲料配方。其二是购入饲料主原料、浓缩料或预混料添加剂，猪场自行配制全价饲料。这种方式可以使同样营养水平的饲料成本较低，相对可以较自由地调整饲料配方，但对猪场技术人员要求较高、占用一定的周转资金，需要一定的加工设备，至于是购入浓缩料还是预混料以及使用多大添加比例的预混料，则应根据具体情况而定，不可一概照搬。其三是全部购入原料，完全自己加工。这种方式的优点是可以使饲料价格更低；缺点是对猪场人员的技术素质要求很高、占用较多的资金、使用较多且要求较高的设备。

关于饲喂方式有以下几种选择：其一是生长育肥猪自由采食与限量分顿饲喂。自由采食对加快日增重有益，但由于过量采食沉积脂肪较多，因此对瘦肉率有不利影响。同时，由于饲槽长期存有饲料易造成饲料浪费和饲料霉变，降低饲料利用率。有条件的猪场，采取前期自由采食，后期定量饲喂较为适宜。其二是饲喂干粉料或潮拌料。直接饲喂干粉料与饲喂潮拌料相比，最大的好处就是节省人工和饲槽长度；缺点是适口性差、猪舍空气粉尘含量大幅度增加，导致饲养员工作环境变差，猪群呼吸道疾病发病率大幅度提高。有条件的猪场应采用潮拌料饲喂更有利。其三是饲喂颗粒料还是粉料。饲喂颗粒料对仔猪哺乳期的固体饲料诱食可能更符合仔猪爱玩耍的特点；对于育肥猪来说颗粒饲料可以提高饲料转化率，同时降低饲料引起的粉尘，有条件的猪场建议饲喂颗粒饲料更为有利。其四是是否饲喂青饲料。青饲料是农家养猪的传统饲料之一，规模化养猪场现在很少使用青饲料喂猪，是因为操作不便，很难与饲养工艺结合。事实上青饲料对猪群是很有益的，特别是对于种猪更有利。如果有条件，可以适当饲喂瓜果菜类的青饲料。但要注意卫生，不要饲喂腐烂的青饲料，以免造成疾病。

3. 猪舍建筑与饲养设施的环控效果　猪舍建筑与饲养设施、设备是根据饲养工艺和猪群管理需要而设置的。规模猪场猪舍与饲养设备设施是否充分、高效利用对猪场生产效率和效益影响很大。这种影响主要从固定资产利用率对固定成本的影响，以及对猪舍环境参数的影响两方面发生作用。规模猪场建设前，要请相关的专业人员充分研究设计所采用的建筑形式与工艺设备，并进行合理的规划设计。例如，各类猪舍跨度与窗户设计、猪栏布局与猪床密度、猪舍的通风方式、猪舍保温与防暑降温设计、食槽与饲喂方式、粪污清理与环保处理等，这些都会影响到猪舍利用率和猪只生活的环境，进而影响到生产水平与效益。

4. 综合防疫措施的制定与落实　规模养猪场其综合防疫措施应包括两方面的含义。①对于猪群生产和生活环境条件（包括饲料的合理性）的管理与控制，这是猪群保健的基础。没有这个基础，其他任何措施都不会取得满意的效果。在此方面，首先是设计和修建合理适用的猪舍、选用合理的设备、配制使用合理的全价饲料。其次是控制好舍内的温湿度、搞好猪舍通风和圈舍卫生。做好上述工作，猪群就有了健康的保证。②我们常说的合理预防投药、圈舍消毒、防疫程序、猪病治疗等、兽医措施，这些具体措施应制定得合理、具体，并形成规章制度，长期坚持、落到实处。这是猪场一定要做到的，而不是可有可无的。

5. 落实养猪技术操作规程　所有与猪群管理有关的技术措施，均应编制成技术操作规程，以制度的形式贯彻到饲养实践的每一个细节中。猪群管理的技术规程应包括种公猪管理、空怀母猪管理、妊娠母猪管理、哺乳母猪与仔猪管理、保育猪管理和生长育肥猪管理等；另外，还包括母猪分娩床、仔猪培育高床、自动饮水器、专用热风炉、防暑降温措施等设备设施的使用管理技术规程。认真落实每一细节的技术操作规程对规模化养猪非常重要。

6. 实行计算机管理　计算机在规模猪场生产实践中的经典应用主要体现在饲料配方、猪病诊断和猪场管理、育种、财务等专用软件的开发利用上，而未来网络资源将成为猪场经营管理中更重要的资源。使用饲料配方软件的好处在于可以根据市场饲料资源、价格优势随时作出调整，获得低成本配方；猪病诊断软件可以根据症状快速查询病因以及用药方法；猪场管理软件则为快速共享资源及管理决策提供了很大便利；育种软件则对种猪场非常重要；财务软件是企业通用的提高办公效率与现代财务管理接轨的必要手段。网络资源则是所有企业均可使用的资源库，同样对猪场在未来市场上的综合竞争具有非常重要的作用。可以预见，计算机在猪场管理中将发挥越来越大的作用，所以规模猪场应积极推行计算机管理，提高效率，加强市场竞争力。

十一、规模猪场经营管理水平的综合评价

规模猪场作为一个生产猪产品的系统，不论其规模大小都要遵循市场规律。即向社会提供有效产品的同时，获得自身的经济效益。对一个猪场的经营成果也应从这两方面考察。为了能够综

合、客观地评价猪场的生产经营成果，就需要制定科学系统的评价指标体系。它除对猪场的评价作用外，还可以进行不同猪场之间的比较，用以总结经验、发现问题，促进养猪生产的不断发展和进步。现就养猪场的综合评价指标体系、指标的计算方法和评价中的权重系数分述如下。

1. 指标分类体系　见表8-4。

表8-4　猪场生产经营水平评价指标分类体系表

项目＼分类	生产水平			经济效率		
	繁育成绩	仔猪培育成绩	生长育肥成绩	生产效率	劳动效率	资金效率
综合指标	繁育效率	培育效率	生长育肥效率	出栏效率	劳动效率	资金利用效率
影响综合指标的单项指标	情期受胎率 年产窝数 窝产健仔数 种猪淘汰率 断奶成活率 断奶体重 断奶仔猪摊销耗料量	成活率 增重速度 饲料增重转化比	成活率 增重速度 饲料增重转化比	出栏率 耗料增重比 猪舍利用率	劳动生产率 劳动盈利率 劳均产值	资金占用产品率 资金消耗产品率 资金占用盈利率 资金消耗盈利率 流动资金周转率

2. 综合指标的计算方法　具体到实际生产中的指标计算往往比较复杂，同样的计算原则，不同的计算方法（摊销方法不同）会得到不同的数值，也具有不同的代表性。为了全面、系统、客观地评价与比较，必须统一计算方法。值得指出的是，以下各指标的计算主要是从生产经营评价的角度进行，要求是简明、扼要，重点突出，基础数据与生产原始记录共用。

$$繁育效率=\frac{年产合格断奶仔猪数}{年内饲养标准母猪数}$$ [单位：头/（头·年）]

$$培育效率=\frac{育成猪有效增重}{育成猪总饲养日}$$ [单位：克/（头·天）]

$$生长育肥效率=\frac{生长育肥猪有效增重}{总饲养日}$$ [单位：克/（头·天）]

$$出栏效率=\frac{年内出栏标准商品猪头数}{年内平均存栏头数}\times100\%$$

$$劳动效率=\frac{出栏标准商品猪头数（或总重量）}{全场用工总量}$$

［单位：头/（工·年）］

$$资金利用效率=\frac{盈利总额}{占用资金总额}\times100\%$$

注：①标准母猪是指成年母猪 365 个饲养日为一头标准母猪，此数值可通过种猪存栏日记表获得。

②有效增重即总增重中扣除死亡猪的增重损失。具体计算是用期末存栏总重与转出总重的和减去期初存栏总重与转入总重的和；存栏总重可以通过将存栏猪按体重分类计数并抽测各类猪体重获得平均体重，并由此计算得到存栏总重。也可以按下式计算：有效增重＝平均日增重×总饲养日－死亡猪增重。

③标准商品猪是指 90 千克的商品猪体重，平均存栏数是 12 个月的平均存栏头数。

3. 综合评价中各项综合指标的权重系数　对一个猪场进行全面的评价，只使用一个或一类指标是不全面的，需要使用多个指标才能客观准确地说明猪场的实际生产水平和经营成果。这样就需要对多个指标确定不同的权重系数值，然后求和得到评价总分数，并依次进行评价和比较。

生产水平和经济效果两大类指标是养猪场最重要的指标。这两类指标既相互独立又密切相关。生产水平中的繁育效率、培育效率、生长育肥效率及出栏效率四类指标体现了猪场对社会物质资源的利用效率、为社会提供有效产品的多少；经济效果指标体现了资金效率和劳动利用效率的高低，猪场为社会提供产品的同时获得经济补偿的多少。没有较高的生产水平，不可能有好的经济效果；没有好的经济效果，生产水平就失去了存在和发展的动力。当我们给以上两类指标制定权重系数时，主要考虑其对猪场再生产过程的重要性及提高该指标的难易程度，同时也要注意指标间的相关性。下面我们以百分制规定了各指标的权重系数，见表 8-5。

表 8-5　评价指标权重系数表

指标 评语	繁育效率		培育效率		生长效率		出栏效率		劳动效率		资金效率		分数范围
	系数	指标值	系数	指标值	系数	指标值	系数	指标值	系数	指标值	系数	指标值	
很好	20	19～21	10	400～450	10	750～850	10	165～180	10	230～280	40	20～25	≥90
良好	16	17～19	8	350～400	8	650～750	8	150～165	8	190～230	32	15～20	75～90
一般	12	15～17	6	300～350	6	550～650	6	135～150	6	160～190	24	10～15	60～75
较差	8	13～15	4	250～300	4	450～550	4	120～135	4	130～160	16	5～10	45～60
极差	4	≤13	2	≤250	2	≤450	2	≤120	2	≤130	8	≤5	≤45

4. *评价方法举例*　要对规模猪场进行数量化的评价时，首先应根据各项原始记录和盘存的基础数据进行整理，计算出繁殖效率、培育效率、生长育肥效率、出栏效率、劳动效率和资金利用效率的具体数值，然后在权重系数表中查出其具体权重系数值，再求和，得到总评分数及评语。举例见表 8-6。

表 8-6　某猪场六项综合指标计算结果及总评

指标项目	繁育效率	培育效率	生长效率	出栏效率	劳动效率	资金效率	系数合计	总评语
指标数值	17 头	380 克	670 克	145%	180 头	13%		
对应系数	16	8	8	6	6	24	68	一般
单项评语	良好	良好	一般	一般	一般	一般	一般	

5. *环境与安全评价*　应该指出，以上量化评价的内容主要是生产水平和经济效益。随着规模化养猪业的发展，对环境造成的影响越来越不容忽视。因此，规模猪场经营效果的综合评价应扩展到猪场环境与环保、食品安全和福利养猪等领域。例如，猪

场内部环境洁净度、美观度，粪污排放量和无害化处理效果，出栏生猪的屠体品质与食品安全性，饲养环境和猪群的福利程度等。目前，就我国规模养猪的整体水平来看，这些领域还存在许多棘手问题，同时评价指标还难以量化，但从保护生猪产业可持续发展的角度看，将这些指标纳入规模猪场生产经营效果的综合评价体系是大势所趋，本书提及这些内容抛砖引玉，以期引起养猪界同仁的高度重视。

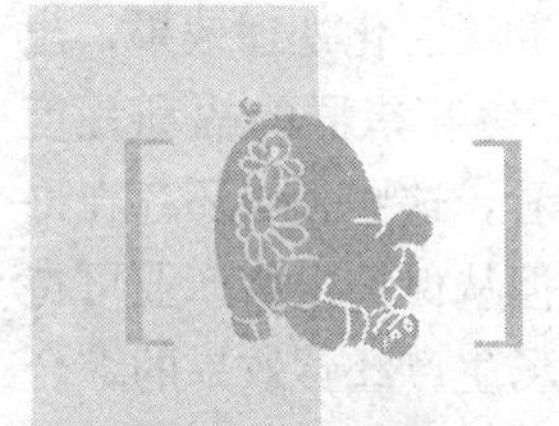

附　录

附录 1　规模猪场建设
(GB/T 17824.1—2008)

1　范围

GB/T 17824 的本部分规定了规模猪场的饲养工艺、建设面积、场址选择、猪场布局、建设要求、水电供应以及设施设备等技术要求。

本部分适用于规模猪场的新建、改建和扩建，其他类型猪场建设亦可参照执行。

2　规范性引用文件

下列文件中的条款通过 GB/T 17824 的本部分的引用而成为本部分的条款，凡是注日期的引用文件，其随后所有的修改单（不包括勘误的内容）或修订版本均不适用于本部分，然而，鼓励根据本部分达成协议的各方研究是否可使用这些文件的最新版本。凡是不注日期的引用文件，其最新版本适用于本部分。

GBJ 39　村镇建筑设计防火规范

GB/T 701　低碳钢热轧圆盘条

GB/T 704　热轧扁钢尺寸、外形、重量及允许偏差

GB/T 708　冷轧钢板和钢带的尺寸、外形、重量及允许偏差

GB/T 912　碳素结构钢和低合金结构钢热轧薄钢板及钢带

GB/T 1800.1　极限与配合基础第1部分：词汇

GB/T 1800.2　极限与配合基础 第2部分：公差、偏差和配合的基本规定

GB/T 1800.3　极限与配合基础 第3部分：标准公差和基本偏差数值表

GB/T 1801　极限与配合公差带和配合的选择

GB/T 1803　极限与配合尺寸至18mm孔、轴公差带

GB/T 1804　一般公差未注公差的线性和角度尺寸的公差

GB/T 3091　低压流体输送用焊接钢管

GB/T 5574　工业用橡胶板

GB 5749　生活饮用水卫生标准

GB 9787　热轧等边角钢 尺寸、外形、重量及允许偏差

GB 18596　畜禽养殖业污染物排放标准

GB 50016　建筑设计防火规范

3　术语和定义

下列术语和定义适用于GB/T 17824的本部分。

3.1

规模猪场　intensive pig farms

采用现代养猪技术与设施设备，实行自繁自养、全年均衡生产工艺，存栏基础母猪100头以上的养猪场。

3.2

基础母猪　foundation sow

已经产出第一胎、处于正常繁殖周期的母猪。

3.3

净道　non-pollution road

场区内用于健康猪群和饲料等洁净物品转运的专用道路。

3.4

污道 pollution road

场区内用于垃圾、粪便、病死猪等非洁净物品转运的专用道路。

4 饲养工艺

4.1 猪群周转流程

猪群周转采用全进全出制；种猪每年的淘汰更新率25%～35%；后备公猪和后备母猪的饲养期16周～17周，母猪配种妊娠期17周～18周，母猪分娩前1周转入哺乳母猪舍，仔猪哺乳期4周，断奶后，母猪转入空怀妊娠母猪舍，仔猪转入保育舍，保育猪饲养期6周，然后转入生长育肥猪舍，生长育肥猪饲养14周～15周体重达到90kg以上时出栏。

4.2 猪群结构

在均衡生产的情况下，规模猪场的猪群结构见表1，每一阶段的数量偏差应小于±10%。

表1 猪群存栏结构

单位为头

猪群类别	100头基础母猪规模	300头基础母猪规模	600头基础母猪规模
成年种公猪	4	12	24
后备公猪	1	2	4
后备母猪	12	36	72
空怀妊娠母猪	84	252	504
哺乳母猪	16	48	96
哺乳仔猪	160	480	960
保育猪	228	684	1 368
生长育肥猪	559	1 676	3 352
合计存栏	1 064	3 190	6 380

4.3 舍内配置

4.3.1 猪舍可根据需要分成几个相对独立的单元，便于猪群全进全出制周转。

4.3.2 猪舍内配置的猪栏数、饮水器和食槽数宜按表2执行。

表2 不同猪舍配置的猪栏数

单位为个

猪舍类别	100头基础母猪规模	300头基础母猪规模	600头基础母猪规模
种公猪舍	4	12	24
后备公猪舍	1	2	4
后备母猪舍	2	6	12
空怀妊娠母猪舍	21	63	126
哺乳母猪舍	24	72	144
保育猪舍	28	84	168
生长育肥猪舍	64	192	384
合计	144	431	862

注：哺乳母猪舍每个猪栏内安装母猪、仔猪自动饮水器各一个，食槽各一个；其他猪舍每个猪栏内安装一个自动饮水器和一个食槽。

4.3.3 每个猪栏的饲养密度宜按表3执行。

表3 猪只饲养密度

猪群类别	每栏饲养猪数头	每头占床面积 m^2/头
种公猪	1	9.0～12.0
后备公猪	1～2	4.0～5.0
后备母猪	5～6	1.0～1.5
空怀妊娠母猪	4～5	2.5～3.0
哺乳母猪	1	4.2～5.0
保育仔猪	9～11	0.3～0.5
生长育肥猪	9～10	0.8～1.2

5 建设面积

5.1 总占地面积

不同猪场的建设用地面积不宜低于表 4 的数据。

表 4 猪场建设占地面积

单位为平方米（亩）

占地面积	100 头基础母猪规模	300 头基础母猪规模	600 头基础母猪规模
建设用地面积	5 333（8）	13 333（20）	26 667（40）

5.2 猪舍建筑面积

种公猪舍、后备公猪舍、后备母猪舍、空怀妊娠母猪舍、哺乳母猪舍、保育猪舍和生长育肥猪舍的建筑面积宜按表 5 执行。

表 5 各猪舍的建筑面积

单位为平方米

猪舍类型	100 头基础母猪规模	300 头基础母猪规模	600 头基础母猪规模
种公猪舍	64	192	384
后备公猪舍	12	24	48
后备母猪舍	24	72	144
空怀妊娠母猪舍	420	1 260	2 520
哺乳母猪舍	226	679	1 358
保育猪舍	160	480	960
生长育肥猪舍	768	2 304	4 608
合计	1 674	5 011	10 022

注：该数据以猪舍建筑跨度 8.0m 为例。

5.3 辅助建筑面积

饲料加工车间、人工授精室、兽医诊疗室、水塔、水泵房、锅炉房、维修间、消毒室、更衣间、办公室、食堂和宿舍等辅助建筑面积不宜低于表 6 的数据。

表6 辅助建筑面积

单位为平方米

猪场辅助建筑	100头基础母猪规模	300头基础母猪规模	600头基础母猪规模
更衣、淋浴、消毒室	40	80	120
兽医诊疗、化验室	30	60	100
饲料加工、检验与贮存	200	400	600
人工授精室	30	70	100
变配电室	20	30	45
办公室	30	60	90
其他建筑	100	300	500
合计	450	1 000	1 555

注：其他建筑包括值班室、食堂、宿舍、水泵房、维修间和锅炉房等。

6 场址选择

6.1 场址应位于法律法规明确规定的禁养区以外，地势高燥，通风良好，交通便利，水电供应稳定，隔离条件良好。

6.2 场址周围3km内无大型化工厂、矿区、皮革加工厂、屠宰场、肉品加工厂和其他畜牧场，场址距离干线公路、城镇、居民区和公众聚会场所1km以上。

6.3 禁止在旅游区、自然保护区、水源保护区和环境公害污染严重的地区建场。

6.4 场址应位于居民区常年主导风向的下风向或侧风向。

7 猪场布局

7.1 猪场在总体布局上应将生产区与生活管理区分开，健康猪与病猪分开，净道与污道分开。

7.2 按夏季主导风向，生活管理区应置于生产区和饲料加工区的上风向或侧风向，隔离观察区、粪污处理区和病死猪处理区应置于生产区的下风向或侧风向，各区之间用隔离带隔开，并设置专用通道和消毒设施，保障生物安全。

7.3 猪场四周设围墙，大门口设置值班室、更衣消毒室和车辆消毒通道；生产人员进出生产区要走专用通道，该通道由更衣间、淋浴间和消毒间组成；装猪台应设在猪场的下风向处。

7.4 猪舍朝向应兼顾通风与采光，猪舍纵向轴线与常年主导风向呈 30°～60°角。

7.5 两排猪舍前后间距应大于 8m，左右间距应大于 5m。由上风向到下风向各类猪舍的顺序为：公猪舍、空怀妊娠母猪舍、哺乳猪舍、保育猪舍、生长育肥猪舍。

8 建设要求

8.1 猪舍建筑宜选用有窗式或开敞式，檐高 2.4m～2.7m。

8.2 猪舍内主通道的宽度应不低于 1.0m。

8.3 猪舍围护结构能防止雨雪侵入，能保温隔热，能避免内表面凝结水气。

8.4 猪舍内墙表面应耐消毒液的酸碱腐蚀。

8.5 猪舍屋顶应设隔热保温层，猪舍屋顶的传热系数 k 应不大于 0.23W/（m^2·K）

8.6 猪场建筑的耐火等级按照 GB 50016 和 GBJ 39 的要求设计。

9 水电供应

9.1 规模猪场供水宜采用自来水供水系统，根据猪场需水总量和生活饮水卫生标准 GB 5749 选定水源、储水设施和管路，供水压力应达到 1.5kg/cm^2～2.0kg/cm^2。

9.2 采用干清粪生产工艺的规模猪场，供水总量应不低于表 7 的数值。

表7　规模猪场供水量

单位为吨/日

供水量	100头基础母猪规模	300头基础母猪规模	600头基础母猪规模
猪场供水总量	20	60	120
猪群饮水总量	5	15	30

注：炎热和干燥地区的供水量可增加25%。

10　设施设备

10.1　材质与性能要求

10.1.1　猪场设备的材料应符合GB/T 701、GB/T 704、GB/T 708、GB/T 912、GB/T 3091、GB 9787的要求。

10.1.2　猪场设备所有加工零件的尺寸公差应符合GB/T 1800.1、GB/T 1800.2、GB/T 1800.3、GB/T 1801、GB/T 1803的要求；未注尺寸公差应符合GB/T 1804的要求。

10.1.3　猪场设备的所有铸件表面应光滑，不允许有气孔、夹砂、疏松等缺陷；所有焊合件要焊接牢固可靠，不得有虚焊、烧伤，焊缝应平整光滑；各种扳金件表面应光滑、平整，不得有起皱、裂纹、毛边；管道弯曲加工表面不得出现龟裂、皱折、起泡等，设备表面不能有任何伤害操作人员和猪只的显见粗糙点、凸起部位、锋利刃角和毛刺，表面应进行防腐处理，处理后不应产生毒性残留。

10.1.4　猪场设备的各项使用性能应符合工作可靠、操作方便、安全环保等要求。

10.1.5　猪场设备与地面、墙壁的连接要牢固、整洁；电器设备的安装要符合用电安全规定。

10.1.6　饲养设备中使用的塑料件应采用PVC无毒塑料，使用橡胶材料的材质应符合GB/T 5574的规定。

10.2 设备主要选型

10.2.1 猪栏

公猪栏、空怀妊娠母猪栏、分娩栏、保育猪栏和生长育肥猪栏均为栏栅式，其基本参数应符合表 8 的规定。

表 8 猪栏基本参数

单位为毫米

猪栏种类	栏高	栏长	栏宽	栅格间隙
公猪栏	1 200	3 000～4 000	2 700～3 200	100
配种栏	1 200	3 000～4 000	2 700～3 200	100
空怀妊娠母猪栏	1 000	3 000～3 300	2 900～3 100	90
分娩栏	1 000	2 200～2 250	600～650	310～340
保育猪栏	700	1 900～2 200	1 700～1 900	55
生长育肥猪栏	900	3 000～3 300	2 900～3 100	85

注：分娩母猪栏的栅格间隙指上下间距，其他猪栏为左右间距。

10.2.2 食槽

食槽应限制猪只采食过程中将饲料拱出槽外，自动落料食槽应保证猪只随时采食到饲料，其基本参数应符合表 9 的规定。

表 9 猪食槽基本参数

单位为毫米

形式	适用猪群	高度	采食间隙	前缘高度
水泥定量饲喂食槽	公猪、妊娠母猪	350	300	250
铸铁半圆弧食槽	分娩母猪	500	310	250
长方体金属食槽	哺乳仔猪	100	100	70
长方形金属	保育猪	700	140～150	100～120
	生长育肥猪	900	220～250	160～190

10.2.3 饮水器

猪场宜采用自动饮水器。饮水器长径应与地面平行，水流速度和安装高度应符合表10的规定。

表10 自动饮水器的水流速度和安装高度

适用猪群	水流速度 mL/min	安装高度 mm
成年公猪、空怀妊娠母猪、哺乳母猪	2 000～2 500	600
哺乳仔猪	300～800	120
保育猪	800～1 300	280
生长育肥猪	1 300～2 000	380

10.2.4 漏粪地板

哺乳母猪、哺乳仔猪和保育猪宜采用质地良好的金属丝编织地板，生长育肥猪和成年种猪宜采用水泥漏缝地板。干清粪猪舍的漏缝地板应覆盖于排水沟上方。漏缝地板间隙应符合表11的规定。

表11 不同猪栏漏缝地板间隙宽度

单位为毫米

成年种猪栏	分娩栏	保育猪栏	生长育肥猪栏
20～25	10	15	20～25

10.2.5 采暖、通风、降温设备

寒冷季节哺乳母猪舍和保育猪舍应设置供暖设施，哺乳仔猪采用电热板或红外线灯取暖；盛夏季节公猪舍宜采用湿帘机械通风方式降温，其他猪舍采用自然通风加机械通风方式降温。

10.2.6 清洁与消毒设备

水冲清洁设备宜选配高压清洗机、管路、水枪组成的可移动高压冲水系统；消毒设备宜选配手动背负式喷雾器、踏板式喷雾器和火焰消毒器。

10.2.7 粪污处理设施与设备

规模猪场宜采用干湿分离、人工清粪方式处理粪污，应配置专用的粪污处理设备，处理后粪污排放标准应符合 GB 18596 的

要求。

10.2.8　**运输设备**

规模猪场应配备专用运输设备，包括仔猪转运车、饲料运输车和粪便运输车等。该类型运输设备宜根据猪场具体情况自行设计和定制。

10.2.9　**监测仪器设备**

规模猪场宜配备妊娠诊断、精液监测、称重、活体测膘等仪器设备，以及计算机和相关软件。

附录2　规模猪场生产技术规程

(GB/T 17824.2—2008)

1　范围

GB/T 17824 的本部分规定了规模猪场的生产工艺、环境要求、引种、留种、饲料、管理和防疫等技术要求。

本部分适用于规模猪场的生产技术管理，也可供其他类型猪场参考使用。

2　规范性引用文件

下列文件中的条款通过 GB/T 17824 的本部分的引用而成为本部分的条款。凡是注日期的引用文件，其随后所有的修改单（不包括勘误的内容）或修订版均不适用于本部分，然而，鼓励根据本部分达成协议的各方研究是否可使用这些文件的最新版本。凡是不注日期的引用文件，其最新版本适用于本部分。

GB 13078　饲料卫生标准

GB 16567　种畜禽调运检疫技术规范

GB/T 17823　规模猪场兽医防疫规程

GB/T 17824.1　规模猪场建设

GB/T 17824.3　规模猪场环境参数及环境管理

NY/T 65　猪饲养标准

3　术语和定义

下列术语和定义适用于 GB/T 17824 的本部分。

3.1

规模猪场 intensive pig farms

采用现代养猪技术与设施设备，实行自繁自养、全年均衡生产工艺，存栏基础母猪 100 头以上的养猪场。

3.2

全进全出制 all-in all-out system

同一批次猪同时进、出同一猪舍单元的饲养管理制度。

4 生产工艺与环境要求

4.1 规模猪场应根据种公猪、空怀妊娠母猪、哺乳母猪、保育猪、生长育肥猪和后备公母猪的生理特点，进行分段式饲养，形成全年连续、均衡、周期性运转的生产工艺，按照 GB/T 17824.1 的猪群周转流程组织生产。

4.2 猪场内的环境要求按照 GB/T 17824.3 执行。

5 引种和留种

5.1 制定引种计划和留种计划，内容包括：品种或品系、引种来源、引种时间、隔离方法与设施、疫病与性能检验等。

5.2 引进种猪和精液时，应从具有《种猪生产经营许可证》和《动物防疫合格证》的种猪场引进，种猪引进后应隔离观察 30d 以上，并按 GB 16567 规定进行检疫。若从国外引种，应按照国家相关规定执行。

5.3 引进或自留的后备种猪应无临床和遗传疾病，发育正常，四肢强健有力，体型外貌符合品种特征。

5.4 不得从疫区或可疑疫区引种。

6 饲料要求

6.1 猪场应按照猪群类别饲喂对应的全价配合饲料，猪群包括：种公猪、后备公母猪、空怀妊娠母猪、哺乳母猪、哺乳仔猪、保育猪和生长育肥猪等。

6.2 配合饲料的营养水平应符合 NY/T 65 的规定。

6.3 配合饲料的卫生指标应符合 GB 13078 的规定。

6.4 配合饲料应色泽一致，无发霉变质、结块及异味。

6.5 配合饲料中不得添加国家禁止使用的药物。

6.6 配合饲料中使用药物添加剂时,必须按有关规定执行休药期。

7 猪群管理

7.1 种公猪采用单栏饲养，空怀母猪和妊娠母猪采用小群栏饲养，分娩母猪和哺乳母猪采用全漏缝高床分娩栏饲养，保育猪采用全漏缝高床保育栏饲养，生长育肥猪采用小群栏饲养。

7.2 种公猪、空怀母猪、妊娠母猪、哺乳母猪及后备公母猪宜采用定量饲喂，哺乳仔猪，保育猪、生长育肥猪宜采用自由采食方式。变换饲料应逐步过渡，过渡期为4d～7d。

7.3 种公猪应保持身体强壮；在12月龄～24月龄时，每周配种1次～2次；在24月龄～60月龄时，每周配种4次～5次。

7.4 空怀母猪应抓好发情配种工作，保持八成膘情；妊娠母猪应抓好保胎工作，保持环境安静、营养合理；哺乳母猪应抓好泌乳工作，保持足够的饮水、营养和采食量，在分娩前后和断奶前应适当减少饲喂量。

7.5 对出生仔猪应作好标识、称重、补铁、补锌、补硒和免疫注射工作，断奶前作好驱虫、去势和称重等工作。

7.6 哺乳仔猪、保育猪和生长猪转群时，宜采用原圈转群；在特殊情况下，应按照体重和日龄相近者并圈。

7.7 生产管理人员应爱护猪群，平时细心观察猪群的精神状况、健康状况、发情状况、采食状况和粪尿情况，及时检查照明设备、饮水装置、配合饲料、舍内温度、湿度和空气质量，发现问题及时解决。

7.8 规模猪场的生产技术指标宜达到附录A的水平。

8 兽医防疫

规模猪场的卫生、消毒、防疫和用药等按照GB/T 17823执行。

9 记录

饲料、兽药、配种、转群、接产、断奶、疾病诊断和治疗等日常工作，应有详细记录，并有专人负责，记录要定期检查和统计分析，有效记录应保存两年以上。

附 录 A
(规范性附录)
规模猪场生产技术指标

A.1 母猪繁殖性能指标见表 A.1

表 A.1 母猪繁殖性能指标

指标名称	指标数值
基础母猪断奶后第一情期受胎率,%	≥85
分娩率,%	≥96
基础母猪年均产仔窝数，窝/年·头	≥2.1
基础母猪平均每窝产活仔数，头/窝	≥10.5
断奶日龄，天	≥28.0
哺乳仔猪成活率,%	≥92
基础母猪年提供断奶仔猪数，头/年	≥20.0

A.2 生长育肥期性能指标见表 A.2

表 A.2 生长育肥期性能指标

指标名称		指标数值
仔猪平均断奶体重（4 周龄），kg/头		≥7.0
仔猪保育期（5 周龄～10 周龄）	期末体重，kg/头	≥20.0
	料重比，kg/kg	≤1.8
	成活率,%	≥95
生长育肥期（11 周龄～25 周龄）	成活率,%	≥98
	日增重，g/d	≥650
	料重比，kg/kg	≤3.0
170 日龄体重，kg/头		≥90

A.3 猪场整体生产技术指标见表 A.3

表 A.3 猪场整体生产技术指标

指 标 名 称	指 标 数 值
基础母猪年出栏商品猪数，头	≥18
商品猪出栏率,%	≥160

附录3 规模猪场环境参数及环境管理

(GB/T 17824.3—2008)

1 范围

GB/T 17824 的本部分规定了规模猪场的场区环境和猪舍环境的相关参数及管理要求。

本部分适用于规模猪场的环境卫生管理，其他类型猪场亦可参照执行。

2 规范性引用文件

下列文件中的条款通过 GB/T 17824 的本部分的引用而成为本部分的条款。凡是注日期的引用文件，其随后所有的修改单(不包括勘误的内容）或修订版均不适用于本部分，然而，鼓励根据本部分达成协议的各方研究是否可使用这些文件的最新版本。凡是不注日期的引用文件，其最新版本适用于本部分。

GB 5749 生活饮用水卫生标准

GB 13078 饲料卫生标准

GB 16548 病害动物和病害动物产品生物安全处理规程

GB/T 17824.1 规模猪场建设

GB 18596 畜禽场养殖业污染物排放标准

3 术语和定义

下列术语和定义适用于 GB/T 17824 的本部分。

3.1

规模猪场 intensive pig farms

采用现代养猪技术与设施设备，实行自繁自养、全年均衡生产工艺，存栏基础母猪 100 头以上的养猪场。

3.2

粉尘 dust

粒径小于 75μm、能悬浮在空气中的固体微粒。

4 场区环境管理

4.1 场区布局按照 GB/T 17824.1 执行，应保持场区内清洁卫生，定期对门口、道路和地面进行消毒，定期灭蝇、灭蚊和灭鼠。

4.2 在场区及周围空闲地上种植花、草和环保树，可以绿化环境、净化空气、改善场区小气候。

4.3 场内的饲料卫生按照 GB 13078 执行。

4.4 配合饲料宜采用氨基酸平衡日粮，添加国家主管行政部门批准的微生物制剂、酶制剂和植物提取物，以提高饲料利用率，减少粪便、臭气等污染物的排放量。

4.5 场内水量充足，饮用水水质应达到 GB 5749 的要求，应定期检修供水设施，保障水质传送过程中无污染。

4.6 猪场粪污处理宜采用干湿分离、人工清粪方式；粪便经无害化处理后还田利用，污水经净化处理后应达到 GB 18596 的要求。

4.7 病死猪及其污染物应按照 GB 16548 的规定进行生物安全处理。

4.8 应定期对场区空气和饮用水指标进行监测，以便及时掌控规模猪场的环境情况。

5 猪舍环境参数与环境管理

5.1 猪舍空气

5.1.1 温度和湿度参数

猪舍内空气的温度和相对湿度应符合表 1 的规定。

表 1　猪舍内空气温度和相对湿度

猪舍类别	空气温度℃			相对湿度%		
	舒适范围	高临界	低临界	舒适范围	高临界	低临界
种公猪舍	15～20	25	13	60～70	85	50
空怀妊娠母猪舍	15～20	27	13	60～70	85	50
哺乳母猪舍	18～22	27	16	60～70	80	50
哺乳仔猪保温箱	28～32	35	27	60～70	80	50
保育猪舍	20～25	28	16	60～70	80	50
生长育肥猪舍	15～23	27	13	65～75	85	50

注 1：表中哺乳仔猪保温箱的温度是仔猪 1 周龄以内的临界范围，2 周～4 周龄时的下限温度可降至 26℃～24℃。表中其他数值均指猪床上 0.7m 处的温度和湿度。

注 2：表中的高、低临界值指生产临界范围，过高或过低都会影响猪的生产性能和健康状况。生长育肥猪舍的温度，在月份平均气温高于 28℃时，允许将上限提高 1℃～3℃，月份平均气温低于－5℃时，允许将下限降低 1℃～5℃。

注 3：在密闭式有采暖设备的猪舍，其适宜的相对湿度比上述数值要低 5%～8%。

5.1.2　温度管理

5.1.2.1　哺乳母猪和哺乳仔猪需要的温度不同，应对哺乳仔猪采取保温箱单独供暖。

5.1.2.2　猪舍环境温度高于临界范围上限值时，应采取喷雾、湿帘和遮阳等降温措施，加强通风，保证清洁饮水，提高日粮营养水平。

5.1.2.3　猪舍环境温度低于临界范围下限值时，应采取供暖、保温措施，保持圈舍干燥，控制风速，防止贼风，提高日粮营养水平。

5.1.3　空气卫生

猪舍空气中的氨（NH_3）、硫化氢（H_2S）、二氧化碳（CO_2）、细菌总数和粉尘不宜超过表 2 的数值。

表2　猪舍空气卫生指标

猪舍类别	氨 mg/m³	硫化氢 mg/m³	二氧化碳 mg/m³	细菌总数 万个/m³	粉尘 mg/m³
种公猪舍	25	10	1 500	6	1.5
空怀妊娠母猪舍	25	10	1 500	6	1.5
哺乳母猪舍	20	8	1 300	4	1.2
保育猪舍	20	8	1 300	4	1.2
生长育肥猪舍	25	10	1 500	6	1.5

5.2　猪舍通风

5.2.1　猪舍通风时，气流分布应均匀，无死角，无贼风。

5.2.2　跨度小于10m的猪舍宜采用自然通风，并设地窗和屋顶风管；跨度大于10m或者全密闭的猪舍宜采用机械通风。

5.2.3　猪舍通风量和风速应符合表3的规定。

表3　猪舍通风量与风速

猪舍类别	通风量 m³/（h·kg）			风速 m/s	
	冬季	春秋季	夏季	冬季	夏季
种公猪舍	0.35	0.55	0.70	0.30	1.00
空怀妊娠母猪舍	0.30	0.45	0.60	0.30	1.00
哺乳猪舍	0.30	0.45	0.60	0.15	0.40
保育猪舍	0.30	0.45	0.60	0.20	0.60
生长育肥猪舍	0.35	0.50	0.65	0.30	1.00

注1：通风量是指每千克活猪每小时需要的空气量。

注2：风速是指猪只所在位置的夏季适宜值和冬季最大值。

注3：在月份平均温度≥28℃的炎热季节，应采取降温措施。

5.3　猪舍采光

5.3.1　猪舍的自然光照和人工照明应符合表4的数据要求。

表 4 猪舍采光参数

猪舍类别	自然光照		人工照明	
	窗地比	辅助照明 lx	光照度 lx	光照时间 h
种公猪舍	1∶10～12	50～75	50～100	10～12
空怀妊娠母猪舍	1∶12～15	50～75	50～100	10～12
哺乳猪舍	1∶10～12	50～75	50～100	10～12
保育猪舍	1∶10	50～75	50～100	10～12
生长育肥猪舍	1∶12～15	50～75	30～50	8～12

注 1：窗地比是以猪舍门窗等透光构件的有效透光面积为 1，与舍内地面积之比。

注 2：辅助照明是指自然光照猪舍设置人工照明以备夜晚工作照明用。

5.3.2 猪舍人工照明宜使用节能灯，光照应均匀，按照灯距 3m、高度 2.1m～2.4m、每灯光照面积 $9m^2$～$12m^2$ 的原则布置。

5.3.3 猪舍的灯具和门窗等透光构件应保持清洁。

5.4 猪舍噪声

5.4.1 各类猪舍的生产噪声和外界传入噪声不得超过 80dB，应避免突发的强烈噪声。

5.4.2 加强猪舍周围绿化，降低外部噪声的传入。

附录4 规模猪场兽医防疫规程

1 范围

本标准规定了规模猪场兽医防疫的基本原则，以及卫生消毒、免疫接种、药物使用和疫情扑灭等技术要求。

本标准适用于规模猪场的兽医防疫管理工作，其他类型猪场也可参照执行。

2 规范性引用文件

下列文件中的条款通过本标准的引用而成为本标准的条款。凡是注日期的引用文件，其随后所有的修改单（不包括勘误的内容）或修订版均不适用于本标准，然而，鼓励根据本标准达成协议的各方研究是否可使用这些文件的最新版本。凡是不注日期的引用文件，其最新版本适用于本标准。

GB 5749 生活饮用水卫生标准

GB 13078 饲料卫生标准

GB 16548 病害动物和病害动物产品生物安全处理规程

GB/T 17824.1 规模猪场建设

GB/T 17824.3 规模猪场环境参数及环境管理

GB 18596 畜禽场养殖业污染物排放标准

中华人民共和国畜牧法

中华人民共和国动物防疫法

中华人民共和国兽药典

3 总则

3.1 猪场的兽医防疫与生产管理应符合《中华人民共和国动物防疫法》、《中华人民共和国畜牧法》的规定。

3.2 猪场选址、布局的防疫要求按照 GB/T 17824.1 执行，环境要求按照 GB/T 17824.3 执行，饲料卫生按照 GB 13078 执行，饮用水应符合 GB 5749 的规定，病害猪处理按照 GB 16548 执行，粪污排放应符合 GB 18596 的要求，猪群周转采用全进全出制。

3.3 工作人员应定期进行身体检查，确保饲养人员身体健康。

3.4 场内应防鼠、防蚊、防虫和防鸟，禁止饲养禽、犬、猫及其他动物。

3.5 场内不得外购、带入可能染疫的动物产品及物品。

3.6 坚持自繁自养的原则，必须引进种猪时，应从非疫区引进，并有《动物产地检疫合格证》、《动物及动物产品运载工具消毒证明》；种猪引入后应隔离饲养 30d，观察、检疫确认健康后方可并群饲养，并按照免疫程序接种疫苗。

4 卫生消毒

4.1 基本要求

4.1.1 应根据消毒对象、要求、地点、时间、温度、气候等条件选用消毒剂和消毒方法。消毒剂应高效、低毒、具有广谱性，对人、猪和设备没有破坏性，不会在猪体内产生有害蓄积。消毒方法包括喷雾消毒、喷洒消毒、浸润消毒、熏蒸消毒和火焰消毒等。

4.1.2 消毒液的配制浓度要准确，消毒池的药液应定期更换，以保持其有效浓度和消毒效果。

4.2 场区要求

4.2.1 保持场区的清洁卫生，定期对猪舍周围、粪污池、下水道出口等进行喷洒消毒。

4.2.2 猪场大门入口处应设置宽同大门相同，长等于进场大型机动车轮一周半的消毒池，消毒液宜为 3%～4%的氢氧化钠溶液，池内药液高度为 15cm～20cm。

4.2.3　生产区和各猪舍的入口处应有消毒池和消毒盆，场内工作人员进出猪舍时，应更换工作服和鞋帽，洗手消毒；饲养员不宜相互串栋。严格控制外来人员进入猪舍，必须进入时，应淋浴、更换场区工作服、工作靴和工作帽，并遵守场内的消毒管理制度。

4.3　舍内要求

4.3.1　每天打扫猪舍卫生，及时清除粪污，保持猪床、料槽、通道和用具清洁卫生。

4.3.2　定期带猪消毒，哺乳母猪舍和保育猪舍每周2次～3次，其他猪舍每周1次～2次；母猪进入产房前应进行体表清洗和消毒，并用0.1%高锰酸钾溶液对外阴和乳房清洗消毒；仔猪断脐带后应严格消毒。

4.3.3　每批猪只调出后，猪舍要严格进行清扫、冲洗和消毒，并空圈5d～7d后再装猪。

5　免疫接种

5.1　免疫程序

5.1.1　根据国家兽医部门的相关规定，结合本地区气候、环境条件、疫病流行病种类和发生规律，制定出适合本场的个性化免疫程序。

5.1.2　严格按照本场制定的免疫程序进行免疫。

5.2　疫苗注射

5.2.1　选购具有国家正式批准文号的疫苗，疫苗类型应符合本场免疫程序的要求。

5.2.2　严格按照疫苗说明书保存、运输和使用疫苗。

5.2.3　免疫前应检查疫苗的质量、封装和有效期，严禁使用变质、过期的疫苗。

5.2.4　注射疫苗时应不漏注、不重复注射，避免交叉感染。

5.2.5　疫苗使用后，应对相关用具和剩余疫苗进行生物安全处理。

5.3　免疫登记

应登记接种疫苗的名称、生产厂家、批号、剂型、剂量、数量以及接种时间、部位、猪只数量、类型、猪舍号、免疫人员等，以备查考。

5.4　免疫监测

5.4.1　免疫后及时观察猪群，若出现异常现象，应及时上报，并采取相应措施。

5.4.2　猪只免疫 21d 后检测血液中的免疫抗体，群体免疫抗体合格率应高于 70%，达不到标准的，应尽快查明原因并实施一次加强免疫，以确保免疫效果。

6　药物使用

6.1　用药要求

6.1.1　兽药使用按照《中华人民共和国兽药典》的规定执行。

6.1.2　禁止使用假、劣兽药以及兽医行政管理部门规定禁止使用的药品和其他化合物。

6.1.3　禁止在饲料和饮水中添加兽医行政部门规定禁用的药物。经批准可在饲料中添加的兽药，应由兽药生产企业制成药物饲料添加剂后方可添加。

6.1.4　兽药应在兽医指导下使用，遵守兽医行政管理部门关于兽药安全使用的规定，严格执行兽药休药期规定。

6.1.5　建立详细的用药记录，包括猪号、发病时间、临床症状、药物名称、给药途径、给药剂量、用药时间、用药效果等，有效记录应保存两年以上。

6.2　治疗用药

6.2.1　治疗用药应凭兽医处方购买，按照规定的用法与用量使用。

6.2.2　禁止盲目使用药物特别是抗生素药物。

6.3 驱虫药物

6.3.1 应根据本地区寄生虫病发生或流行情况制定适合本场的寄生虫病控制程序。

6.3.2 根据药物特点和寄生虫种类选择高效、安全、广谱的抗寄生虫药，遵照药物使用说明并在兽医指导下使用。

7 疫情扑灭

7.1 当猪场发生疫情时，应遵守国家有关规定并向当地动物防疫机构报告。

7.2 在动物防疫机构的指导下，根据疫病种类做好封锁、隔离、消毒、紧急预防、治疗和扑杀等工作，做到早发现、早确诊、早处理，把疫情控制在最小范围内。

7.3 当发生人兽共患病时，应同时向卫生部门报告，共同采取扑灭措施。

7.4 实施紧急消毒措施，根据病原种类选用高效消毒剂，对猪舍、周围环境、用具和猪只等采用不同消毒方法进行全面彻底的消毒。

7.5 外来人员和车辆应严格控制进入，必须进入时应进行全面消毒。

7.6 制定应急免疫程序，对辖区内的健康猪只进行紧急免疫接种。

7.7 最后一头病猪死亡或痊愈后，在该传染病最长潜伏期的观察期后不再出现新病例时，方可申请解除封锁，封锁期间严禁出售猪只及其产品。

附录5 猪的营养需要量及常用饲料营养成分

摘自《猪饲养标准》(NY/T 65—2004)

表1 瘦肉型生长育肥猪每千克饲粮养分含量（自由采食，88%干物质）

体重，kg	3~8	8~20	20~35	35~60	60~90
平均体重，kg	5.5	14.0	27.5	47.5	75.0
日增重，kg/d	0.24	0.44	0.61	0.69	0.80
采食量，kg/d	0.30	0.74	1.43	1.90	2.50
饲料/增重	1.25	1.59	2.34	2.75	3.13
饲粮消化能含量 DE，MJ/kg（kcal/kg）	14.02 (3 350)	13.60 (3 250)	13.39 (3 200)	13.39 (3 200)	13.39 (3 200)
饲粮代谢能含量 DE，MJ/kg（kcal/kg）	13.46 (3 215)	13.06 (3 120)	12.86 (3 070)	12.86 (3 070)	12.86 (3 070)
粗蛋白质 CP，%	21.0	19.0	17.8	16.4	14.5
能量蛋白比 DE/CP，kJ/%(kcal/%)	668 (160)	716 (170)	752 (180)	817 (195)	923 (220)
赖氨酸能量比 Lys/DE，g/MJ(g/Mcal)	1.01 (4.24)	0.85 (3.56)	0.68 (2.83)	0.61 (2.56)	0.53 (2.19)
氨基酸，%					
赖氨酸 Lys	1.42	1.16	0.90	0.82	0.70
蛋氨酸 Met	0.40	0.30	0.24	0.22	0.19
蛋氨酸+胱氨酸 Met+Cys	0.81	0.66	0.51	0.48	0.40
苏氨酸 Thr	0.94	0.75	0.58	0.56	0.48
色氨酸 Trp	0.27	0.21	0.16	0.15	0.13
异亮氨酸 Ile	0.79	0.64	0.48	0.46	0.39
亮氨酸 Leu	1.42	1.13	0.85	0.78	0.63
精氨酸 Arg	0.56	0.46	0.35	0.30	0.21
缬氨酸 Val	0.98	0.80	0.61	0.57	0.47
组氨酸 His	0.45	0.36	0.28	0.26	0.21
苯丙氨酸 Phe	0.85	0.69	0.52	0.48	0.40

（续）

体重，kg	3~8	8~20	20~35	35~60	60~90
苯丙氨酸＋酪氨酸 Phe＋Tyr	1.33	1.07	0.82	0.77	0.64
矿物质，%或每千克饲粮含量					
钙 Ca，%	0.88	0.74	0.62	0.55	0.49
总磷 P，%	0.74	0.58	0.53	0.48	0.43
非植酸磷 Total P，%	0.54	0.36	0.25	0.20	0.17
钠 Na，%	0.25	0.15	0.12	0.10	0.10
氯 Cl，%	0.25	0.15	0.10	0.09	0.08
镁 Mg，%	0.04	0.04	0.04	0.04	0.04
钾 K，%	0.30	0.26	0.24	0.21	0.18
铜 Cu，mg	6.00	6.00	4.50	4.00	3.50
碘 I，mg	0.14	0.14	0.14	0.14	0.14
铁 Fe，mg	105	105	70	60	50
锰 Mn，mg	4.00	4.00	3.00	2.00	2.00
硒 Se，mg	0.30	0.30	0.30	0.25	0.25
锌 Zn，mg	110	110	70	60	50
维生素和脂肪酸，%或每千克饲粮含量					
维生素 A，IU	2 200	1 800	1 500	1 400	1 300
维生素 D_3，IU	220	200	170	160	150
维生素 E，IU	16	11	11	11	11
维生素 K，mg	0.50	0.50	0.50	0.50	0.50
体重，kg	3~8	8~20	20~35	35~60	60~90
硫氨素，mg	1.50	1.00	1.00	1.00	1.00
核黄素，mg	4.00	3.50	2.50	2.00	2.00
泛酸，mg	12.00	10.00	8.00	7.50	7.00
烟酸，mg	20.00	15.00	10.00	8.50	7.50
吡哆醇，mg	2.00	1.50	1.00	1.00	1.00
生物素，mg	0.08	0.05	0.05	0.05	0.05
叶酸，mg	0.30	0.30	0.30	0.30	0.30
维生素 B_{12}，μg	20.00	17.50	11.00	8.00	6.00
胆碱，g	0.60	0.50	0.35	0.30	0.30
亚油酸，%	0.10	0.10	0.10	0.10	0.10

表2　瘦肉型生长育肥猪每日每头养分需要量（自由采食，88%干物质）

体重，kg	3～8	8～20	20～35	35～60	60～90
平均体重，kg	5.5	14	27.5	47.5	75.0
日增重，kg/d	0.24	0.44	0.61	0.69	0.80
采食量，kg/d	0.3	0.74	1.43	1.90	2.50
饲料/增重	1.25	1.59	2.34	2.75	3.13
饲粮消化能摄入量	4.21	10.06	19.15	25.44	33.48
DE，MJ/d（kcal/d）	（1 005）	（2 405）	（4 575）	（6 080）	（8 000）
饲粮代谢能摄	4.04	9.66	18.39	24.43	32.15
入量 DE，MJ/d（kcal/d）	（965）	（2 310）	（4 390）	（5 835）	（7 675）
粗蛋白质 CP，g/d	63	141	255	312	363
氨基酸，g/d					
赖氨酸 Lys	4.3	8.6	12.9	15.6	17.5
蛋氨酸 Met	1.2	2.2	3.4	4.2	4.8
蛋氨酸＋胱氨酸 Met＋Cys	2.4	4.9	7.3	9.1	10.0
苏氨酸 Thr	2.8	5.6	8.3	10.6	12.0
色氨酸 Trp	0.8	1.6	2.3	2.9	3.3
异亮氨酸 Ile	2.4	4.7	6.7	8.7	9.8
亮氨酸 Leu	4.3	8.4	12.2	14.8	15.8
精氨酸 Arg	1.7	3.4	5.0	5.7	5.5
缬氨酸 Val	2.9	5.9	8.7	10.8	11.8
组氨酸 His	1.4	2.7	4.0	4.9	5.5
苯丙氨酸 Phe	2.6	5.1	7.4	9.1	10.0
苯丙氨酸＋酪氨酸 Phe＋Tyr	4.0	7.9	11.7	14.6	16.0
矿物质，g或mg/d					
钙 Ca，g	2.64	5.48	8.87	10.45	12.25
总磷 P，g	2.22	4.29	7.58	9.12	10.75
非植酸磷 Total P，g	1.62	2.66	3.58	3.80	4.25
钠 Na，g	0.75	1.11	1.72	1.90	2.50
氯 Cl，g	0.75	1.11	1.43	1.71	2.00
镁 Mg，g	0.12	0.30	0.57	0.76	1.00
钾 K，g	0.90	1.92	3.43	3.99	4.50
铜 Cu，mg	1.80	4.44	6.44	7.60	8.75
碘 I，mg	0.04	0.10	0.20	0.27	0.35

（续）

体重，kg	3～8	8～20	20～35	35～60	60～90
铁 Fe，mg	31.50	77.70	100.10	114.00	125.00
锰 Mn，mg	1.20	2.96	4.29	3.80	5.00
硒 Se，mg	0.09	0.22	0.43	0.48	0.63
锌 Zn，mg	33.00	81.40	100.10	114.00	125.00
维生素和脂肪酸，IU、g、mg 或 μg/d					
维生素 A，IU	660	1 330	2 145	2 660	3 250
维生素 D_3，IU	66	148	243	304	375
维生素 E，IU	5	8.5	16	21	28
维生素 K，mg	0.15	0.37	0.72	0.95	1.25
硫氨素，mg	0.45	0.74	1.43	1.90	2.50
核黄素，mg	1.20	2.59	3.58	3.80	5.00
泛酸，mg	3.60	7.40	11.44	14.25	17.5
烟酸，mg	6.00	11.10	14.30	16.15	18.75
吡哆醇，mg	0.60	1.11	1.43	1.90	2.50
生物素，mg	0.02	0.04	0.07	0.10	0.13
叶酸，mg	0.09	0.22	0.43	0.57	0.75
维生素 B_{12}，μg	6.00	12.95	15.73	15.20	15.00
胆碱，g	0.18	0.37	0.50	0.57	0.75
亚油酸，g	0.30	0.74	1.43	1.90	2.50

表 3　瘦肉型妊娠母猪每千克饲粮养分含量（88%干物质）

妊娠期	妊娠前期			妊娠后期		
配种体重，kg	120～150	150～180	>180	120～150	150～180	>180
预产窝产仔数	10	11	11	10	11	11
采食量，kg/d	2.10	2.10	2.00	2.60	2.80	3.00
饲粮消化能含量，MJ/kg（kcal/kg）	12.75 (3 050)	12.35 (2 950)	12.15 (2 907)	12.75 (3 050)	12.55 (3 000)	12.55 (3 000)
饲粮代谢能含量，MJ/kg（kcal/kg）	12.25 (2 930)	11.85 (2 830)	11.65 (2 790)	12.25 (2 930)	12.05 (2 880)	12.05 (2 880)
粗蛋白质，%	13.0	12.0	12.0	14.0	13.0	12.0
能量蛋白比，kJ/%（kcal/%）	981 (235)	1 029 (246)	1 013 (246)	911 (218)	965 (231)	1 045 (250)

（续）

妊娠期	妊娠前期			妊娠后期		
赖氨酸能量比，g/MJ（g/Mcal）	0.42（1.74）	0.40（1.67）	0.38（1.58）	0.42（1.74）	0.41（1.70）	0.38（1.60）
氨基酸，%						
赖氨酸	0.53	0.49	0.46	0.53	0.51	0.48
蛋氨酸	0.14	0.13	0.12	0.14	0.13	0.12
蛋氨酸＋胱氨酸	0.34	0.32	0.31	0.34	0.33	0.32
苏氨酸	0.40	0.39	0.37	0.40	0.40	0.38
色氨酸	0.10	0.09	0.09	0.10	0.09	0.09
异亮氨酸	0.29	0.28	0.26	0.29	0.29	0.27
亮氨酸	0.45	0.41	0.37	0.45	0.42	0.38
精氨酸	0.06	0.02	0.00	0.06	0.02	0.00
缬氨酸	0.35	0.32	0.30	0.35	0.33	0.31
组氨酸	0.17	0.16	0.15	0.17	0.17	0.16
苯丙氨酸	0.29	0.27	0.25	0.29	0.28	0.26
苯丙氨酸＋酪氨酸	0.49	0.45	0.43	0.49	0.47	0.44
矿物元素，%或每千克饲粮含量						
钙，%	0.68					
总磷，%	0.54					
非植酸磷，%	0.32					
钠，%	0.14					
氯，%	0.11					
镁，%	0.04					
钾，%	0.18					
铜，mg	5.0					
碘，mg	0.13					
铁，mg	75.0					
锰，mg	18.0					
硒，mg	0.14					
锌，mg	45.0					
维生素和脂肪酸，%或每千克饲粮含量						
维生素 A，IU	3 620					
维生素 D_3，IU	180					
维生素 E，IU	40					

（续）

妊娠期	妊娠前期	妊娠后期
维生素 K，mg	0.50	
硫胺素，mg	0.90	
核黄素，mg	3.40	
泛酸，mg	11	
烟酸，mg	9.05	
吡哆醇，mg	0.90	
生物素，mg	0.19	
叶酸，mg	1.20	
维生素 B_{12}，μg	14	
胆碱，g	1.15	
亚油酸，%	0.10	

表 4　瘦肉型泌乳母猪每千克饲粮养分含量（88%干物质）

分娩体重	140～180		180～240	
泌乳期体重变化，kg	0.0	−10.0	−7.5	−15
哺乳窝仔数，头	9	9	10	10
采食量，kg/d	5.25	4.65	5.65	5.20
饲粮消化能含量，MJ/kg（kcal/kg）	13.80 (3 300)	13.80 (3 300)	13.80 (3 300)	13.80 (3 300)
饲粮代谢能含量，MJ/kg（kcal/kg）	13.25 (3 170)	13.25 (3 170)	13.25 (3 170)	13.25 (3 170)
粗蛋白质，%	17.5	18.0	18.0	18.5
能量蛋白比，kJ/%（kcal/%）	789 (189)	767 (183)	767 (183)	746 (178)
赖氨酸能量比，g/MJ（g/Mcal）	0.64 (2.67)	0.67 (2.82)	0.66 (2.76)	0.68 (2.85)
氨基酸，%				
赖氨酸	0.88	0.93	0.91	0.94
蛋氨酸	0.22	0.24	0.23	0.24
蛋氨酸＋胱氨酸	0.42	0.45	0.44	0.45
苏氨酸	0.56	0.59	0.58	0.60
色氨酸	0.16	0.17	0.17	0.18

（续）

分娩体重	140～180		180～240	
异亮氨酸	0.49	0.52	0.51	0.53
亮氨酸	0.95	1.01	0.98	1.02
精氨酸	0.48	0.48	0.47	0.47
缬氨酸	0.74	0.79	0.77	0.81
组氨酸	0.34	0.36	0.35	0.37
苯丙氨酸	0.47	0.50	0.48	0.50
苯丙氨酸＋酪氨酸	0.97	1.03	1.00	1.04
矿物元素，%或每千克饲粮含量				
钙，%		0.77		
总磷，%		0.62		
非植酸磷，%		0.36		
钠，%		0.21		
氯，%		0.16		
镁，%		0.04		
钾，%		0.21		
铜，mg		5.0		
碘，mg		0.14		
铁，mg		80.0		
锰，mg		20.5		
硒，mg		0.15		
锌，mg		51.0		
维生素和脂肪酸，%或每千克饲粮含量				
维生素 A，IU		2 050		
维生素 D_3，IU		205		
维生素 E，IU		45		
维生素 K，mg		0.5		
硫胺素，mg		1.00		
核黄素，mg		3.85		
泛酸，mg		12		
烟酸，mg		10.25		
吡哆醇，mg		1.00		
生物素，mg		0.21		
叶酸，mg		1.35		
维生素 B_{12}，μg		15.0		
胆碱，g		1.00		
亚油酸，%		0.10		

表5 配种公猪每千克饲粮和每日每头养分需要量（88%干物质）

饲粮消化能含量，MJ/kg（kcal/kg）	12.95 (3 100)	12.95 (3 100)
饲粮代谢能含量，MJ/kg(kcal/kg)	12.45（2 975）	12.45（2 975）
消化能摄入量，MJ/kg（kcal/kg）	21.70（6 820）	21.70（6 820）
代谢能摄入量，MJ/kg（kcal/kg）	20.85（6 545）	20.85（6 545）
采食量，kg/d	2.2	2.2
粗蛋白质，%	13.50	13.50
能量蛋白比，kJ/%（kcal/%）	959（230）	959（230）
赖氨酸能量比，g/MJ（g/Mcal）	0.42（1.78）	0.42（1.78）
氨基酸	每千克饲粮中含量	每日需要量
赖氨酸	0.55%	12.1g
蛋氨酸	0.15%	3.31g
蛋氨酸＋胱氨酸	0.38%	8.4g
苏氨酸	0.46%	10.1g
色氨酸	0.11%	2.4g
异亮氨酸	0.32%	7.0g
亮氨酸	0.47%	10.3g
精氨酸	0.00%	0.0g
缬氨酸	0.36%	7.9g
组氨酸	0.17%	3.7g
苯丙氨酸	0.30%	6.6g
苯丙氨酸＋酪氨酸	0.52%	11.4g
矿物元素		
钙	0.70%	15.4g
总磷	0.55%	12.1g
非植酸磷	0.32%	7.04g
钠	0.14%	3.08g
氯	0.11%	2.42g
镁	0.04%	0.88g
钾	0.20%	4.40g
铜	5mg	11.0mg
碘	0.15mg	0.33mg
铁	80mg	176mg
锰	20mg	44.00mg
硒	0.15mg	0.33mg
锌	75mg	165mg

（续）

饲粮消化能含量，MJ/kg（kcal/kg）	12.95 (3 100)	12.95 (3 100)
维生素和脂肪酸		
维生素 A	4000IU	8800IU
维生素 D_3	220IU	485IU
维生素 E	45IU	100IU
维生素 K	0.50mg	1.10mg
硫胺素	1.0mg	2.20mg
核黄素	3.5mg	7.70mg
泛酸	12mg	26.4mg
烟酸	10mg	22mg
吡哆醇	1.0mg	2.20mg
生物素	0.20mg	0.44mg
叶酸	1.30mg	2.86mg
维生素 B_{12}	15μg	33μg
胆碱	1.25g	2.75g
亚油酸	0.1%	2.2g

表 6　肉脂型生长育肥猪每千克饲粮养分含量

（一型标准，自由采食，88%干物质）

体重，kg	5～8	8～15	15～30	30～60	60～90
日增重，kg/d	0.22	0.38	0.50	0.60	0.70
采食量，kg/d	0.40	0.87	1.36	2.02	2.94
饲料转化率	1.80	2.30	2.73	3.35	4.20
饲粮消化能含量 DE，MJ/kg（kcal/kg）	13.80 (3 000)	13.60 (3 250)	12.95 (3 100)	12.95 (3 100)	12.95 (3 100)
粗蛋白质 CP，%	21.0	18.2	16.0	14.0	13.0
能量蛋白比 DE/CP，kJ/%（kcal/%）	657 (157)	747 (179)	810 (194)	925 (221)	996 (238)
赖氨酸能量比 Lys/DE，g/MJ（g/Mcal）	0.97 (4.06)	0.77 (3.23)	0.66 (2.75)	0.53 (2.23)	0.46 (1.94)
氨基酸，%					
赖氨酸 Lys	1.34	1.05	0.85	0.69	0.60
蛋氨酸＋胱氨酸 Met＋Cys	0.65	0.53	0.43	0.38	0.34

(续)

体重，kg	5～8	8～15	15～30	30～60	60～90
苏氨酸 Thr	0.77	0.62	0.50	0.45	0.39
色氨酸 Trp	0.19	0.15	0.12	0.11	0.11
异亮氨酸 Ile	0.73	0.59	0.47	0.43	0.37
矿物质，%或每千克饲粮含量					
钙 Ca，%	0.86	0.74	0.64	0.55	0.46
总磷 P，%	0.67	0.60	0.55	0.46	0.37
非植酸磷 Total P，%	0.42	0.32	0.29	0.21	0.14
钠 Na，%	0.20	0.15	0.09	0.09	0.09
氯 Cl，%	0.20	0.15	0.07	0.07	0.07
镁 Mg，%	0.04	0.04	0.04	0.04	0.04
钾 K，%	0.29	0.26	0.24	0.21	0.16
铜 Cu，mg	6.00	5.5	4.6	3.7	3.0
碘 I，mg	0.13	0.13	0.13	0.13	0.13
铁 Fe，mg	100	92	74	55	37
锰 Mn，mg	4.00	3.00	3.00	2.00	2.00
硒 Se，mg	0.30	0.27	0.23	0.14	0.09
锌 Zn，mg	100	90	75	55	45
维生素和脂肪酸，%或每千克饲粮含量					
维生素 A，IU	2 100	2 000	1 600	1 200	1 200
维生素 D_3，IU	210	200	180	140	140
维生素 E，IU	15	15	10	10	10
维生素 K，mg	0.50	0.50	0.50	0.50	0.50
硫氨素，mg	1.50	1.00	1.00	1.00	1.00
核黄素，mg	4.00	3.5	3.0	2.0	2.0
泛酸，mg	12.00	10.00	8.00	7.00	6.00
烟酸，mg	20.00	14.00	12.00	9.00	6.50
吡哆醇，mg	2.00	1.50	1.50	1.00	1.00
生物素，mg	0.08	0.05	0.05	0.05	0.05
叶酸，mg	0.30	0.30	0.30	0.30	0.30
维生素 B_{12}，μg	20.00	16.50	14.50	10.0	5.00
胆碱，g	0.50	0.40	0.30	0.30	0.30
亚油酸，%	0.10	0.10	0.10	0.10	0.10

注：一型标准：瘦肉率 52%±1.5%，达 90kg 体重时间 175d 左右。

表 7　肉脂型生长育肥猪每日每头养分需要量

（一型标准，自由采食，88%干物质）

体重，kg	5～8	8～15	15～30	30～60	60～90
日增重，kg/d	0.22	0.38	0.50	0.60	0.70
采食量，kg/d	0.40	0.87	1.36	2.02	2.94
饲料/增重	1.80	2.30	2.73	3.35	4.20
饲粮消化能含量	13.80	13.60	12.95	12.95	12.95
DE，MJ/kg（kcal/kg）	(3 300)	(3 250)	(3 100)	(3 100)	(3 100)
粗蛋白质 CP，g/d	84.0	158.3	217.6	282.8	382.2
氨基酸，g/d					
赖氨酸 Lys	5.4	9.1	11.6	13.9	17.6
蛋氨酸＋胱氨酸 Met＋Cys	2.6	4.6	5.8	7.7	10.0
苏氨酸 Thr	3.1	5.4	6.8	9.1	11.5
色氨酸 Trp	0.8	1.3	1.6	2.2	3.2
异亮氨酸 Ile	2.9	5.1	6.4	8.7	10.9
矿物质，g 或 mg/d					
钙 Ca，g	3.4	6.4	8.7	11.1	13.5
总磷 P，g	2.7	5.2	7.5	9.3	10.9
非植酸磷 Total P，g	1.7	2.8	3.9	4.2	4.1
钠 Na，g	0.8	1.3	1.2	1.8	2.6
氯 Cl，g	0.8	1.3	1.0	1.4	2.1
镁 Mg，g	0.2	0.3	0.5	0.8	1.2
钾 K，g	1.2	2.3	3.3	4.2	4.7
铜 Cu，mg	2.40	4.79	6.12	8.08	8.82
碘 I，mg	0.05	0.11	0.18	0.26	0.38
铁 Fe，mg	40.00	80.04	100.64	111.10	108.78
锰 Mn，mg	1.60	2.61	4.08	4.04	5.88
硒 Se，mg	0.12	0.22	0.34	0.30	0.29
锌 Zn，mg	40.0	78.3	102.0	111.1	132.3
维生素和脂肪酸，IU、g、mg 或 μg/d					
维生素 A，IU	840.0	1 740	2 176.0	2 424.0	3 528.0
维生素 D_3，IU	84	174	244.8	282.8	411.6
维生素 E，IU	6.0	13.1	13.6	20.2	29.4
维生素 K，mg	0.2	0.4	0.7	1.0	1.5

(续)

体重，kg	5～8	8～15	15～30	30～60	60～90
硫氨素，mg	0.6	0.9	1.4	2.0	2.9
核黄素，mg	1.6	3.0	4.1	4.0	5.9
泛酸，mg	4.8	8.7	10.9	14.1	17.6
烟酸，mg	8.0	12.2	16.3	18.2	19.1
吡哆醇，mg	0.8	1.3	2.0	2.0	2.9
生物素，mg	0.0	0.0	0.1	0.1	0.1
叶酸，mg	0.1	0.3	0.4	0.6	0.9
维生素 B_{12}，μg	8.0	14.4	19.7	20.2	14.7
胆碱，g	0.2	0.3	0.4	0.6	0.9
亚油酸，%	0.4	0.9	1.4	2.0	2.9

注：一型标准：瘦肉率52%±1.5%，达90kg体重时间175d左右。

表8　肉脂型生长育肥猪每千克饲粮中养分含量

（二型标准，自由采食，88%干物质）

体重，kg	8～15	15～30	30～60	60～90
日增重，kg/d	0.34	0.45	0.55	0.65
采食量，kg/d	0.87	1.30	1.96	2.89
饲料/增重	2.55	2.90	3.55	4.45
饲粮消化能含量 DE，MJ/kg（kcal/kg）	13.30 (3 180)	12.25 (2 930)	12.25 (2 930)	12.25 (2 930)
粗蛋白质 CP，%	17.5	16.0	14.0	13.0
能量蛋白比 DE/CP，kJ/%(kcal/%)	760 (182)	766 (3 183)	875 (209)	942 (225)
赖氨酸能量比 Lys/DE，g/MJ(g/Mcal)	0.74 (3.11)	0.65 (2.73)	0.53 (2.22)	0.46 (1.91)
氨基酸，%				
赖氨酸 Lys	0.99	0.80	0.65	0.56
蛋氨酸+胱氨酸 Met+Cys	0.56	0.40	0.35	0.32
苏氨酸 Thr	0.64	0.48	0.41	0.37
色氨酸 Trp	0.18	0.12	0.11	0.10
异亮氨酸 Ile	0.54	0.45	0.40	0.34

（续）

体重，kg	8～15	15～30	30～60	60～90
矿物质，%或每千克饲粮含量				
钙 Ca，%	0.72	0.62	0.53	0.44
总磷 P，%	0.58	0.53	0.44	0.35
非植酸磷 Total P，%	0.31	0.27	0.20	0.13
钠 Na，%	0.14	0.09	0.09	0.09
氯 Cl，%	0.14	0.07	0.07	0.07
镁 Mg，%	0.04	0.04	0.04	0.04
钾 K，%	0.25	0.23	0.20	0.15
铜 Cu，mg	5.00	4.00	3.00	3.00
碘 I，mg	0.12	0.12	0.12	0.12
铁 Fe，mg	90.00	70.00	55.00	35.00
锰 Mn，mg	3.00	2.50	2.00	2.00
硒 Se，mg	0.26	0.22	0.13	0.09
锌 Zn，mg	90	70.00	53.00	44.00
维生素和脂肪酸，%或每千克饲粮含量				
维生素 A，IU	1 900	1 550	1 150	1 150
维生素 D_3，IU	190	170	130	130
维生素 E，IU	15	10	10	10
维生素 K，mg	0.45	0.45	0.45	0.45
硫氨素，mg	1.00	1.00	1.00	1.00
核黄素，mg	3.00	2.50	2.00	2.00
泛酸，mg	10.00	8.00	7.00	6.00
烟酸，mg	14.00	12.00	9.00	6.50
吡哆醇，mg	1.50	1.50	1.00	1.00
生物素，mg	0.05	0.04	0.04	0.04
叶酸，mg	0.30	0.30	0.30	0.30
维生素 B_{12}，μg	15.00	13.00	10.00	5.00
胆碱，g	0.40	0.30	0.30	0.30
亚油酸，%	0.10	0.10	0.10	0.10

注：二型标准：适用于瘦肉率49%±1.5%，达90kg体重时间185d左右的肉脂型猪。

表9 肉脂型生长育肥猪每日每头养分需要量

（二型标准，自由采食，88%干物质）

体重，kg	8～15	15～30	30～60	60～90
日增重，kg/d	0.34	0.45	0.55	0.65
采食量，kg/d	0.87	1.30	1.96	2.89
饲料/增重	2.55	2.90	3.55	4.45
饲粮消化能含量 DE，MJ/kg（kcal/kg）	13.30 (3 180)	12.25 (2 930)	12.25 (2 930)	12.25 (2 930)
粗蛋白质 CP，g/d	152.3	208.0	274.4	375.7
氨基酸，g/d				
赖氨酸 Lys	8.6	10.4	12.7	16.2
蛋氨酸＋胱氨酸 Met＋Cys	4.9	5.2	6.9	9.2
苏氨酸 Thr	5.6	6.2	8.0	10.7
色氨酸 Trp	1.6	1.6	2.2	2.9
异亮氨酸 Ile	4.7	5.9	7.8	9.8
矿物质，g或mg/d				
钙 Ca，g	6.3	8.1	10.4	12.7
总磷 P，g	5.0	6.9	8.6	10.1
非植酸磷 Total P，g	2.7	3.5	3.9	3.8
钠 Na，g	1.2	1.2	1.8	2.6
氯 Cl，g	1.2	0.9	1.4	2.0
镁 Mg，g	0.3	0.5	0.8	1.2
钾 K，g	2.2	3.0	3.9	4.3
铜 Cu，mg	4.4	5.2	5.9	8.7
碘 I，mg	0.1	0.2	0.2	0.3
铁 Fe，mg	78.3	91.0	107.8	101.2
锰 Mn，mg	2.6	3.3	3.9	5.8
硒 Se，mg	0.2	0.3	0.3	0.3
锌 Zn，mg	78.3	91.0	103.9	127.2
维生素和脂肪酸，IU、g、mg或μg/d				
维生素 A，IU	1 653	2 015	2 254	3 324
维生素 D_3，IU	165	221	255	376
维生素 E，IU	13.1	13.0	19.6	28.9

（续）

体重，kg	8～15	15～30	30～60	60～90
维生素 K，mg	0.4	0.6	0.9	1.3
硫氨素，mg	0.9	1.3	2.0	2.9
核黄素，mg	2.6	3.3	3.9	5.8
泛酸，mg	8.7	10.4	13.7	17.3
烟酸，mg	12.16	15.6	17.6	18.79
吡哆醇，mg	1.3	2.0	2.0	2.9
生物素，mg	0.0	0.1	0.1	0.1
叶酸，mg	0.3	0.4	0.6	0.9
维生素 B_{12}，μg	13.1	16.9	19.6	14.5
胆碱，g	0.3	0.4	0.6	0.9
亚油酸，%	0.9	1.3	2.0	2.9

注：二型标准：适用于瘦肉率 49%±1.5%，达 90kg 体重时间 185d 左右的肉脂型猪。

表 10　肉脂型生长育肥猪每千克饲粮中养分含量

（三型标准，自由采食，88%干物质）

体重，kg	15～30	30～60	60～90
日增重，kg/d	0.40	0.50	0.59
采食量，kg/d	1.28	1.95	2.92
饲料/增重	3.20	3.90	4.95
饲粮消化能含量	11.70	11.70	11.70
DE，MJ/kg（kcal/kg）	(2 800)	(2 800)	(2 800)
粗蛋白质 CP，%	15.0	14.0	13.0
能量蛋白比	780	835	900
DE/CP，kJ/%(kcal/%)	(187)	(200)	(215)
赖氨酸能量比	0.67	0.50	0.43
Lys/DE，g/MJ(g/Mcal)	(2.79)	(2.11)	(1.79)
氨基酸，%			
赖氨酸 Lys	0.78	0.59	0.50
蛋氨酸＋胱氨酸 Met＋Cys	0.40	0.31	0.28
苏氨酸 Thr	0.46	0.38	0.33
色氨酸 Trp	0.11	0.10	0.09
异亮氨酸 Ile	0.44	0.36	0.31

（续）

体重，kg	15～30	30～60	60～90
矿物质，%或每千克饲粮含量			
钙 Ca，%	0.59	0.50	0.42
总磷 P，%	0.50	0.42	0.34
非植酸磷 Total P，%	0.27	0.19	0.13
钠 Na，%	0.08	0.08	0.08
氯 Cl，%	0.07	0.07	0.07
镁 Mg，%	0.03	0.03	0.03
钾 K，%	0.22	0.19	0.14
铜 Cu，mg	4.00	3.00	3.00
碘 I，mg	0.12	0.12	0.12
铁 Fe，mg	70.00	50.00	35.00
锰 Mn，mg	3.00	2.00	2.00
硒 Se，mg	0.21	0.13	0.08
锌 Zn，mg	70.00	50.00	40.00
维生素和脂肪酸，%或每千克饲粮含量			
维生素 A，IU	1 470	1 090	1 090
维生素 D_3，IU	168	126	126
维生素 E，IU	9	9	9
维生素 K，mg	0.4	0.4	0.4
硫氨素，mg	1.00	1.00	1.00
核黄素，mg	2.50	2.00	2.00
泛酸，mg	8.00	7.00	6.00
烟酸，mg	12.00	9.00	6.50
吡哆醇，mg	1.50	1.00	1.00
生物素，mg	0.04	0.04	0.04
叶酸，mg	0.25	0.25	0.25
维生素 B_{12}，μg	12.00	10.00	5.00
胆碱，g	0.34	0.25	0.25
亚油酸，%	0.10	0.10	0.10

注：三型标准：适用于瘦肉率46%±1.5%，达90kg体重时间200d左右的肉脂型猪，5kg～8kg阶段的各种营养需要同一型标准。

表 11　肉脂型生长育肥猪每日每头养分需要量

（三型标准，自由采食，88%干物质）

体重，kg	15～30	30～60	60～90
日增重，kg/d	0.40	0.50	0.59
采食量，kg/d	1.28	1.95	2.92
饲料/增重	3.20	3.90	4.95
饲粮消化能含量 DE，MJ/kg（kcal/kg）	11.70 (2 800)	11.70 (2 800)	11.70 (2 800)
粗蛋白质 CP，g/d	192.0	273.0	379.6
氨基酸，g/d			
赖氨酸 Lys	10.0	11.5	14.6
蛋氨酸＋胱氨酸 Met＋Cys	5.1	6.0	8.2
苏氨酸 Thr	5.9	7.4	9.6
色氨酸 Trp	1.4	2.0	2.6
异亮氨酸 Ile	5.6	7.0	9.1
矿物质，g 或 mg/d			
钙 Ca，g	7.6	9.8	12.3
总磷 P，g	6.4	8.2	9.9
非植酸磷 Total P，g	3.5	3.7	3.8
钠 Na，g	1.0	1.6	2.3
氯 Cl，g	0.9	1.4	2.0
镁 Mg，g	0.4	0.6	0.9
钾 K，g	2.8	3.7	4.4
铜 Cu，mg	5.1	5.9	8.8
碘 I，mg	0.2	0.2	0.4
铁 Fe，mg	89.6	97.5	102.2
锰 Mn，mg	3.8	3.9	5.8
硒 Se，mg	0.3	0.3	0.3
锌 Zn，mg	89.6	97.5	116.8
维生素和脂肪酸，IU、g、mg 或 μg/d			
维生素 A，IU	1 856.0	2 145.0	3 212.0

（续）

体重，kg	15～30	30～60	60～90
维生素 D_3，IU	217.6	243.8	365.0
维生素 E，IU	12.8	19.5	29.2
维生素 K，mg	0.5	0.8	1.2
硫氨素，mg	1.3	2.0	2.9
核黄素，mg	3.2	3.9	5.8
泛酸，mg	10.2	13.7	17.5
烟酸，mg	15.36	17.55	18.98
吡哆醇，mg	1.9	2.0	2.9
生物素，mg	0.1	0.1	0.1
叶酸，mg	0.3	0.5	0.7
维生素 B_{12}，μg	15.4	19.5	14.6
胆碱，g	0.4	0.5	0.7
亚油酸，%	1.3	2.0	2.9

注：三型标准：适用于瘦肉率46%±1.5%，达90kg体重时间200d左右的肉脂型猪，5kg～8kg阶段的各种营养需要同一型标准。

表12　肉脂型妊娠、哺乳母猪每千克饲粮养分含量（88%干物质）

	妊娠母猪	泌乳母猪
采食量，kg/d	2.10	5.10
饲粮消化能含量，MJ/kg（kcal/kg）	11.70（2 800）	13.60（3 250）
粗蛋白质，%	13.0	17.5
能量蛋白比，kJ/%（kcal/%）	900（215）	777（186）
赖氨酸能量比，g/MJ（g/Mcal）	0.37（1.54）	0.58（2.43）
氨基酸，%		
赖氨酸 Lys	0.43	0.79
蛋氨酸＋胱氨酸 Met＋Cys	0.30	0.40

（续）

	妊娠母猪	泌乳母猪
苏氨酸 Thr	0.35	0.52
色氨酸 Trp	0.08	0.14
异亮氨酸 Ile	0.25	0.45
矿物质元素，%或每千克饲粮含量		
钙 Ca，%	0.62	0.72
总磷 P，%	0.50	0.58
非植酸磷 Total P，%	0.30	0.34
钠 Na，%	0.12	0.20
氯 Cl，%	0.10	0.16
镁 Mg，%	0.04	0.04
钾 K，%	0.16	0.20
铜 Cu，mg	4.00	5.00
碘 I，mg	0.12	0.14
铁 Fe，mg	70	80
锰 Mn，mg	16	20
硒 Se，mg	0.15	0.15
锌 Zn，mg	50	50
维生素和脂肪酸，%或每千克饲粮含量		
维生素 A，IU	3 600	2 000
维生素 D_3，IU	180	200
维生素 E，IU	36	44
维生素 K，mg	0.40	0.50
硫氨素，mg	1.00	1.00
核黄素，mg	3.20	3.75
泛酸，mg	10.00	12.00
烟酸，mg	8.00	10.00
吡哆醇，mg	1.00	1.00
生物素，mg	0.16	0.20
叶酸，mg	1.10	1.30

（续）

	妊娠母猪	泌乳母猪
维生素 B_{12}，μg	12.00	15.00
胆碱，g	1.00	1.00
亚油酸，%	0.10	0.10

表 13　地方猪种后备母猪每千克饲粮中养分含量（88%干物质）

体重，kg	10～20	20～40	40～70
预期日增重，kg/d	0.30	0.40	0.50
预期采食量，kg/d	0.63	1.08	1.65
饲料/增重	2.10	2.70	3.30
饲粮消化能含量，MJ/kg（kcal/kg）	12.97（3 100）	12.55（3 000）	12.15（2 900）
粗蛋白质，%	18.0	16.0	14.0
能量蛋白比，kJ/%（kcal/%）	721（172）	784（188）	868（207）
赖氨酸能量比，g/MJ（g/Mcal）	0.77（3.23）	0.70（2.93）	0.48（2.00）
氨基酸，%			
赖氨酸 Lys	1.00	0.88	0.67
蛋氨酸＋胱氨酸 Met＋Cys	0.50	0.44	0.36
苏氨酸 Thr	0.59	0.53	0.43
色氨酸 Trp	0.15	0.13	0.11
异亮氨酸 Ile	0.56	0.49	0.41
矿物质，%			
钙 Ca，%	0.74	0.62	0.53
总磷 P，%	0.60	0.53	0.44

（续）

体重，kg	10～20	20～40	40～70
非植酸磷 Total P,%	0.37	0.28	0.20

注：除钙、磷外的矿物元素及维生素的需要，可参照肉脂型生长育肥猪的二型标准。

表 14　肉脂型种公猪每千克饲粮养分含量（88%干物质）

体重，kg	10～20	20～40	40～70
日增重，kg/d	0.35	0.45	0.50
采食量，kg/d	0.72	1.17	1.67
饲粮消化能含量 DE，MJ/kg（kcal/kg）	12.97 (3 100)	12.55 (3 000)	12.55 (3 000)
粗蛋白质 CP，g/d	18.8	17.5	14.6
能量蛋白比， kJ/%（kcal/%）	690 (165)	717 (171)	860 (205)
赖氨酸能量比， g/MJ（g/Mcal）	0.81 (3.39)	0.73 (3.07)	0.50 (2.09)
氨基酸,%			
赖氨酸 Lys	1.05	0.92	0.73
蛋氨酸＋胱氨酸 Met＋Cys	0.53	0.47	0.37
苏氨酸 Thr	0.62	0.55	0.47
色氨酸 Trp	0.16	0.13	0.12
异亮氨酸 Ile	0.59	0.52	0.45
矿物质,%			
钙 Ca,%	0.71	0.64	0.55
总磷 P,%	0.60	0.55	0.46
非植酸磷 Total P,%	0.37	0.29	0.21

注：除钙、磷外的矿物元素及维生素的需要，可参照肉脂型生长育肥猪的一型标准。

表 15 常用饲料及营养成分

饲料名称	干物质 %	消化能 MJ/kg	粗蛋白质 %	粗脂肪 %	粗纤维 %	钙%	总磷 %	非植酸磷 %	赖氨酸 %	蛋氨酸+胱氨酸 %	苏氨酸 %	色氨酸 %	异亮氨酸 %
一级玉米	86.0	14.27	8.7	3.6	1.6	0.02	0.27	0.12	0.24	0.38	0.3	0.07	0.25
二级玉米	86.0	14.18	7.8	3.5	1.6	0.02	0.27	0.12	0.23	0.30	0.29	0.06	0.24
高粱	86.0	13.18	9.0	3.4	1.4	0.13	0.36	0.17	0.18	0.29	0.26	0.08	0.35
小麦	87.0	14.18	13.9	1.7	1.9	0.17	0.41	0.13	0.30	0.49	0.33	0.15	0.44
大麦（裸）	87.0	13.56	13.0	2.1	2.0	0.04	0.39	0.21	0.44	0.39	0.43	0.16	0.43
大麦（皮）	87.0	12.64	11.0	1.7	4.8	0.09	0.33	0.17	0.42	0.36	0.41	0.12	0.52
黑麦	88.0	13.85	11.0	1.5	2.2	0.05	0.30	0.11	0.37	0.41	0.34	0.12	0.40
稻谷	86.0	11.25	7.8	1.6	8.2	0.03	0.36	0.20	0.29	0.35	0.25	0.10	0.32
糙米	87.0	14.39	8.8	2.0	0.7	0.03	0.35	0.15	0.32	0.34	0.28	0.12	0.30
碎米	86.5	15.06	10.4	2.2	1.1	0.06	0.35	0.15	0.42	0.39	0.38	0.12	0.39
粟（谷子）	86.5	12.93	9.7	2.3	6.8	0.12	0.30	0.11	0.15	0.45	0.35	0.17	0.36
木薯干	87.0	13.10	2.5	0.7	2.5	0.27	0.09	—	0.13	0.09	0.10	0.03	0.11
甘薯干	87.0	11.80	4.0	0.8	2.8	0.19	0.02	—	0.16	0.14	0.18	0.05	0.17
一级次粉	88.0	13.68	15.4	2.2	1.5	0.08	0.48	0.14	0.59	0.60	0.50	0.21	0.55
二级次粉	87.0	13.43	13.6	2.1	2.8	0.08	0.48	0.14	0.52	0.49	0.50	0.18	0.48
一级小麦麸	87.0	9.37	15.7	3.9	8.9	0.11	0.92	0.24	0.58	0.39	0.43	0.20	0.46
二级小麦麸	87.0	9.33	14.3	4.0	6.8	0.10	0.93	0.24	0.53	0.36	0.39	0.18	0.42
二级米糠	87.0	12.64	12.8	16.5	5.7	0.07	1.43	0.10	0.74	0.44	0.48	0.14	0.63
一级米糠饼	88.0	12.51	14.7	9.0	7.4	0.14	1.69	0.22	0.66	0.56	0.53	0.15	0.72

（续）

饲料名称	干物质%	消化能 MJ/kg	粗蛋白质%	粗脂肪%	粗纤维%	钙%	总磷%	非植酸磷%	赖氨酸%	蛋氨酸+胱氨酸%	苏氨酸%	色氨酸%	异亮氨酸%
一级米糠粕	87.0	11.55	15.1	2.0	7.5	0.15	1.82	0.24	0.72	0.60	0.57	0.17	0.78
大豆	87.0	16.61	35.5	17.3	4.3	0.27	0.48	0.30	2.20	1.26	1.41	0.45	1.28
全脂大豆	88.0	17.74	35.5	18.7	4.6	0.32	0.40	0.25	2.37	1.31	1.42	0.49	1.32
大豆饼	89.0	14.39	41.8	5.8	4.8	0.31	0.50	0.25	2.43	1.22	1.44	0.64	1.57
去皮大豆粕	89.0	15.06	47.9	1.0	4.0	0.34	0.65	0.19	2.87	1.40	1.93	0.69	2.05
大豆粕	89.0	14.26	44.0	1.9	5.2	0.33	0.62	0.18	2.66	1.30	1.92	0.64	1.80
棉籽饼	88.0	9.92	36.3	7.4	12.5	0.21	0.83	0.28	1.40	1.11	1.14	0.39	1.16
一级棉籽粕	90.0	9.41	47.0	0.5	10.2	0.25	1.10	0.38	2.13	1.22	1.35	0.54	1.40
二级棉籽粕	90.0	9.68	43.5	0.5	10.5	0.28	1.04	0.36	1.97	1.26	1.25	0.51	1.29
菜籽饼	88.0	12.05	35.7	7.4	11.4	0.59	0.96	0.33	1.33	1.42	1.40	0.42	1.24
菜籽粕	88.0	10.59	38.6	1.4	11.8	0.65	1.02	0.35	1.30	1.50	1.49	0.43	1.29
花生仁饼	88.0	12.89	44.7	7.2	5.9	0.25	0.53	0.31	1.32	0.77	1.05	0.42	1.18
花生仁粕	88.0	12.43	47.8	1.4	6.2	0.27	0.56	0.33	1.40	0.81	1.11	0.45	1.25
向日葵仁饼	88.0	7.91	29.0	2.9	20.4	0.24	0.87	0.13	0.96	1.02	0.98	0.28	1.19
向日葵仁粕	88.0	11.63	36.5	1.0	10.5	0.27	1.13	0.17	1.22	1.34	1.25	0.47	1.51
亚麻仁饼	88.0	12.13	32.2	7.8	7.8	0.39	0.88	0.38	0.73	0.94	1.00	0.48	1.15
亚麻仁粕	88.0	9.92	34.8	1.8	8.2	0.42	0.95	0.42	1.16	1.10	1.10	0.70	1.33
芝麻饼	92.0	13.39	39.2	10.3	7.2	2.24	1.19	—	0.82	1.57	1.29	0.49	1.42
玉米蛋白粉	90.1	15.06	63.5	5.4	1.0	0.07	0.44	0.17	0.97	2.38	2.08	0.36	2.85

（续）

饲料名称	干物质%	消化能MJ/kg	粗蛋白质%	粗脂肪%	粗纤维%	钙%	总磷%	非植酸磷%	赖氨酸%	蛋氨酸+胱氨酸%	苏氨酸%	色氨酸%	异亮氨酸%
玉米蛋白粉	91.2	15.61	51.3	7.8	2.1	0.06	0.42	0.16	0.92	1.90	1.59	0.31	1.75
玉米蛋白粉	89.9	15.02	44.3	6.0	1.6	—	—	—	0.71	1.69	1.38	—	1.63
玉米蛋白饲料	88.0	10.38	19.3	7.5	7.8	0.15	0.70	—	0.63	0.62	0.68	0.14	0.62
玉米胚芽饼	90.0	14.69	16.7	9.6	6.3	0.04	1.45	—	0.70	0.78	0.64	0.16	0.53
玉米胚芽粕	90.0	13.72	20.8	2.0	6.5	0.06	1.23	—	0.75	0.49	0.68	0.18	0.77
DDGS	90.0	14.35	28.3	13.7	7.1	0.20	0.74	0.42	0.59	0.98	0.92	0.19	0.98
蚕豆粉浆蛋白粉	88.0	13.51	66.3	4.7	4.1	—	0.59	—	4.44	1.17	2.31	—	2.90
麦芽根	89.7	9.67	28.3	1.4	12.5	0.22	0.73	—	1.30	0.63	0.96	0.42	1.08
鱼粉	90.0	13.18	64.5	5.6	0.5	3.81	2.83	2.83	5.22	2.29	2.87	0.78	2.68
鱼粉	90.0	12.97	62.5	4.0	0.5	3.96	3.05	3.05	5.12	2.21	2.78	0.75	2.79
鱼粉	90.0	12.55	60.2	4.9	0.5	4.04	2.90	2.90	4.72	2.16	2.57	0.70	2.68
鱼粉	90.0	12.93	53.5	10.0	0.8	5.88	3.20	3.20	3.87	1.88	2.51	0.60	2.30
血粉	88.0	11.42	82.8	0.4	0.0	0.29	0.31	0.31	6.67	1.72	2.86	1.11	0.75
羽毛粉	88.0	11.59	77.9	2.2	0.7	0.20	0.68	0.68	1.65	3.52	3.51	0.40	4.21
皮革粉	88.0	11.51	74.7	0.8	1.6	4.40	0.15	0.15	2.18	0.96	0.71	0.50	1.06
肉骨粉	93.0	11.84	50.0	8.5	2.8	9.20	4.70	4.70	2.60	1.00	1.63	0.26	1.70
肉粉	94.0	11.30	54.0	12.0	1.4	7.69	3.88	—	3.07	1.40	1.97	0.35	1.50
一级苜蓿草粉	87.0	6.95	19.1	2.3	22.7	1.40	0.51	0.51	0.82	0.43	0.74	0.43	0.68
二级苜蓿草粉	87.0	6.11	17.2	2.6	25.6	1.52	0.22	0.22	0.81	0.36	0.69	0.37	0.66
三级苜蓿草粉	87.0	6.23	14.3	2.1	29.8	1.34	0.19	0.19	0.60	0.33	0.45	0.24	0.58
啤酒糟	88.0	9.41	24.3	5.3	13.4	0.32	0.42	0.14	0.72	0.87	0.81	—	1.18
啤酒酵母	91.7	14.81	52.4	0.4	0.6	0.16	1.02	—	3.38	1.33	2.33	2.08	2.85

（续）

饲料名称	干物质 %	消化能 MJ/kg	粗蛋白质 %	粗脂肪 %	粗纤维 %	钙%	总磷 %	非植酸磷 %	赖氨酸 %	蛋氨酸+胱氨酸 %	苏氨酸 %	色氨酸 %	异亮氨酸 %
乳清粉	94.0	14.39	12.0	0.7	0.0	0.87	0.79	0.79	1.10	0.50	0.80	0.20	0.90
酪蛋白	91.0	17.27	88.7	0.8	—	0.63	1.01	0.82	7.35	3.11	3.98	1.14	4.66
明胶	90.0	11.72	88.6	0.5	—	0.49	—	—	3.62	0.88	1.82	0.05	1.42
牛奶乳糖	96.0	14.10	4.0	0.5	0.0	0.52	0.62	0.62	0.16	0.07	0.10	0.10	0.10
乳糖	96.0	14.77	0.3	—	—	—	—	—	0.00	0.00	0.00	0.00	0.00
葡萄糖	90.0	14.06	0.3	—	—	—	—	—	0.00	0.00	0.00	0.00	0.00
蔗糖	99.0	15.09	0.0	0.0	—	0.04	0.01	0.01	0.00	0.00	0.00	0.00	0.00
玉米淀粉	99.0	16.74	0.3	0.2	—	0.00	0.03	0.01	0.00	0.00	0.00	0.00	0.00
牛油	100.0	33.47	0.0	≥99	0.0	0.00	0.00	0.00	0.00	0.00	0.00	0.00	0.00
猪油	100.0	34.69	0.0	≥99	0.0	0.00	0.00	0.00	0.00	0.00	0.00	0.00	0.00
菜籽油	100.0	36.65	0.0	≥99	0.0	0.00	—	0.00	0.00	0.00	0.00	0.00	0.00
椰子油	100.0	35.15	0.0	≥99	0.0	0.00	0.00	0.00	0.00	0.00	0.00	0.00	0.00
玉米油	100.0	36.61	0.0	≥99	0.0	0.00	0.00	0.00	0.00	0.00	0.00	0.00	0.00
棉籽油	100.0	35.98	0.0	≥99	0.0	0.00	0.00	0.00	0.00	0.00	0.00	0.00	0.00
棕榈油	100.0	33.51	0.0	≥99	0.0	0.00	0.00	0.00	0.00	0.00	0.00	0.00	0.00
花生油	100.0	36.53	0.0	≥99	0.0	0.00	0.00	0.00	0.00	0.00	0.00	0.00	0.00
芝麻油	100.0	36.61	0.0	≥99	0.0	0.00	0.00	0.00	0.00	0.00	0.00	0.00	0.00
大豆油	100.0	36.61	0.0	≥99	0.0	0.00	0.00	0.00	0.00	0.00	0.00	0.00	0.00
葵花油	100.0	36.65	0.0	≥99	0.0	0.00	0.00	0.00	0.00	0.00	0.00	0.00	0.00

注："—"表示数据不详。

表 16　常用矿物质饲料中矿物元素的含量（以饲喂状态为基础）

饲料名称	化学分子式	钙%	磷%	磷利用率%	钠%	氯%	钾%	镁%	硫%	铁%	锰%
碳酸钙 饲料级轻质	$CaCO_3$	38.42	0.02	—	0.08	0.02	0.08	1.61	0.08	0.06	0.02
磷酸氢钙，无水	$CaHPO_4$	29.60	22.77	95～100	0.18	0.47	0.15	0.80	0.80	0.79	0.14
磷酸氢钙，2个结晶水	$CaHPO_4 \cdot 2H_2O$	23.29	18.00	95～100	—	—	—	—	—	—	—
磷酸二氢钙	$Ca(HPO_4)_2 \cdot H_2O$	15.90	24.58	100	0.20	—	0.16	0.90	0.80	0.75	0.01
磷酸三钙	$Ca_3(HPO_4)_2$	38.76	20.0	—	—	—	—	—	—	—	—
石粉、石灰石、方解石等		35.84	0.01	—	0.06	0.02	0.11	2.06	0.04	0.35	0.02
骨粉，脱脂		29.80	12.50	80～90	0.04	—	0.20	0.30	2.40	—	0.03
贝壳粉		32～35	—	—	—	—	—	—	—	—	—
蛋壳粉		30～40	0.1～0.4	—	—	—	—	—	—	—	—
磷酸氢铵	$(NH_4)_2HPO_4$	0.35	23.48	100	0.20	—	0.16	0.75	1.50	0.41	0.01
磷酸二氢铵	$(NH_4)H_2PO_4$	—	26.93	100	—	—	—	—	—	—	—
磷酸氢二钠	Na_2HPO_4	0.09	21.82	100	31.04	—	—	—	—	—	—
磷酸二氢钠	NaH_2PO_4	—	25.81	100	19.17	0.02	0.01	0.01	—	—	—

（续）

饲料名称	化学分子式	钙%	磷%	磷利用率%	钠%	氯%	钾%	镁%	硫%	铁%	锰%
碳酸钠	Na_2CO_3	—	—	—	43.30	—	—	—	—	—	—
碳酸氢钠	$NaHCO_3$	0.01	—	—	27.00	—	0.01	—	—	—	—
氯化钠	NaCl	0.30	—	—	39.50	59.00	—	0.005	0.20	0.01	—
氯化镁，6个结晶水	$MgCl_2 \cdot 6H_2O$	—	—	—	—	—	—	11.95	—	—	—
碳酸镁	$MgCO_3$	0.02	—	—	—	—	—	34.00	—	—	0.01
氧化镁	MgO	1.69	—	—	—	—	0.02	55.00	0.10	1.06	—
硫酸镁，7个结晶水	$MgSO_4 \cdot 7H_2O$	0.02	—	—	—	0.01	—	9.86	13.01	—	—
氯化钾	KCl	0.05	—	—	1.00	47.56	52.44	0.23	0.32	0.06	0.001
硫酸钾	K_2SO_4	0.15	—	—	0.09	1.50	44.87	0.60	18.40	0.07	0.001

注1：数据来源：《中国饲料学》（2000，张子仪主编），《猪营养需要》（NRC，1998）。

注2：饲料中使用的矿物质添加剂一般不是化学纯化合物，其组成成分的变异较大。如果能得到，一般应采用原料供给商的分析结果。例如，饲料级的磷酸氢钙原料中往往含有一些磷酸二氢钙，而磷酸二氢钙中含有一些磷酸氢钙。

注3：“—”表示数据不详。

表 17　无机来源的微量元素和估测的生物学利用率

微量元素与来源		化学分子式	元素含量，%	相对生物学利用率，%
铁 Fe	一水硫酸亚铁	$FeSO_4 \cdot H_2O$	30.0	100
	七水硫酸亚铁	$FeSO_4 \cdot 7H_2O$	20.0	100
	碳酸亚铁	$FeCO_3$	38.0	15～80
	三氧化二铁	Fe_2O_3	69.9	0
	六水氯化铁	$FeCl_3 \cdot 6H_2O$	20.7	40～100
	氧化亚铁	FeO	77.8	—
铜 Cu	五水硫酸铜	$CuSO_4 \cdot 5H_2O$	25.2	100
	氯化铜	$Cu_2(OH)_3Cl$	58.0	100
	氧化铜	CuO	75.0	0～10
	一水碳酸铜	$CuCO_3 \cdot Cu(OH)_2 \cdot H_2O$	50.0～55.0	60～100
	无水硫酸铜	$CuSO_4$	39.9	100
锰 Mn	一水硫酸锰	$MnSO_4 \cdot H_2O$	29.5	100
	氧化锰	MnO	60.0	70
	二氧化锰	MnO_2	63.1	35～95
	碳酸锰	$MnCO_3$	46.4	30～100
	四水氯化锰	$MnCl_2 \cdot 4H_2O$	27.5	100
锌 Zn	一水硫酸锌	$ZnSO_4 \cdot H_2O$	35.5	100
	氧化锌	ZnO	72.0	50～80
	七水硫酸锌	$ZnSO_4 \cdot 7H_2O$	22.3	100
	碳酸锌	$ZnCO_3$	56.0	100
	氯化锌	$ZnCl_2$	48.0	100
碘 I	乙二胺双氢碘化物	$C_2H_8N_22HI$	79.5	100
	碘酸钙	$Ca(IO_3)_2$	63.5	100
	碘化钾	KI	68.8	100
	碘酸钾	KIO_3	59.3	—
	碘化铜	CuI	66.6	100
硒 Se	亚硒酸钠	Na_2SeO_3	45.0	100
	十水硒酸钠	$Na_2SeO_4 \cdot 10H_2O$	21.4	100
钴 Co	六水氯化钴	$CoCl_2 \cdot 6H_2O$	24.3	100
	七水硫酸钴	$CoSO_4 \cdot 7H_2O$	21.0	100
	一水硫酸钴	$CoSO_4 \cdot H_2O$	34.1	100
	一水氯化钴	$CoCl_2 \cdot H_2O$	39.9	100

注 1：表中数据来源于《中国饲料学》（2000，张子仪主编）及《猪营养需要》（NRC，1998）中相关数据；

注 2：列于每种微量元素下的第一种元素来源通常作为标准，其他来源与其相比估算相对生物学利用率；

注 3：“—”表示无有效的数值。

附录6 菌苗、疫苗的运输和保管

菌苗、疫苗都是利用病原微生物为原料制成的生物药品。其中，菌苗是利用病原性细菌经加工处理，除去或减弱它的致病作用而制成的；疫苗是利用病毒或螺旋体，除去或减弱它的致病作用而制成的。菌苗、疫苗在适当的时候给动物注射，动物能产生特异性抗体，在一定时间内对该病有抵抗作用，从而达到预防传染病的目的。

菌苗、疫苗常见的有两类。一类是用化学药品或物理方法将病原微生物杀死，制成死菌（疫）苗，也叫灭活疫苗。这类苗的优点是容易保存，保存期长；缺点是用量大，产生免疫力需要的时间长，免疫期较短。另一类是用毒力已经减弱的活菌制成的活菌（疫）苗，也叫减毒活疫苗。这类苗的优点是：产生免疫力需要的时间较短，免疫期较长，用量较小；缺点是不易保存，有效期短。随着科技的发展，近几年出现了亚单位疫苗、基因工程疫苗和血清等。

菌苗、疫苗是特殊的生物药品，它不同于一般的化学药品，在运输和保管时，要注意以下几点：①菌（疫）苗要保存在干燥阴凉处，避免阳光照射。②温度对生物药品的影响很大，温度急剧变化，容易使效能降低。某些菌（疫）苗的适宜保存温度为2～8℃，有些则需低温冷冻保存，这主要是根据菌（疫）苗本身的要求而定。③运输时，应保持冷链恒温环境，或将菌（疫）苗装入有冰的广口保温瓶或保温箱内，避免日晒和高温，并尽快送达目的地，缩短运输时间。④在使用前，应仔细检查瓶口是否固定封严，是否过期，瓶内是否有异物、凝结等，有不合要求者不能使用。⑤活菌（疫）苗稀释后，必须当天用完，用不完的应进行无害化的生物安全处理。

附录7　猪场消毒对象、消毒方法及消毒药物

（一）猪场消毒对象

1. 环境消毒　猪舍周围环境每2～3周用2%火碱消毒或撒生石灰1次；场周围及场内污水池、排粪坑、下水道出口，每月用漂白粉消毒1次。在大门口、猪舍入口设消毒池，每周更换1次消毒液。

2. 人员消毒　工作人员进入生产区净道和猪舍要经过洗澡、更衣和紫外线消毒；严格控制外来人员，必须进生产区时，要洗澡，更换场区工作服和工作鞋，并遵守场内防疫制度，按指定路线行走。

3. 用具消毒　定期对保温箱、补料槽、饲料车、料箱、针管等进行消毒，可用0.1%新洁尔或0.2%～0.5%过氧乙酸消毒，然后在密闭的室内进行熏蒸。

4. 猪舍消毒　每批猪只调出后，要彻底清扫干净，用高压水枪冲洗，然后进行喷雾消毒或熏蒸消毒。

5. 带猪消毒　定期进行带猪消毒，有利于减少环境中的病原微生物。可用于带猪消毒的消毒药有0.1%新洁尔灭，0.1%～0.2%过氧乙酸，0.1%次氯酸钠。

（二）常用消毒方法

1. 喷雾消毒　用一定浓度的次氯酸盐、有机碘混合物、过氧乙酸、新洁尔灭等，用喷雾装置进行喷雾消毒，主要用于猪舍清洗完毕后的喷洒消毒、带猪消毒、猪场道路和周围、进入场区的车辆等消毒。

2. 浸液消毒　用一定浓度的新洁尔灭、有机碘混合物水溶液，进行洗手、洗工作服或胶靴的消毒。

3. 熏蒸消毒　每立方米用福尔马林（40%甲醛溶液）42毫

升、高锰酸钾 21 克，15～21℃、70%以上相对湿度，封闭熏蒸 24 小时。甲醛熏蒸猪舍应在进猪前进行。

4. 火焰消毒　用酒精、汽油、柴油、液化气喷灯，在猪栏、猪床等猪只经常接触的地方，用火焰依次瞬间喷射，在产房和保育舍的使用效果更好。

5. 紫外线消毒　在猪场入口、更衣室，用紫外线灯照射，可以起到杀菌效果。

6. 喷洒消毒　在猪舍周围、入口、产床和保育床下面洒生石灰或火碱可以杀死大量细菌或病毒。

（三）常见消毒药物

1. 酒精　常用 70%的酒精，将脱脂棉制成酒精棉球，用于消毒手指、皮肤、注射针头等。本品具有溶解皮脂、清洁皮肤、刺激性小、杀菌快等特点。

2. 甲紫（龙胆紫）　常用 1%～2%的溶液，用于脓液排出之后的脓肿消毒、感染皮肤和溃疡的消毒等。本品毒性小、有收敛作用。

3. 碘酊　常用 5%的碘酊，用于注射部位和外科手术部位的消毒。本品对组织的毒性小，穿透力强，是最常用的皮肤消毒药。

4. 火碱（氢氧化钠）　常用 2%～4%的溶液，用于圈舍消毒、传染病污染的环境消毒和消毒池的消毒等。对细菌、病毒都有强大的杀伤能力。

5. 草木灰水　本品是一种碱性溶液，杀菌力较强，在农村被广泛使用。用法：取 2 千克草木灰，加水 20 千克，混合，加热煮沸 1～2 小时，澄清后，取上部清液，用于猪舍、用具和场地环境的消毒。用热草木灰水效果更好。

6. 生石灰　是一种廉价的碱性消毒药，它对多数细菌有较大的杀灭力。用法：将生石灰粉撒在潮湿地面、粪池周围，也可放在猪场门口的消毒池内，对出入人员鞋底进行消毒。也可以配成10%～20%的石灰乳，用于粉刷猪舍墙壁、栏杆和地面。石灰乳应临用前配制，不宜久储，因为氢氧化钙可吸收空气中的二氧化碳，变成碳酸钙而失效。

7. 福尔马林（甲醛） 40%的甲醛溶液，具有极强的还原性，可以使蛋白质变性，杀死细菌、芽孢和病毒。本品常作密闭室内熏蒸消毒，消毒时间为24小时，室温15～21℃。用法：在密闭室内，每立方米空间用福尔马林42毫升，高锰酸钾21克，两者相互反应产生高温，使大部分甲醛挥发，达到消毒目的。使用时，应避免直接接触人畜皮肤和黏膜。

8. 高锰酸钾 是一种强氧化剂，常用0.1%的溶液洗涤脓创，消毒猪乳房等。

9. 来苏儿 常用1%～2%的溶液，消毒手臂、创面、器械等。3%～5%的溶液用于猪舍、用具、食槽、场地和污染物等的消毒。

10. 过氧乙酸 是一种强氧化剂，常用0.1%的溶液喷洒猪舍、地面、食槽等的消毒。可以带猪群消毒，喷到猪身上不会引起中毒或腐蚀。

11. 威力碘 含碘0.5%，是一种消毒防腐药，用于畜禽体表、猪舍和环境消毒。可用1∶50～100浓度的威力碘治疗外伤、癣、溃疡，用1∶20浓度的威力碘消毒手术器材。

12. 百毒杀 对细菌、病毒有较强杀灭能力。1∶400～600倍稀释液用于喷雾消毒；1∶200倍稀释液用于疫病感染时的消毒。

附录8 猪的投药及注射方法

（一）猪的投药方法

1. *混入法* 对粉剂药物，进行大范围猪群预防或治疗时，常用此方法。先将药物称量好，按一定比例混入饲料或饮水中，让猪自由采食或饮水。这种服药方法简单易行，但要注意药物混合均匀。

2. *灌药法* 对水剂药物，可采用此方法。握住猪的两耳或两前蹄，提起前躯，用药匙或注射器（不接针头，接皮管），从嘴角处灌入或注入药液。每次灌入的药量不宜太多，不能太急，待猪咽下一口后，再倒另一口。

3. *胃管投药法* 用绳套住猪的上颚，用力拉紧，猪自然向后退，这时用开口器把猪嘴撑开，将胃管从开口器中央插入，胃管前端至咽部时，轻轻刺激，引起吞咽动作，便插入食道，从漏斗进行灌药。

（二）猪的注射方法

1. *皮下注射* 将药液注射于皮下结缔组织内，使药液经毛细血管、淋巴管吸收进入血液循环，因皮下有脂肪层，吸收速度较慢，注射后10～15分钟被吸收，多用于易溶解、无刺激的药物或菌苗。注射部位在耳根后或股内侧。方法是用左手捏起局部皮肤，形成一皱褶，右手持注射器，由皱褶的基部刺入，在皮肤和肌肉之间的组织内进针2～3厘米，当药量大时，要分点注射。

2. *肌内注射* 肌肉内血管丰富，注射药物后吸收较快，仅次于静脉注射；又因感觉神经较少，故疼感较轻，临床上较多应用。部位在臀部或颈部。注射时，针头垂直刺入肌肉2～4厘米，注入药液。刺入时，用力要猛，注药的速度要快，用力的方向应与针头一致，以防折断针头。一般在刺入动作的同时，将药液注入。

3. 静脉注射　将药液直接注入静脉内，使药液很快分布全身，这种方法的奏效快，药物排泄的也快，作用时间较短，对局部刺激性较大的药液多采用这种方法。注射部位在耳静脉或前腔静脉。局部消毒后，左手捏住耳大静脉，使其怒张，右手持注射器，将针头呈 30°～45°角迅速刺入，刺入正确时，可见回血，尔后放开左手，徐徐注入药液，注射完毕，左手拿酒精棉球压紧针孔，右手迅速拔出针头。为了防止血肿，应继续压紧针孔，最后涂上碘酊。静脉注射时，要避免多次扎针，引起血肿或静脉炎；注射速度不宜太快，以每分钟 20 毫升左右为宜；油类制剂不能做血管内注射；在注射前，要排除注射器内的空气；注射刺激性强的药物，不能漏在血管外组织中。

4. 腹腔注射　将药液注射于腹膜腔内，腹膜吸收能力很强，当心脏衰弱，静脉注射困难时，可通过腹膜腔注射补液。部位在下腹部耻骨前缘中线旁边 3～5 厘米处。采用倒提法保定。局部剪毛消毒后，用右手持注射器，针头垂直皮肤刺入 2～3 厘米。回抽活塞，如无气体或液体时，即可缓缓注入药液。当注入药液量较大时，应将药液加温与体温同高。

5. 胸腔注射　将药液注入胸腔内，猪喘气病疫苗采取这种注射方法。部位在右侧倒数第六肋间上 1/3 处。成年猪用 7 厘米长的针头，保育猪用 4 厘米长的针头。猪只采取站立保定法，局部用 5％碘酊消毒。

附录9 猪场的寄生虫控制程序

（一）药物选择

应选择高效、安全、广谱的抗寄生虫药物，伊维菌素类的各种制剂为首选药物。

（二）常见蠕虫和外寄生虫的控制程序

首次执行本寄生虫控制程序的猪场，应对全场猪只进行彻底驱虫。

对怀孕母猪，于产前1～4周内用一次抗寄生虫药。

对公猪，每年至少用药2次；对外寄生虫严重的猪场，每年用药4～6次。

所有保育猪，在转群前用药1次。

后备母猪，在配种前用药1次。

新购进的猪只，用药2次，每次间隔10～14天。隔离30天后再与其他猪并群。

图书在版编目（CIP）数据

目标养猪新法/季海峰主编．—3版．—北京：
中国农业出版社，2013.9（2017.3重印）
（最受养殖户欢迎的精品图书）
ISBN 978-7-109-18345-2

Ⅰ.①目…　Ⅱ.①季…　Ⅲ.①养猪学　Ⅳ.①S828

中国版本图书馆CIP数据核字（2013）第216545号

中国农业出版社出版
（北京市朝阳区农展馆北路2号）
（邮政编码100125）
责任编辑　肖　邦

中国农业出版社印刷厂印刷　　新华书店北京发行所发行
2014年1月第3版　　2017年3月第3版北京第9次印刷

开本：850mm×1168mm 1/32　　印张：9
字数：218千字
定价：18.00元